Geoprocessamento
&
Meio Ambiente

Leia também:

Antônio J. Teixeira Guerra

Coletânea de Textos Geográficos de Antônio Teixeira Guerra
Novo Dicionário Geológico-Geomorfológico

Antônio J. Teixeira Guerra & Sandra B. Cunha

Geomorfologia e Meio Ambiente
Geomorfologia: Uma Atualização de Bases e Conceitos
Impactos Ambientais Urbanos no Brasil

Antônio J. Teixeira Guerra, Antonio S. Silva
& Rosângela Garrido M. Botelho

Erosão e Conservação dos Solos

Sandra B. Cunha & Antônio J. Teixeira Guerra

Avaliação e Perícia Ambiental
Geomorfologia - Exercícios, Técnicas e Aplicações
Geomorfologia do Brasil
A Questão Ambiental: Diferentes Abordagens

Jorge Xavier da Silva & Ricardo Tavares Zaidan

Geoprocessamento & Análise Ambiental: Aplicações

Jorge Xavier da Silva
Ricardo Tavares Zaidan
(Organizadores)

Geoprocessamento
&
Meio Ambiente

4ª edição

BERTRAND BRASIL

Rio de Janeiro | 2022

Copyright © 2010, Jorge Xavier da Silva & Ricardo Tavares Zaidan

Capa: Leonardo Carvalho

Editoração: DFL

Texto revisado segundo o novo
Acordo Ortográfico da Língua Portuguesa

2022
Impresso no Brasil
Printed in Brazil

CIP-Brasil. Catalogação na fonte
Sindicato Nacional dos Editores de Livros, RJ

G928 4ª ed.	Geoprocessamento & meio ambiente/Jorge Xavier da Silva, Ricardo Tavares Zaidan (organizadores). – 4ª ed. – Rio de Janeiro: Bertrand Brasil, 2022. 330p. Inclui bibliografia ISBN 978-85-286-1489-3 1. Sistema SAGA. 2. Sistemas de informação geográfica. 3. Análise espacial (Estatística). 4. Sensoriamento remoto. 5. Mapeamento digital. 6. Meio ambiente. I. Silva, Jorge Xavier da, 1936-. II. Zaidan, Ricardo Tavares.
11-0699	CDD – 526.982 CDU – 528.8

Todos os direitos reservados pela:
EDITORA BERTRAND BRASIL LTDA.
Rua Argentina, 171 – 3º andar – São Cristóvão
20921-380 – Rio de Janeiro – RJ
Tel.: (21) 2585-2000

Não é permitida a reprodução total ou parcial desta obra, por quaisquer meios,
sem a prévia autorização por escrito da Editora.

Atendimento e venda direta ao leitor:
sac@record.com.br

SUMÁRIO

Apresentação 13
Prefácio 15
Introdução 17

CAPÍTULO *1* GEOPROCESSAMENTO APLICADO À ANÁLISE
DA FRAGMENTAÇÃO DA PAISAGEM NA ILHA DE
SANTA CATARINA (SC) 35
José W. Tabacow
Jorge Xavier da Silva

1. Introdução 35
  1.1. Conceitos de paisagem 36
  1.2. Objetivos 39
  1.3. Sistemas geográficos de informação 40
  1.4. Área de estudo 42
2. Metodologia 47
  2.1. Alcance visual 47
    2.1.1. Delimitação das bacias visuais 49
3. Resultados e discussão 52
  3.1. Mapas básicos 52
    3.1.1. Geomorfologia 52
    3.1.2. Vegetação 57
  3.2. Mapas gerados 62
    3.2.1. Monitorias 62
    3.2.2. Avaliações — Tendências da expansão urbana 63

GEOPROCESSAMENTO & MEIO AMBIENTE

4. Conclusões 66
  4.1. Contribuição conceitual 66
  4.2. Contribuição tecnológica 66
  4.3. Contribuição metodológica 66
5. Referências bibliográficas 68

CAPÍTULO 2. GEOPROCESSAMENTO COMO APOIO À GESTÃO DE
BIODIVERSIDADE: UM ESTUDO DE CASO DA DISTRIBUIÇÃO E
CONSERVAÇÃO DE *HABITATS* E POPULAÇÕES DO MICO-LEÃO-
DA-CARA-PRETA (*LEONTOPITHECUS CAISSARA*) NOS
MUNICÍPIOS DE GUARAQUEÇABA (PR) E CANANEIA (SP) 71
Maria Lucia Lorini
Vanessa Guerra Persson
Jorge Xavier da Silva

1. Introdução 71
  1.1. Estudo de caso 74
  1.2. Escopo e objetivos do estudo 75
2. Área analisada no estudo de caso 76
3. Metodologia 78
4. Resultados e discussão 79
  4.1. Seleção das variáveis e criação da base de dados geocodificada 79
  4.2. Caracterização do *habitat* nos locais de registro de *L. Caissara* 84
  4.3. Geração do modelo de favorabilidade do ambiente para
    L. Caissara 86
  4.4. Identificação do *habitat* potencialmente disponível para
    L. Caissara e delimitação da distribuição geográfica 93
  4.5. Análise da estrutura do *habitat* para as populações de
    L. Caissara 94
  4.6. Análise da dinâmica do *habitat* de *L. Caissara* 100
  4.7. Classificação do *status* de conservação de *L. Caissara* na
    situação atual 101
  4.8. Classificação do *status* de conservação de *L. Caissara* em cenários
    pessimista e otimista 102
  4.9. Análise do *status* de proteção do *habitat* de *L. Caissara* e
    indicação de áreas para ações de manejo 104

SUMÁRIO

5. Conclusões 107
6. Referências bibliográficas 108

CAPÍTULO 3. GEOPROCESSAMENTO APLICADO À PERCEPÇÃO AMBIENTAL
NA REGIÃO LAGUNAR DO LESTE FLUMINENSE 113
Lisia Vanacôr Barroso
Oswaldo Elias Abdo
Jorge Xavier da Silva

1. Introdução 113
2. Metodologia 116
  2.1. Geoprocessamento 116
  2.2. Matriz de objetivos conflitantes 118
3. Resultados e discussão 121
  3.1. Inventário ambiental 121
  3.2. Percepção ambiental 132
4. Conclusões 142
5. Referências bibliográficas 143

CAPÍTULO 4. GEOPROCESSAMENTO APLICADO À MELHORIA DE
QUALIDADE DA ATIVIDADE PECUÁRIA NO MUNICÍPIO
DE SEROPÉDICA (RJ) 147
Fábio Silva de Souza
Adevair Henrique da Fonseca
Jorge Xavier da Silva
Maria Julia Salim Pereira

1. Introdução 147
2. Metodologia 150
3. Resultados e discussão 157
  3.1. Validação da análise 164
4. Conclusão 164
5. Referências bibliográficas 165

GEOPROCESSAMENTO & MEIO AMBIENTE

Capítulo 5. GEOPROCESSAMENTO APLICADO AO MAPEAMENTO
E ANÁLISE GEOMORFOLÓGICA DE ÁREAS URBANAS 167
Maria Hilde de Barros Goes
Ricardo Tavares Zaidan
Tiago Badre Marino
Jorge Xavier da Silva

1. Introdução 167
2. A cartografia geomorfológica aplicada a questões urbanas —
procedimentos metodológicos 170
2.1. Materiais e métodos e o uso de geoparâmetros 171
2.1.1. Morfologia das feições 173
2.1.2. Morfometria das feições 174
2.1.3. Controle estrutural ou climático 174
2.1.4. Constituição do terreno 175
2.1.5. Ocupação do solo 175
2.1.6. Processo ou geodinâmica atual e subatual 175
2.2. Procedimentos preconizados 176
2.2.1. Elaboração do mapa geomorfológico 176
2.2.1.1. Mapeamento preliminar: mapa
morfotopográfico 176
2.2.1.2. Mapeamento interativo 177
2.2.1.2.1. Sensoriamento remoto 177
2.2.1.2.2. Sensoriamento remoto e
geoprocessamento 178
2.2.1.2.3. Fotografias convencionais 178
2.2.1.2.4. Investigações de campo 178
2.2.1.3. Mapeamento final: mapa geomorfológico 179
2.2.1.3.1. Quanto ao registro das feições
geomorfológicas 179
2.2.1.3.2. Quanto à aplicação das geoparâmetros
geomorfológicos 179
2.2.2. Assinatura geomorfológica 181
3. Caracterização geomorfológica de Juiz de Fora e sua área
de influência imediata 182

SUMÁRIO

4. Mapa geomorfológico da cidade de Juiz de Fora e seu entorno 183
5. Assinaturas das entidades geomorfológicas agrupadas 184
   5.1. Assinatura da morfologia 185
      5.1.1. Interflúvios 185
      5.1.2. Espigões serranos ou colinosos 186
      5.1.3. Encostas serranas ou colinosas 186
      5.1.4. Colinas 186
      5.1.5. Calha de vale 186
      5.1.6. Rampas 187
      5.1.7. Terraços 187
      5.1.8. Várzeas 187
      5.1.9. Depressões em assoreamento 188
   5.2. Assinaturas dos geoindicadores morfoestruturais
   e morfoclimáticos 188
      5.2.1. Estruturais 188
      5.2.2. Climático 189
   5.3. Morfometria 189
      5.3.1. Retilínea 189
      5.3.2. Convexa 190
      5.3.3. Côncava 191
   5.4. Assinatura das constituições litológica e pedológica 191
      5.4.1. Constituição litológica 192
      5.4.2. Constituição pedológica 192
   5.5. Ocupação do solo 193
      5.5.1. Conservadas 194
      5.5.2. Urbanizadas 194
      5.5.3. Com indústria 194
      5.5.4. Com turismo 195
      5.5.5. Institucionais 195
      5.5.6. Com pastagem 195
      5.5.7. Solo degradado 196
   5.6. Cobertura vegetal 196
6. Conclusões 197
7. Referências bibliográficas 198

Capítulo 6. Geoprocessamento Aplicado à Definição de Áreas para a Instalação de Usinas Termelétricas e seus Principais Impactos e Riscos Ambientais 201
Ivanilson de Carvalho Moreira
Jorge Xavier da Silva
Helena Polivanov
Maria Hilde de Barros Goes
Ricardo Tavares Zaidan

1. Introdução 201
2. Aspectos gerais 202
    2.1. Localização de indústrias: um enfoque em termelétricas 202
    2.2. Dos principais impactos e riscos ambientais associados a usinas termelétricas 204
    2.3. Das usinas termelétricas RioGen e RioGen-Merchant 206
3. Metodologia 209
    3.1. Levantamento ambiental: Base de dados 209
    3.2. A análise ambiental por geoprocessamento 212
    3.3. Avaliações ambientais 214
4. Resultados 216
    4.1. Avaliação analítica — Rio Guandu 216
    4.2. Avaliação analítica com rede de drenagem 222
    4.3. Avaliação analítica com gasoduto simulado 224
    4.4. Avaliação empírica com base nas assinaturas 226
    4.5. Avaliação analítica *versus* empírica 228
    4.6. Estimativas de consistência e principais tendências 230
8. Discussões dos resultados 232
    8.1. Área indicada "A" 232
        8.1.1. Recomendações 234
    8.2. Área indicada "B" 237
        8.2.1. Recomendações 239
9. Conclusões 245
10. Referências bibliográficas 246

SUMÁRIO

CAPÍTULO 7. GEOPROCESSAMENTO APLICADO À SEGURANÇA E À QUALIDADE DE VIDA NA REGIÃO DA TIJUCA (RIO DE JANEIRO) 253
José Américo de Mello Filho
Jorge Xavier da Silva

1. Introdução 253
   1.1. Ambiência e qualidade de vida 253
   1.2. Geoprocessamento 257
   1.3. Área de abrangência 259
2. Objetivos 262
   2.1. Objetivo geral 262
   2.2. Base de dados georreferenciada 262
   2.3. Taxonomias para análise ambiental 263
      2.3.1. Meio físico 263
      2.3.2. Meio biótico 263
      2.3.3. Meio socioeconômico 264
3. Região da Tijuca: características e complexidade 265
4. Análises do ambiente físico 267
   4.1. Determinação dos riscos de enchentes 268
      4.1.1. Composição lógica do mapa 268
      4.1.2. Características da legenda 269
      4.1.3. Distribuição territorial 270
   4.2. Determinação dos riscos de deslizamentos e desmoronamentos 271
      4.2.1. Composição lógica do mapa 271
      4.2.2. Características da legenda 272
      4.2.3. Distribuição territorial 272
5. Análises do ambiente humano 273
   5.1. IDH e índice de qualidade de vida 275
      5.1.1. Infraestrutura básica 276
      5.1.2. Condições sociais e herança cultural 276
      5.1.3. Conjuntura econômica 277
   5.2. Unidade territorial: setor censitário 277
6. Distribuição territorial da qualidade de vida 278
   6.1. Condições infraestruturais 279
   6.2. Condições socioeconômicas 280

6.3. Espacialização da qualidade de vida 281
6.4. Qualidade de vida e segurança policial 283
7. Conclusões 287
8. Referências bibliográficas 288

CAPÍTULO 8. GEOPROCESSAMENTO APLICADO À ANÁLISE DA
DISTRIBUIÇÃO ESPACIAL DA CRIMINALIDADE NO
MUNICÍPIO DE CAMPINAS (SP) 291
Lauro Luiz Francisco Filho
Jorge Xavier da Silva

1. Introdução 291
2. Geografia do crime 293
3. Objetivos 294
4. Definições e delimitações do tema 295
5. A espacialização dos atos criminosos segundo sua natureza 296
   5.1. Transformação dos dados 297
   5.2. Definição da estrutura computacional 298
   5.3. Modelamento 300
6. Procedimentos de análise 301
7. Análise da criminalidade em Campinas 304
8. Análise dos crimes contra a pessoa em Campinas 305
   8.1. Potencial para a criminalidade contra a pessoa 306
   8.2. Condição de segurança para crimes contra a pessoa 309
9. Análise de crimes contra o patrimônio em Campinas 312
   9.1. Condição de segurança para crimes contra o patrimônio 315
10. Conclusões 318
11. Referências bibliográficas 320

Índice remissivo 325

Apresentação

Geoprocessamento & Meio Ambiente é o segundo livro de um projeto maior, resultado de um esforço conjunto para a divulgação de uma série de textos científicos de Geoprocessamento voltados para a Análise Ambiental. Assim como nossa primeira obra em conjunto, não poderia existir se não houvesse uma convergência singular de interesses, como a dos autores em publicar e divulgar seus trabalhos. Em segundo lugar, a incansável dedicação de uma vida do editor mais velho, Jorge Xavier da Silva, cujo mérito principal foi ser o catalisador da realização das investigações relatadas em todos os capítulos deste livro. O terceiro interesse, novamente demonstrado, através do apoio da Editora Bertrand Brasil, ao considerar esta publicação de resultados de pesquisa, uma contribuição valiosa para a comunidade ambientalista brasileira.

Diversos campos do conhecimento ambiental são abordados neste livro, em trabalhos sempre apoiados, em maior ou menor escala, pelo uso dos conceitos, métodos e técnicas que integram o Geoprocessamento, muitos deles derivados de sua aplicação a situações ambientais brasileiras. A gama de aplicações é variada, fornecendo subsídios para campos teóricos e práticos, tais como Geociências, Biologia, Ecologia da Paisagem, Planejamento Urbano-Regional e Engenharia Ambiental.

Talvez a contribuição mais significativa dos textos do livro esteja contida no tratamento conjunto das distribuições taxonômica e territorial da Geodiversidade, ou seja, a análise da variabilidade espacial das categorias dos fenômenos ambientais constatados. Assim sendo, localização, extensão de ocorrência e forma das entidades e eventos registrados, elementos fundamentais do apoio à decisão, são detalhadamente investigadas nos trabalhos apresentados. Estas características morfológicas das primitivas ambientais entidade e evento, ao serem associadas aos aspectos dinâmicos do ambiente, principalmente através das relações funcionais constatáveis, ampliam os escopos de análises possíveis, criando-se, assim, conhecimentos ambientais relativos a posições relativas, conexões causais (ou inversamente casuais), através da hipotetização e verificação das possibilidades de ocorrência de ligações de inúmeros tipos entre as entidades e eventos envolvidos em uma situação ambiental específica.

Esta inserção da análise da Geodiversidade dentro de investigações da Geotopologia — entendida como estudo das propriedades e correlações entre fenômenos representados em um referencial geográfico — é sistematicamente praticada nos capítulos do presente livro, baseando-se nas conceituações apresentadas na Introdução do livro *Geoprocessamento & Análise Ambiental: Aplicações* (publicado por Xavier da Silva e Zaidan através da Editora Bertrand Brasil em 2004).

Uma série de agradecimentos, relativos a reconhecimento e apoios, deve ser realizada. À Editora Bertrand, por novamente nos acolher, e aos autores do Prefácio e dos demais textos, ao salientarem seus aspectos positivos. Destacamos também o apoio direto e/ou indireto das instituições na elaboração deste livro, seja através do fomento a projetos de pesquisa realizados sob o apoio do CNPq, CAPES, FAPERJ e UFRJ, seja mediante conhecimentos usados pelos autores através de entidades acadêmicas como a UFRJ, UFRRJ, UFJF, UFAL e UERJ, que abrigaram, em suas diversas instâncias técnico-administrativas, as atividades de pesquisa e formação profissional que, em última análise, propiciaram a elaboração dos trabalhos de pesquisa que originaram os capítulos aqui apresentados.

Os Organizadores

PREFÁCIO

Inicialmente, desejo externar meus agradecimentos aos dois organizadores de *Geoprocessamento & Meio Ambiente* — Jorge Xavier da Silva e Ricardo Tavares Zaidan — pelo convite para prefaciar esta importante obra. O primeiro organizador foi meu professor na Universidade Federal do Rio de Janeiro, amigo e incentivador ao longo de minha carreira de professor na Universidade Federal Rural do Rio de Janeiro e na Universidade Federal de Juiz de Fora; o segundo, como amigo e colega na Universidade Federal de Juiz de Fora, tive a oportunidade de incentivar nos estudos de pós-graduação com o uso de Geoprocessamento.

Na vida, há o tempo de plantar, de crescer, de frutificar, de colher e de propagar-se. Vejo nos organizadores deste livro a união destes tempos. A obra consta de oito capítulos, dos quais Jorge Xavier é coautor em sete, e Ricardo Zaidan em dois. Os temas abordados no livro incluem: 1) Geoprocessamento aplicado à análise da fragmentação da paisagem na Ilha de Santa Catarina (SC); 2) Geoprocessamento como apoio à gestão de biodiversidade: um estudo de caso da distribuição e conservação de *habitat* e populações do mico-leão-da-cara-preta (*Leontopithecus caissara*) nos municípios de Guaraqueçaba (PR) e Cananeia (SP); 3) Geoprocessamento aplicado à percepção ambiental na região lagunar do leste fluminense; 4) Geoprocessamento aplicado à melhoria de qualidade da atividade pecuária no município de Seropédica (RJ); 5) Geoprocessamento aplicado ao mapeamento e análise geomorfológica de áreas urbanas; 6) Geoprocessamento aplicado à definição de áreas para instalação de usinas termelétricas e seus principais impactos e riscos ambientais; 7) Geoprocessamento aplicado à segurança e à qualidade de vida na região da Tijuca (RJ); e

8) Geoprocessamento aplicado à análise da distribuição espacial da criminalidade no município de Campinas (SP).

Desejo, ainda, expressar meus cumprimentos a todos os autores dos oito capítulos deste livro, os quais apresentam o melhor de seu trabalho e dedicação para o desenvolvimento do uso do Geoprocessamento em temas relacionados com o meio ambiente. Por certo, esta obra irá despertar o interesse de todos que desejarem aplicar as técnicas de Geoprocessamento em seus estudos e pesquisas, desde alunos e professores de graduação e pós-graduação até pesquisadores e consultores ambientais de variada gama de formação acadêmica.

Considerando o amplo alcance deste livro e a transdisciplinaridade dos temas abordados, com toda certeza trata-se de uma contribuição preciosa na divulgação de técnicas e métodos de Geoprocessamento usados com excelentes e variados exemplos da aplicabilidade.

Acredito que este livro poderá vir a ser uma base para discussões de temas relacionados com o Meio Ambiente e facilitador da divulgação de estudos realizados por este grupo seleto de pesquisadores.

Geógrafos, geólogos, biólogos, ecologistas de variadas formações, engenheiros florestais, agrônomos, cientistas e técnicos interessados nos temas Geoprocessamento e Meio Ambiente enfim encontram, neste livro, exemplos variados de aplicação da técnica do sistema geográfico de informação aliada ao uso do sistema de análise geoambiental.

Pela variedade dos temas abordados e do esforço desta qualificada equipe, que reúne 15 renomados pesquisadores, recomendo *Geoprocessamento & Meio Ambiente* àqueles que se iniciam ou já estejam familiarizados com esta importante ferramenta de trabalho multidisciplinar que é o Geoprocessamento.

Prof. Sebastião de Oliveira Menezes
(Geólogo)

INTRODUÇÃO

INCLUSÕES:
DIGITAL, SOCIAL E GEOGRÁFICA

Jorge Xavier da Silva
Tiago Badre Marino

1. INTRODUÇÃO

A teorização sobre as inclusões digital, social e geográfica pode advir de especulações de diversas origens. São inteiramente aceitáveis como fonte de racionalizações a administração pública, o interesse comercial e até mesmo o raciocínio puro e desinteressado. No presente caso, as considerações advêm do desenvolvimento e uso de conceitos, métodos e técnicas de Geoprocessamento. Trata-se de uma origem nobre, em princípio, mas que traz consigo uma carga pragmática perturbadora. O uso intensivo e crescente do Geoprocessamento pode tornar pouco aparente a imperiosa necessidade de serem utilizados adequadamente os recursos computacionais e lógicos associados a este ramo de pesquisa científico-tecnológico. Cabe aos pesquisadores envolvidos, em consequência, alertar, na medida de suas visões eventualmente distorcidas, quanto a caminhos e descaminhos que podem nortear as investigações e aplicações do Geoprocessamento. Por rigor metodológico, muitas vezes tais tentativas de esclarecimento revestem-se de um envolvimento direto com o significado de conceitos e análises de métodos, envolvimento este evidentemente julgado necessário por quem constrói o texto, embora, talvez, esta não venha a ser a opinião de quem o leia.

A conceituação de "dado" como registro de ocorrência de um fenômeno, juntamente com a definição de "informação" como um ganho de conhecimento, pode constituir-se em um razoável ponto de partida para considerações relativas à inclusão dita geográfica. O dado, elemento de pesquisa fundamentalmente associado à percepção dos fenômenos, representa uma condição necessária de registro que, no entanto, somente ganha significado total quando adequadamente colocado dentro de um contexto. Este contexto pode ser entendido como um referencial que pode assumir diversas estruturações, sendo os mais usuais, nas pesquisas ambientais, a classificação taxonômica e a colocação dos registros em eixos ordenadores que possam disciplinar o conhecimento adquirido — a informação assim revelada — e orientar sua utilização racional (XAVIER DA SILVA, 2001; 2008).

O esforço da pesquisa ambiental dirige-se, fundamentalmente, para a criação de referenciais que permitam a transformação do dado em informação, sendo que a qualidade da pesquisa repousa, essencialmente, na maior ou menor adequação dos referenciais usados nesta transformação, admitida a validade dos dados adquiridos. Aceito este equacionamento, serão feitas, em parágrafos posteriores, algumas considerações baseadas em analogias entre a transformação de dados em informação e a inserção do conhecimento sobre situações ambientais em seu contexto geográfico. Nesta posição inicial do texto, entretanto, é introduzida a afirmação de que a informação ambiental se concretiza plenamente quando inserida no contexto físico, biótico e socioeconômico em que axiomaticamente se insere. Se tal inserção está sendo realizada na pesquisa ambiental brasileira é uma dúvida que merece reflexões, algumas apresentadas adiante.

Se adotada uma visão inicial simplificadora, o presente texto tem a aparência de uma apologia do uso intensivo de uma perspectiva geográfica na pesquisa ambiental, ao ressaltar as relações territoriais entre fenômenos desenrolados em uma superfície, neste caso, a terrestre. O Geoprocessamento pode ser entendido como um conjunto de conceitos desenvolvidos a partir da utilização de métodos e técnicas computacionais e destinado a transformar dados ambientais georreferenciados em informação ambiental. Esta acepção permite aquilatar a validade do tratamento de bases de dados referentes a entidades e eventos ambientais relevantes, corretamente estruturados como sistemas de informação, para a identificação, posi-

INTRODUÇÃO

cionamento e análise das relações constatáveis entre os citados eventos e entidades.

Note-se, entretanto, que ao reportar-se à interface do processamento de dados com os conhecimentos geográficos, o texto, apenas e despretensiosamente, procura tirar do sombreado interdisciplinar alguns aspectos relevantes. Em consequência, pode contribuir, eventualmente, para o esclarecimento quanto ao uso efetivo de alguns recursos computacionais, todos inteiramente disponíveis hoje em dia, para análises e projeções relativas a problemas ambientais. Como outra justificativa para sua redação, o texto baseia-se em uma vida pregressa de experimentação relativa a numerosos exemplos de aplicação do Geoprocessamento à pesquisa ambiental (XAVIER DA SILVA e ZAIDAN, 2004).

2. INCLUSÕES

2.1. AS INCLUSÕES DIGITAL E SOCIAL

O tema inclusão digital é prestigiado e prestigioso. Em princípio, trata-se de tornar acessível, às entidades e principalmente aos indivíduos, todo um conjunto de conceitos, métodos e técnicas associado ao processamento de dados, com forte rebatimento na comunicação, isto é, no efetivo partilhar de significados da informação veiculada. Em termos menos herméticos, executar a inclusão digital de uma parcela da população significa informá-la, treiná-la no uso de equipamentos, procedimentos e programas. Seria isto a condição suficiente para que esta população consiga enfrentar, de maneira razoável, seus problemas físicos, bióticos e socioeconômicos? Seria isto suficiente para que soluções sejam propostas de forma autóctone? Ou seria este um amestramento indutor de atitudes receptivas a sugestões externas? Qual o caminho para a liberação do potencial de criação de soluções que usem as idiossincrasias locais e, principalmente, estejam respaldadas no conhecimento da distribuição espacial dos problemas de cada localidade? Afinal, os eventos problemáticos e suas entidades associadas existem localmente e não no nível quase que abstrato do estado e da nação, uma vez que, mesmo quando os problemas são de caráter intermunicipal, interestadual ou internacional, afetam diretamente as populações locais. Estas perguntas e considerações claramente trazem à baila os problemas da chamada inclusão social, de alto teor econômico e sociológico e objeto de enfoques político-administrativos de grande extensão. Não sendo intenção deste texto esgotar o assunto inclusão social, certamente mais bem tratado por outros tipos de pesquisadores, e apenas com o objetivo de tornar a inclusão digital socialmente valiosa, algumas considerações teóricas (porém aplicáveis) talvez sejam esclarecedoras, merecendo, por conseguinte, alguma atenção.

Qualquer porção da superfície terrestre pode ser digitalmente modelada a partir da identificação das entidades e eventos que a constituem. Com estas primitivas de construção lógica é possível retratar qualquer situação encontrada na área geográfica em estudo. Os problemas técnicos envolvidos nesta representação da realidade ambiental podem apresentar grande complexidade. No entanto, para fins de aplicações relacionadas ao uso dos recursos ambientais disponíveis, assim como para as investigações ligadas, de alguma forma, à proteção ambiental, é suficiente considerar que estas construções complexas são modelos digitais do ambiente (XAVIER DA SILVA, 1982) e, como tal, podem ser usados nas tarefas de caracterização dos atributos e relacionamentos dos eventos e entidades julgados relevantes para o entendimento das diversas situações ambientais. Na operacionalização destas tarefas atua o Geoprocessamento, que pode ser entendido como um conjunto de conceitos, métodos e técnicas de diversas origens que, operando sobre bases de dados georreferenciados, pode associá-los a bancos de dados convencionais e transformar os dados com que opera, que são registros de ocorrências, em ganhos de conhecimento, ou seja, em informação, cujo valor social está na sua capacidade de apoio à decisão. Ao identificar e propiciar a análise das entidades e eventos envolvidos em uma situação ambiental, levando em conta os respectivos atributos e relacionamentos, o Geoprocessamento, como ramo científico-tecnológico, está investigando a geotopologia (XAVIER DA SILVA e ZAIDAN, 2004) da área geográfica em estudo.

A atuação dos eventos sobre as entidades pode ser percebida como singular ou múltipla. Por motivos históricos ou por conveniência, certas atuações de eventos são tratadas como singulares, como é o caso de furacões e secas. Outras destas atuações podem ser entendidas e tratadas como compostas de inúmeros eventos semelhantes entre si e em constante ocor-

INTRODUÇÃO

rência. Um exemplo imediato é a alteração físico-química das rochas sob ação das águas meteóricas. Outro exemplo é a destruição progressiva de uma floresta pelo avanço de uma fronteira agrícola. Nestes casos, é a repetição aparente da incidência de eventos sobre uma ou mais entidades que permite identificar um relacionamento causal, no qual pode ser atribuído à sequência de eventos atuantes o papel gerador da alteração. Conclui-se, assim, que os processos podem ser entendidos como sequências de eventos de caráter repetitivo e que são responsáveis pelo direcionamento das alterações nas entidades a eles associadas.

A inclusão digital, como conceito e realização tecnológica, pode servir para incrementar enormemente a domesticação da mente humana, ao colocar consideráveis contingentes humanos em maior contato com os recursos computacionais modernos. Imaginamos que seja possível trazer um pouco de lucidez e capacidade de análise de reais problemas aos milhões de prováveis imediatos usuários deste vendaval de expansão de computação eletrônica que já está a todos atingindo. Neste caso, trata-se de fazer com que o Geoprocessamento, entendido como uma estrutura de análise de situações ambientais relevantes, seja aplicado segundo diretrizes realmente democráticas, em suas diversas escalas de aplicação, particularmente de forma disseminada em nível municipal, com responsabilidades, potencialidades e benefícios partilhados e, assim, tornada capaz de reproduzir a relativa liberdade que possuímos de realizar, em experimentos acadêmicos, investigações que apoiem decisões quanto ao uso racional dos recursos ambientais.

Três objetivos podem ser simultaneamente perseguidos na pesquisa ambiental: desenvolvimento (ou uso) econômico, qualidade de vida e sustentabilidade, que podem ser assim definidos:

Desenvolvimento econômico

É o produto da utilização, planejada ou espontânea, dos recursos ambientais disponíveis. Pode ser corporificado, nas sociedades modernas, como um conjunto de procedimentos econômico-administrativos destinado a otimizar o uso dos citados recursos. Inclui: a) a identificação dos recursos, em termos de suas categorias, localizações e extensões de ocorrência; b) a velocidade de utilização dos recursos julgados relevantes, particularmente os não renováveis; c) a proteção e a restauração, idealmente, das condições ambientais das áreas afetadas, como contribuição aos objetivos de qualidade de vida e sustentabilidade.

Qualidade de vida

Consiste, essencialmente, em um conjunto de condições materiais e comportamentais, vigorante em um grupo humano, que regulam a acessibilidade dos membros do grupo a condições diversas (idealmente boas e semelhantes) de habitação, renda, educação, saúde, circulação e segurança.

Sustentabilidade

É uma condição ideal de utilização dos recursos físicos, bióticos e socioeconômicos de um ambiente na qual estejam contemplados, simultaneamente (o que não é fácil, é oneroso e pouco praticado), os benefícios esperados da presente utilização e também considerados, em sua plenitude, os interesses das gerações vindouras, em princípio (porém não necessariamente) compatíveis com os aspectos socioeconômicos do uso atual dos citados recursos.

Estes objetivos se superpõem, apenas em parte, não sendo inteiramente convergentes; consequentemente, não devem ser confundidos, e seus conflitos devem ser conciliados, para que não haja elisões de objetivos relevantes. O Geoprocessamento pode contribuir significativamente para equacionar os previsíveis conflitos ocasionados pela perseguição simultânea destes três objetivos, algumas vezes processada, em análises e sintetizações ambientais, sem clara consciência das suas presenças concomitantes. Tal falta de percepção pode ser altamente danosa para o apoio à decisão. Este apoio pressupõe a adoção de procedimentos não conflitantes ou minimizadores de conflitâncias, altamente informativos, dirigidos para o apoio ao planejamento e à gestão territorial e, idealmente, afastados de problemas de conceituação e isentos dos efeitos colaterais oriundos da vaidade humana, normalmente aflorantes em situações de conflitos conceituais e operacionais.

INTRODUÇÃO

Os resultados de pesquisas ambientais podem ser gerados a partir de exemplos diretos, nos quais sejam apresentados ou cotejados métodos e conceitos, sendo as técnicas colocadas no seu lugar subordinado de elementos de operacionalização, necessários mas não primordiais. Neste sentido, é absolutamente relevante que os profissionais ligados ao ambiente sejam alertados quanto ao sabor, o "charme" do uso das técnicas de processamento de dados aplicadas aos estudos ambientais, que podem criar uma "cortina tecnológica", inibidora do verdadeiro conhecimento da realidade ambiental. Uma vez criada esta cortina, que pode rapidamente erigir-se, confundir e confundir-se com as visões do mundo que são os diversos paradigmas da pesquisa ambiental, corre-se o risco de os estudos ambientais serem representados com uma roupagem deslumbrante que, algumas vezes, intencional ou desavisadamente, recobre a falta de conhecimentos sólidos e discriminados sobre as propriedades e relações geotopológicas das entidades e eventos ambientais que os compõem.

A essência da metodologia de criação de programas é a transformação de registros de ocorrência em ganhos de conhecimento direta e amplamente utilizáveis no apoio à decisão. Tal transformação pode ser operada através da inserção do conhecimento adquirido no quadro geográfico digitalmente representado que o contém, isto é, no modelo digital do ambiente que seja utilizado. Tal inserção gera o imediato conhecimento, quanto aos eventos e entidades envolvidos, de elementos essenciais de apoio à decisão, expressos pelas respostas a questões tais como onde, em que extensão, ligado ou relacionado a que, e, em muitos casos, quando se estabeleceram as entidades ou quando ocorreram os eventos considerados. Em termos operacionais, esta é uma colocação simultânea dos dados ambientais em seus contextos taxonômico e geográfico e representa a agregação de valor informativo que é o apanágio do Geoprocessamento.

Conceitos e métodos como os exemplificados acima podem ser operacionalizados através de programação que os contemple, com o cuidado especial de não se tornarem estas técnicas de cômputo programadas camisas de força nas quais se estiole a criatividade do pesquisador. As técnicas de Geoprocessamento podem ser robustas, isto é, terem aplicação diversificada, fornecendo resultados que podem ser a base para ilações as mais variadas, de forma a caracterizar um relacionamento entre o pesquisador e os dados capaz de realmente transformá-los em conhecimentos relevantes, ou seja, em elementos cognitivos que contribuam para o apoio à decisão.

Essas considerações delineiam uma proposta metodológica dialética, na qual são intervenientes o pesquisador e os dados, em uma interação que não despreza o conteúdo social que toda pesquisa tem. Esta interação necessita, algumas vezes, ser posta em evidência, o que pode ser feito pelo Geoprocessamento. Trata-se, assim, mais especificamente, da criação de programas de cômputo que permitam investigações eficientes do trinômio taxonomia/territorialidade/geotopologia, típico dos problemas ambientais. O apoio à decisão não pode prescindir de um tratamento correto deste trinômio uma vez que, para qualquer evento ou entidade ambiental, sempre será necessário identificar o tipo de fenômeno (taxonomia), referenciar sua localização, conhecer sua extensão de ocorrência (territorialidade) e definir as relações de proximidade ou conexão que o inter-relacionam com outros eventos ou entidades contidas na situação ambiental (Geotopologia). No caso brasileiro, julgamos oportuno reiterar a importância e a necessidade da criação e utilização de novos *conceitos e metodologias*, autóctones e adequados à nossa realidade ambiental, conceitos e métodos estes que devem ser desatrelados do simples uso ultraintensivo, domesticador e avassalante, das técnicas de Geoprocessamento que nos são impingidas pela globalização.

A presente contribuição não deve ser entendida, obviamente, como obra acabada, dogmática e plena de afirmações indiscutíveis. Pelo contrário, espera-se que dela emanem reflexões as mais variadas, inclusive sobre a natureza da pesquisa ambiental. Esta natureza reveste-se de aspectos que se rebatem até mesmo nas posturas do pesquisador quanto à sua produção científica. Pode-se afirmar, por exemplo, que a inclusão geográfica, como recurso metodológico, propicia a potencialização da informação ambiental obtida, ao mesmo tempo que inibe a produção científica fragmentária e setorizada, tão ao gosto de alguns pesquisadores desavisados e de instituições improvidentes, e destinada à construção de currículos extensos, associados a pesquisas ambientais desintegradas e conducentes a uma alienação intensa e progressiva do pesquisador quanto ao teor social de suas investigações.

Uma decorrência importante das considerações acima consiste na percepção de que uma situação ambiental julgada relevante pode ser representada, operacionalmente, pelo Geoprocessamento, através da seleção dos eventos relevantes para a alteração das entidades ambientais de interesse. Ambos os fenômenos, eventos e entidades, devem estar convenientemente representados em uma base de dados que permita suas representações em termos de suas localizações e extensões territoriais, constatadas, simuladas ou estimadas. Esta visão tecnológica do ambiente é dinâmica, diversificada, abrangente e geradora de novos conceitos, técnicas e métodos de investigação, o principal dos quais será discutido a seguir, através de uma estrutura de perguntas e respostas, para evitar o tédio paralisante que este texto possa estar despertando. Serão brevemente discutidas, a seguir, dentro do contexto da análise ambiental por Geoprocessamento, duas metodologias de investigação, à falta de melhores termos denominadas IPG (Inspeção Pontual e Generalização) e VAIL (Varredura Analítica e Integração Locacional).

Como caracterizar, metodologicamente, a análise de locais específicos como geradora de conhecimentos ambientais associáveis a uma área geográfica?

R.: Trata-se de um processo investigativo que acumula conhecimentos absolutamente úteis para cada caso (local ou ponto geográfico) analisado, gerando, axiomaticamente, conhecimentos ditos idiográficos, isto é, singulares. A extrapolação destes conhecimentos sempre requer a aplicação de artifícios de generalização sobre as características ambientais envolvidas e, simultaneamente, sobre o território a ser abrangido pelas extrapolações. Por estas características de inspeção localizada, a que devem suceder cuidadosas interpolações e extrapolações, pode ser denominada IPG.

Seria a IPG um caso de metodologia superada?

R.: Absolutamente não. Dados ambientais de relevância indiscutível são obtidos através da IPG. São os casos dos mapeamentos pedológicos, geomorfológicos, geológicos, de uso da terra, de cobertura vegetal e, particularmente, os mapas de riscos ambientais individualmente constatados, entre muitos outros. Entretanto, quanto à *análise de dados ambientais*, a IPG se ressente da dependência excessiva de interpolações e extrapolações territoriais, as quais prejudicam seu poder preditivo. Sendo impossível, na prática, previamente analisar, individualmente, todos os locais emblemáticos quanto a riscos e aptidões de uso, sendo possível que alguns deles sejam acobertados pelas interpolações da IPG, uma vez que estas são baseadas em inspeções pontuais distribuídas pela extensão do território analisado, muitas vezes de grandes dimensões, o *uso exclusivo* desta metodologia pode resultar nas conhecidas e trágicas surpresas quanto a desastres ambientais, por exemplo.

Em termos de análise ambiental, existe alternativa ao uso da IPG?

R.: Sim, e algumas delas de uso bem antigo. São os procedimentos que operam por varredura da situação crítica sob análise. Veja-se o caso das vacinações em massa, capazes da erradicação ou minimização de ocorrência de muitas doenças tradicionais, como a poliomielite e a varíola, entre outras. Uma população inteira é submetida a um procedimento profilático, o qual pode não ser efetivo em todos os pacientes, mas que pode conduzir à redução da ocorrência da doença em níveis controláveis ou toleráveis. Note-se que, neste caso, um tipo de procedimento é posto em prática, extensiva e exaustivamente. Assim sendo, em princípio, a vacinação deve abranger todos os componentes do universo sob análise, isto é, a população. A metodologia VAIL procede de maneira análoga, em relação ao território a ser analisado. Qualquer que seja a estrutura de armazenamento dos dados (vetorial, *raster* ou qualquer outra), pode ser executada a discretização da área geográfica nela representada, criando-se unidades territoriais sobre as quais serão aplicados os procedimentos de investigação (modelos, genericamente) julgados convenientes. Note-se que, como nas vacinações, não existe neste caso pretensão a levantamentos e correções absolutamente completos. Visa-se, isto sim, à redução dos problemas ambientais a níveis mínimos de prejuízos humanos e materiais, ou seja, prejuízos suportáveis e absorvíveis, em suma, controláveis.

Quais as condições essenciais para a execução de análises ambientais por VAIL?

R.: A resposta anterior reportou-se, principalmente, ao aspecto da varredura territorial como elemento básico da metodologia VAIL. Note-se

INTRODUÇÃO

que, uma vez escolhida uma discretização territorial conveniente, não se estará procedendo a generalizações no espaço geográfico, o qual será detalhadamente escandido. Resta considerar o significado dos termos "Analítica e Integração Locacional". Considere-se, inicialmente, o adjetivo "analítica", associado ao termo "varredura". Para que os resultados da aplicação da VAIL sejam inteiramente satisfatórios, é necessário que exista um conjunto de informações ambientais corretamente estruturado e relativo à área geográfica sob análise, ou seja, uma base de dados georreferenciados, isto é, dados que tenham como atributo irremovível sua localização geográfica. A varredura poderá ser executada sobre a distribuição espacial de alguns destes dados (eventualmente sobre a de todos). A natureza desta base de dados pode ser entendida como constituída por diversos mapeamentos temáticos que, em superposição virtual, constituem os planos de informação a serem varridos seletiva ou integralmente, segundo a prescrição feita pelo modelo de análise em utilização. Aqui reside a explicação para o termo "analítica", isto é, trata-se de um procedimento seletivo e participante de uma lógica de percepção e decomposição de um problema, segundo suas supostas partes componentes.

E o termo "Integração Locacional" realmente significa construir uma estrutura informativa a partir de localizações especificadas?

R.: Sim. Literalmente o que é feito na VAIL é uma seleção e agrupamento das unidades de discretização territorial, conforme os procedimentos previamente definidos no modelo adotado, gerando-se assim, por integração, a expressão territorial das combinações de variáveis ambientais de interesse. Se estruturas de padronização forem empregadas no modelo analítico utilizado (oscilações dos dados entre 0 e 1, ou entre 0 e 10, por exemplo), classificações de risco ou potenciais ambientais podem ser assim criadas e representadas como mapeamentos avaliativos.

E qual a importância deste tratamento simultâneo das características e localizações de fenômenos ambientais?

R.: Este é, possivelmente, o aspecto mais relevante da aplicação do geoprocessamento de dados às pesquisas ambientais: *são executados proce-*

dimentos de análise e integração, praticamente ao mesmo tempo, no espaço geográfico e no universo de atributos, ambos representados no que tem sido denominado Modelo Digital do Ambiente [MDA — XAVIER DA SILVA, 1982]. Este aspecto, aparentemente singelo, tem grande repercussão na capacidade de compreensão dos problemas ambientais, muitas vezes comandados por relações topológicas entre lugares com diferentes, semelhantes ou iguais atributos. O tratamento por VAIL permite, de imediato, o levantamento de possíveis associações de variáveis ambientais, juntamente com a localização e extensão destas ocorrências conjuntas, constatadas ou estimadas.

Para exemplificar e melhor esclarecer a relevância da VAIL, qual a sua importância para o tratamento preventivo dos problemas de desastres ambientais?

R.: O levantamento conjunto delineado na resposta anterior é um elemento essencial de apoio à decisão. Constitui-se aquela resposta em uma apresentação geral da validade da VAIL. Talvez um exemplo mais imediato possa trazer o devido relevo à sua importância. Quem decide não pode ignorar — ou, melhor, não tem o direito de desconsiderar — a possível incidência de desastres ambientais em locais inesperados. Neste ponto, a contribuição da VAIL é direta, uma vez que esteja associada a análises avaliativas. Usando modelos de associações de variáveis ambientais (tipos de encosta, de ocupação humana, de cobertura vegetal, declividades críticas, condições geológicas especiais são alguns exemplos) que já tenham sido reconhecidas como relevantes para a ocorrência de inundações em várzeas ou deslizamentos em encostas, por exemplo, a VAIL permite a identificação de locais suscetíveis a desastres, juntamente com aqueles que apresentam, pelo contrário, baixa probabilidade de ocorrência destes mesmos tipos de desastres. Esta capacidade de prever, embora com níveis de acerto inferiores aos obtidos em experimentos laboratoriais controlados, configura-se como suficiente para apoiar medidas preventivas, a serem aplicadas nos locais sinalizados como críticos, em um processo que pode minimizar consideravelmente os riscos de desastres inesperados, principalmente se for adotada uma postura conservadora, isto é, sejam considerados níveis abaixo do máximo risco nas inspeções verificadoras realizadas em campo,

INTRODUÇÃO

inspeções estas guiadas pelas avaliações executadas. Ressalte-se mais uma vez que, juntamente com a identificação dos locais com altos riscos, são levantados os locais com baixo risco, ou seja, áreas onde alternativas de uso podem ser aplicadas.

A identificação e mapeamento de locais de riscos ambientais seria o único resultado valioso da aplicação do geoprocessamento de dados à análise ambiental?

R.: Não. Outros resultados de interesse podem ser obtidos. A possibilidade de revelar relações topológicas entre as entidades e eventos envolvidos em qualquer situação ambiental confere importância insuspeitada ao Geoprocessamento, em particular à VAIL. Pode ser citado o mapeamento conjunto, inteiramente exequível, de áreas próprias para diversas utilizações (aptidões agrícolas, para o turismo, para localização industrial constituem exemplos imediatos), identificação de locais para postos de vigilância, de locais de atendimento emergencial em casos de epidemias ou desastres ambientais e de alojamentos provisórios de habitantes afetados por desastres ambientais. Procedimentos analíticos e de integração os mais complexos podem ser implementados por geoprocessamento, sendo exemplos os usos de modelos gravitacionais, de identificação de áreas de influência e as seleções e agregações sucessivas de características ambientais para montagem de um mapeamento de síntese, nas denominadas árvores de decisão, com as quais podem ser executadas simulações componentes de análises custo x benefício.

Quanto ao uso do Geoprocessamento, existem relações diretas com a inclusão geográfica?

R.: Sim. Conforme mencionado anteriormente, de forma implícita ou explícita, o Geoprocessamento propicia a operacionalização da inclusão geográfica. O caso dos assentamentos precários, termo considerado por alguns como um eufemismo para favelas e equiparável a um difícil "desastre" ambiental, é, neste contexto de encaminhamento de soluções, similar e emblemático. Através do Geoprocessamento, distâncias e características de cada assentamento já existente e de seus possíveis locais de transposição tornam-se disponíveis para apoiar decisões quanto à exequibilidade de transferências dos habitantes. Caso remoções não sejam aconselháveis, torna-se possível avaliar quão urgentes e imperativas são as melhorias nos atuais assentamentos precários, priorizados segundo suas envergaduras e quanto aos níveis de riscos ambientais que apresentem. No caso de transferências, podem também ser estimados os percalços e mitigações relacionados à transposição das populações envolvidas. Simulações podem ser executadas através da criação de condições fictícias, a serem introduzidas nas avaliações específicas em utilização, para obtenção de resultados hipotéticos. Tais resultados podem ser usados comparativamente, servindo de base para estimativas de custo x benefício relativas a procedimentos os mais variados que sejam preconizados para os assentamentos precários. Não é difícil imaginar que procedimentos análogos de simulação e de análises custo x benefício possam ser aplicados na diagnose de situações ambientais outras que não os desastres ambientais, em que resultados hipotéticos e estimativas de custo podem ser testados contra a realidade ambiental existente e tomadas, em decorrência, decisões fundamentadas quanto ao uso racional dos recursos materiais e humanos disponíveis.

2.2. A Inclusão Geográfica

Conforme já afirmado e documentado acima, estamos envolvidos com a prestigiosa e prestigiada inclusão digital, conceito e realização tecnológica que podem servir para incrementar enormemente a domesticação da mente humana, em particular no Brasil.

Trata-se de fazer, repita-se, com que o Geoprocessamento, entendido como uma estrutura de análise de situações ambientais relevantes, seja aplicado segundo diretrizes realmente democráticas, de forma disseminada em nível municipal, com responsabilidades, potencialidades e benefícios partilhados e, assim, tornado capaz de reproduzir, em uma escala bem maior, a relativa liberdade que já possuímos de realizar, em nossos computadores, investigações que apoiem decisões quanto ao uso racional dos recursos ambientais. O passo principal para este objetivo é promover a atualização descentralizada das bases de dados georreferenciadas, as quais constituem modelos digitais que podem ser erigidos, com certa facilidade, em nível municipal. Não se pretende invalidar, com esta perspectiva, a adoção de bases de dados de nível mais generalizado, estadual, regional, nacional ou mesmo planetário. Seu uso, entretanto, pode e deve ser dirigido aos respectivos níveis de abrangência, muitas vezes essenciais para dirimir controvérsias relativas a múltiplos níveis de interesse. Para os problemas municipais é preciso, em vários sentidos, fazer emanar do próprio conhecimento local as proposições que, afinal, podem resultar em modificações ambientais a serem realizadas, axiomaticamente, na realidade municipal.

Uma rápida análise comparativa pode contribuir para esclarecer nosso ponto de vista. A televisão é hoje de alcance mundial. Seu potencial formativo e informativo, entretanto, é dirigido, principalmente, para o atendimento de interesses específicos associados aos detentores dos poderes políticos e econômicos de nível multinacional e alcance planetário. Por outro lado, a Internet, como rede mundial, não tem este caráter de atendimento a interesses específicos e remotamente estabelecidos. A Internet opera de maneira difusa, com certa autonomia, embora dependente do controle inevitavelmente associado aos detentores das tecnologias de processamento eletrônico e telecomunicações. É possível e até provável que a razão para esta relativa autonomia da Internet repouse no seu franco uso pelos elos finais e periféricos, ou seja, pelos seus usuários, em atendimento a seus interesses múltiplos e específicos. São as necessidades e solicitações da periferia que movem a rede mundial. Nela, a veiculação da informação não se realiza segundo um comando centralizado, embora este comando seja capaz de tomar conhecimento de toda informação veiculada na rede e tenha capacidade de interrompê-la.

É possível fazer um paralelo entre a operação difusa da Internet, acima esboçada, e o funcionamento de uma estrutura de atualização descentralizada dos dados e aplicações do Geoprocessamento. Estes resultados semelhantes, principalmente quanto à ausência de um comando centralizador, se dariam em termos de autonomia de investigação de questões diretamente relevantes para os usuários, com francas possibilidades de criação e intercâmbio de soluções e procedimentos de pesquisa alternativos. Estas características desejáveis de uma estrutura de Geoprocessamento descentralizada podem ser desencadeadas a partir da capacitação e atribuição da responsabilidade pela criação e atualização das bases de dados georreferenciados aos próprios usuários em potencial, inicialmente representados pelos poderes municipais. Em outras palavras, é imprescindível que estejam habilitados no uso de programas, de preferência gratuitos, os técnicos e pesquisadores que trabalham no nível municipal. Análises criteriosas de propostas de empreendimentos de repercussão ambiental, geração de alternativas razoáveis, com acompanhamento técnico qualificado de reflexos desejáveis e indesejáveis, nas características físicas, bióticas e socioeconômicas do ambiente, são alguns dos resultados esperados no âmbito municipal, atualmente carente destas capacitações.

Todo um acervo crescente de informações relevantes pode assim ser iniciado e mantido no nível municipal. Triagens cuidadosamente planejadas e programadas podem ser executadas sobre este acervo, enviando-se para entidades de nível mais elevado apenas informações já tabuladas, organizadas e depuradas de detalhes, para uso direto em ilações da amplitude compatível com o nível mais elevado a que podem ser enviadas. Deve ser notado que apenas excepcionalmente interessa aos níveis superiores os detalhes de entidades e eventos municipais, os quais, entretanto, estão disponíveis por consulta específica. Os níveis superiores ficam, assim, descongestionados, livres da tantalizante necessidade de atualização típica das estruturas centralizadas de armazenamento de dados, notórias consumidoras de recursos materiais e humanos, e decepcionantes, muitas vezes, em termos de funcionamento e resultados.

3. CONCLUSÕES

A primeira conclusão imediata derivada do texto acima é a de que a informação, para basear corretamente decisões sobre situações ambientais, não deve considerar apenas a natureza e a quantidade de características (variáveis) envolvidas em qualquer problema. É fundamental que este conhecimento taxonômico seja inserido na realidade territorial em que se concretizam os eventos e entidades envolvidos. Em outras palavras, deve-se promover a inclusão geográfica da informação ambiental, a partir do conhecimento das características e dos relacionamentos das entidades e eventos envolvidos — a geotopologia local. Qualquer decisão envolvendo problemas locais não pode prescindir deste conhecimento. A qualquer

INTRODUÇÃO

momento, o conhecimento inicial de um problema, seja ele político, econômico, biótico ou físico, requer imediatamente informação sobre onde e em que extensão territorial está o mesmo ocorrendo. Esta afirmação, de um truísmo atroz, leva à conclusão de que uma inclusão do tipo almejado deve ser não apenas digital, mas também locacional ou geográfica. Esta perspectiva usa o apelo do conceito de inclusão digital para promover a liberação do potencial criativo do habitante local, tornado conhecedor de suas potencialidades e limitações, fazendo daquela inclusão um verdadeiro instrumento de cidadania. Do ponto de vista operacional, a inclusão dita geográfica se baseia no conceito de atualização descentralizada de bases de dados distribuídos pela periferia do sistema. Em termos mais diretos, a descentralização significa a criação de bases de dados georreferenciados nas entidades participantes do sistema, que são responsáveis pela atualização e envio periódico de informações selecionadas para a entidade central.

Uma segunda e final conclusão refere-se à nossa responsabilidade e atuação como geradores de programas gratuitos disponibilizados na Internet, juntamente com uma pequena participação no início e no incremento da utilização do Geoprocessamento no Brasil. É possível promover a verdadeira, autopropulsionada e democrática inclusão digital através do uso destes modelos digitais do ambiente que são as bases de dados georreferenciados e atualizados sob responsabilidade dos municípios, com custos absolutamente razoáveis e resultados positivos e mesmo surpreendentes quanto à utilização racional dos recursos ambientais realmente em benefício da melhoria da qualidade de vida da população.

Com a adoção da perspectiva esboçada neste texto ficaria restringida a possibilidade de adoção de uma indesejável perseguição de objetivos apenas comerciais, muitas vezes associados a desejos monopolistas, ao mesmo tempo que seria estimulada, exponencialmente, a venda diversificada de equipamentos e programas. Em termos da utilização de tecnologias modernas, não seria esta a verdadeira e almejada inclusão digital?

REFERÊNCIAS BIBLIOGRÁFICAS

FRASER TAYLOR, D.R. *Cybercartography: Theory and Practice.* Amsterdã: Elsevier, 2005. 574 p.

KÜHN, T.S. *As estruturas das revoluções científicas.* São Paulo: Perspectiva, 2ª edição, 1987. 192 p.

LÉVY, P. *As tecnologias da inteligência: o futuro do pensamento na era da informática.* Rio de Janeiro: Ed. 34, 1996. 208 p.

LOCH, RUTH E.N. *Cartografia — Representação, Comunicação e Visualização de Dados Espaciais.* Florianópolis: Ed. da UFSC, 2006. 313 p.

XAVIER DA SILVA, J. A digital model of the environment: an effective approach to areal analysis. In: Latin American Conference, International Geographic Union, 1982. Rio de Janeiro: *Annals of Latin American Conference, International Geographic Union.* Rio de Janeiro: IGU, 1982. v. 1, p. 17-22.

————. *Geoprocessamento para Análise Ambiental.* Rio de Janeiro. Edição do Autor, 2001. 228 p.

XAVIER DA SILVA, J., ZAIDAN, R.T. (Orgs.) *Geoprocessamento & Análise Ambiental.* Rio de Janeiro: Bertrand Brasil, 2004. 368 p.

CAPÍTULO 1

GEOPROCESSAMENTO APLICADO À ANÁLISE DA FRAGMENTAÇÃO DA PAISAGEM NA ILHA DE SANTA CATARINA (SC)

José W. Tabacow
Jorge Xavier da Silva

1. INTRODUÇÃO

A paisagem ocupa, cada vez mais, parte importante dos conteúdos de estudos e avaliações de impactos ambientais, planejamento urbano, rural e regional, iniciativas e propostas de legislação que visam à proteção da natureza e estratégias de definição de uma prática de gestão realmente sustentável do ambiente. A deterioração da paisagem, embora com as conotações subjetivas ou mesmo preconceituosas que este termo possa ter, já é considerada um comprometimento desta sustentabilidade, e pode chegar a níveis irremediáveis.

A qualidade das paisagens torna-se avaliação obrigatória em qualquer estudo que traga, no cerne, uma preocupação com a conservação do ambiente. Prova disto é a necessidade de inclusão exigida ou, segundo o caso, pelo menos recomendada nos EIA/RIMAs (Estudos de Impacto Ambiental/Relatórios de Impacto Ambiental) de análises dos impactos de novos empreendimentos nas paisagens de sua área de ocupação, bem como dos efeitos topológicos no conjunto visualmente incluído. Acresça-se que, em se tratando de assuntos paisagísticos, o efeito pode ultrapassar, em muito, a área física da intervenção (TABACOW, 2001).

Entretanto, antes de analisar, discutir, recomendar e concluir, é prudente que se estabeleça, da forma mais clara possível, o conceito de paisagem que aqui será usado, pois este termo, por si só nebuloso, pode ter sentidos diversos, alguns difusos, outros deturpados, outros ainda parcialmente sobrepostos.

1.1. CONCEITOS DE PAISAGEM

Pelo exposto, procede-se a uma investigação dos diversos conceitos e daqueles significados que sutilmente se imbricam, se superpõem, se interpenetram.

FERREIRA (2004), o conhecido "Aurélio", define *paisagem* como:

"[Do fr. *paysage.*] *S. f.*
1. Espaço de terreno que se abrange num lance de vista.
2. Pintura, gravura ou desenho que representa uma paisagem natural ou urbana: *As paisagens de Ruysdael descortinam vastos horizontes.*"

É interessante observar, nesta segunda acepção, a divisão incoerente em dois tipos de paisagens, natural ou urbana, porque baseada em critérios distintos: um, o das alterações em uma paisagem (natural, que seria oposta à artificial ou alterada), e o outro, o do que poderíamos denominar grau de antropismo (urbana, que se oporia à rural). Por esta divisão, uma paisagem agrícola, por exemplo, não se enquadra em qualquer das classificações.

O INSTITUTO ANTONIO HOUAISS (2002) destaca quatro acepções para o termo, a saber:

"**Paisagem** *S. f.*
1. Extensão de território que o olhar alcança num lance; vista, panorama
   Ex.: *do alto, essa p. é mais bonita.*
2. Conjunto de componentes naturais ou não de um espaço externo que pode ser apreendido pelo olhar.
3. Espaço geográfico de um determinado tipo
   Ex.: *p. costeira; p. campestre.*

4. Pintura, desenho, gravura, fotografia etc. em que o tema principal
é a representação de formas naturais, de lugares campestres
Ex.: *Frans Post pintou várias p. de Pernambuco; o filme mostra belas
p. do Oriente.*"

Também nesta quarta acepção, em que o fator naturalidade está incluído, vale observar que a pintura de alguma vila da costa do Mediterrâneo, do casario das ilhas gregas ou da Times Square, em Nova York, não se enquadraria no que se entende, genericamente, por paisagem.

Este último autor aponta a seguinte etimologia para o termo: "fr. *paysage* (1549) acp. de belas-artes, (1556) 'conjunto de países', (1573) 'extensão de terra que a vista alcança'; ver *país*-; f. hist. 1567 *paugagẽ*, 1587 *pausagens*, 1600 *pasagem*, sXVI *paisagem*, 1649-1666 *passagens*, 1656 *paizagem*" (INSTITUTO ANTÔNIO HOUAISS, 2002).

É importante observar ainda o sentido que o mesmo autor atribui ao sufixo — *agem* — para a acepção que nos interessa: "*suf.* provindo... 3) vernaculização do mesmo suf. em um sem-número de subst., sem necessariamente serem o resultado de uma ação verb. e indicando, por vezes, sentido coletivo: *costumagem, folhagem, libertinagem, paisagem, pelagem, plumagem, politicagem, porcentagem, ramagem, vitragem, voltagem.*"

Nesta etimologia, a ideia de coletivo está explícita na interpretação "conjunto de países" ou ainda na atribuição de um sentido coletivo ao sufixo, com o próprio vocábulo *paisagem* incluído nos numerosos exemplos citados. Entretanto, como o termo francês "*pays*" traduz-se, alternativamente, por "região", parece interessante privilegiar esta opção, pela convergência mais direta com o sentido geográfico de espaço, do que com o político de uma nação. Teríamos, assim, uma ideia de "conjunto de regiões", que se aproxima melhor de uma conotação físico-espacial, no sentido de considerar que a paisagem tem sua expressão territorial caracterizada por um conjunto de feições não necessariamente perceptíveis por apenas um golpe de vista, ou seja, por uma visada a partir de uma posição.

A jurista Jacqueline Morand-Deviller (2001), da Universidade de Paris, a partir de um ponto de vista legal, ressalta o vínculo entre o sujeito — aquele que olha — e o objeto — a paisagem, acentuando a indissociabilidade de tal relação. A partir desta perspectiva, só se poderia considerar paisagem a porção de território que estivesse sendo observada num determinado momento. A ausência do observador descaracterizaria o objeto.

Em oposição a tais ideias, o geógrafo Preston James (PELUSO JÚNIOR, 1991) nega o sentido de porção de terra percebida de um ponto, preferindo encará-la como "território estudado em número suficiente de vistas e que apresenta coisas orgânicas e inorgânicas, produzidas algumas por processos independentes da vontade humana e outras resultantes da presença do homem". Parece claro que a definição abre mão da exigência de um observador, e a ideia assim exposta é convergente com o conceito definido pela Ecologia da Paisagem, ramo da ciência fortemente ligado a estas considerações. Nesta, a paisagem é definida — e delimitada — por quatro aspectos que se repetem de modo similar em toda a sua extensão: 1) regime climático; 2) fluxos e interações entre os diversos grupos de ecossistemas componentes; 3) composição geomorfológica e 4) regime de perturbações (alterações), antrópicas ou não (FORMAN e GODRON, 1986).

Na visão de PIRES (1992), pode-se conceituar o termo Paisagem a partir de três enfoques distintos:

— A paisagem puramente estética aludida à combinação harmoniosa de formas e cores do território, inclusive a sua representação artística.

— A paisagem na sua dimensão ecológica ou geográfica, aludida aos sistemas naturais que a configuram.

— A paisagem na sua expressão cultural aludida como o cenário da atividade humana.

Tal conceito é quase coincidente com o expresso em MOPU (1987), no qual a paisagem pode ser definida a partir de três componentes: o espaço visual formado por uma porção do terreno, a percepção deste território e o homem.

Finalmente, a Academia de Ciências do Estado de São Paulo (ACIESP, 1987) conceitua a paisagem como "determinada porção do espaço, resultado da combinação dinâmica, e portanto instável, dos elementos físicos, biológicos e antrópicos que, reagindo uns sobre os outros, constituem um conjunto único e indissolúvel". Tal definição dispensa, igualmente, a necessidade de um observador.

No âmbito deste trabalho, esta última definição é adotada quer pela abrangência, por não excluir qualquer das diversas situações existentes no universo em estudo, quer pela concisão, por enfeixar objetivamente os conceitos que aqui serão aplicados.

1.2. Objetivos

O que aqui se busca é o desenvolvimento de um processo explicitado e reproduzível de avaliação de paisagens, originando, em decorrência, um método cuja eficiência e aplicabilidade são testadas em um exemplo de aplicação. Tal método, complementar aos processos subjetivos de valoração da paisagem convencionalmente usados em avaliações ou análises, é útil em estudos de impacto ambiental, pela possibilidade de quantificar o grau de sensibilidade de paisagens a alterações, em casos em que a mesma seja um componente importante a considerar. É ainda útil como ferramenta de apoio à decisão, na implantação de empreendimentos, tais como loteamentos, condomínios, *resorts* e outros, que possam provocar alterações ambientais de monta e ainda na detecção de potenciais e riscos relacionados com a preservação de paisagens notáveis.

Para logro desta meta, procedeu-se à elaboração de uma série de medidas relacionadas a seguir, consideradas indispensáveis aos propósitos da investigação:

- Base de dados georreferenciados — Construção de uma base de dados georreferenciados simples, referente a toda a Ilha de Santa Catarina (SC), escolhida como espaço territorial para experimentação dos procedimentos aqui propostos;
- Mapa de Alcance Visual — Elaboração cartográfica para definir, por cruzamentos com outros parâmetros da base descrita no item anterior, diferentes graus de sensibilidade da paisagem a intervenções, segundo as variáveis de interesse para a análise;
- Mapas de análises de apoio — Produção, com uso de um SGI — Sistema Geográfico de Informações —, de mapas resultantes de análises que possam sugerir caminhos, confirmar hipóteses ou embasar os procedimentos aqui definidos;

• Delineamento de cenários futuros — Definir, como exemplo, as tendências da expansão das áreas urbanas, configurando um cenário futuro que permita avaliar seus possíveis efeitos pelo cotejo da expansão da área urbanizada sobre as paisagens insulares.

As providências acima relacionadas visam incluir a componente *paisagem* no conteúdo de estudos de conservação e gestão do ambiente. Esta variável não é de fácil análise em avaliações ambientais, quer em estimativas de impactos, quer como apoio à tomada de decisões em geral ou especificamente no estabelecimento de legislação protetora. A carência de procedimentos reproduzíveis de avaliação ambiental dificulta os estudos sobre a paisagem. Em consequência, a criação de um método que, a partir de conceitos claramente estabelecidos dos significados da paisagem de uma região, e da definição das ferramentas que sejam capazes de processar a gigantesca massa de informações a serem incluídas na avaliação ambiental subsequente, é necessária e relevante. Embora não se possa desprezar a subjetividade nos tipos mais usuais de análise das paisagens, é interessante que estes possam ser complementados por processos como o aqui proposto, que reduzam substancialmente as chances de ambiguidade, numa relação de complementaridade e sinergia pesquisador x objeto inteiramente explicitada.

1.3. SISTEMAS GEOGRÁFICOS DE INFORMAÇÃO

As investigações ambientais são multifacetadas. Estudos de certa complexidade implicam manipulações de enormes quantidades de dados. Considerando a axiomática vinculação desta investigação com atributos de espacialidade, indispensáveis na análise, compreensão e equacionamento das relações topológicas intrínsecas aos fenômenos ambientais, no interesse do estudo que se está realizando, "torna-se necessário considerar o ambiente como um sistema, isto é, uma entidade que tem expressão espacial, a ser modelada segundo sua variabilidade taxonômica e a distribuição territorial das classes de fenômenos nela identificados como relevantes" (XAVIER DA SILVA, 2001). Esse autor propõe que o *conceito de ambiente como sistema não considera apenas os processos geradores de fenômenos ambientais, mas também traz à baila, imediatamente, a necessidade de identificação de características importantes, como a posição geográfica, a extensão territorial ... e as relações espaciais e funcionais ...* Sublinha-se que há convergência entre os conceitos de ambiente e o de paisagem aqui adotado. Tendo em mente o paralelismo acima delineado, é aceitável considerar-se a base de dados ambientais um modelo digital do ambiente (XAVIER DA SILVA, 2001), assim como utilizar-se das técnicas de Geoprocessamento para a investigação das paisagens.

O conhecimento físico do território que abrange os ambientes em estudo, com a reunião e utilização de toda a informação disponível, aí incluídos os eventos passados naturais ou históricos que influíram nas características atuais, é condição primordial, o ponto de partida para a compreensão dos fenômenos e processos que ali estão ocorrendo.

Por outro lado, a proposta de medidas para o gerenciamento de tais recursos pressupõe a manipulação exaustiva da informação reunida, referente a fatores bióticos e abióticos e suas implicações com as características e a evolução histórica das condições socioeconômicas da área em estudo, direcionada aos objetivos a que eles se propõem. Para tanto, os Sistemas Geográficos de Informações constituem-se na ferramenta mais adequada, uma vez que apresentam capacidades funcionais para captura e armazenamento (*input*), manipulação, transformação, visualização, combinação, investigação, análise, modelamento e saída (*output*) de dados georreferenciados (BONHAM-CARTER, 1996).

O uso de diferentes tipos de técnicas de investigação e avaliação que permitam extrair informação de uma base digital de dados georreferenciados, provenientes de diferentes fontes, níveis e acuidade de informação, e cujo processamento se aplica como ferramenta de suporte à tomada de decisão, darão maiores possibilidades de delineamento ao estudo. Os métodos intrínsecos a estas ferramentas e as inúmeras alternativas inerentes à sua aplicação podem resultar na construção de um diagnóstico dos problemas que afetaram e estão afetando as paisagens de uma determinada região. De outra parte, as técnicas de Geoprocessamento adotadas, ao possibilitarem a integração dos dados, permitem apontar as análises para os objetivos definidos, de configurar sugestões e soluções em apoio à decisão, como contribuição à sustentabilidade da paisagem.

1.4. Área de Estudo

A Ilha de Santa Catarina (SC) (**Figura 1**), escolhida como área de aplicação para este trabalho, tem, em seus 423km² de extensão (CENTRO..., 1997), um conjunto de paisagens de alta diversidade e valor cênico.

Figura 1 — Localização da Ilha de Santa Catarina

Localizada junto à costa sul brasileira, nas latitudes entre 27°22' e 27°50' sul e entre os meridianos de 48°25' e 48°35' de longitude oeste, a Yjuriré-mirim — "boca pequena d'água", em guarani — dos carijó, seus primitivos habitantes (VÁRZEA, 1985), é território da capital do estado de Santa Catarina, estendendo-se na direção geral nordeste-sudoeste, tendo maior comprimento, com cerca de 54km, e maior largura, com 18km (**Figura 2**). A proximidade do continente e o desenho de seu litoral oeste determinam a formação de duas baías, a Norte e a Sul. A linha da costa estende-se por 172km.

Os litorais de ambas as baías, separadas por um pequeno canal com cerca de 500 metros e profundidade média de 22 metros, apresentam-se bastante recortados por inúmeras praias, pequenos sacos, tômbolos, aci-

Figura 2 — Imagem LANDSAT 5 da Ilha de Santa Catarina e do continente

dentes em que predominam as vegetações de restingas, mangues e costões rochosos. No litoral da ilha voltado para o oceano (leste) surgem dunas em alguns pontos.

Todas estas características permitem enquadrar a Ilha de Santa Catarina na classificação de ilha continental, pois que se configura como uma extensão dos grandes traços geológicos continentais.

Historicamente, do século XVI as únicas menções dignas de nota foram as duas viagens de Hans Staden, que nos legou o primeiro mapa da ilha (**Figura 3**). Em termos de documento escrito, vale a pena começar com um pequeno depoimento de Frei Vicente do Salvador (VIEIRA FILHO, 2001), que atesta o desprezo português pela ilha, durante todo o século do descobrimento: *Foram à Ilha de Santa Catarina, 300 léguas dali (do Rio de Janeiro), a qual ainda que despovoada (por ser de portugueses, que não sabem povoar nem aproveitar-se das terras que conquistam) é terra de muita água, pescado, caça, lenha e outras cousas.* Realmente as incursões portuguesas, nessa fase, resumiam-se a expedições que, oriundas de São Vicente, no litoral paulista, tinham por meta apenas fazer escravos entre os carijó. Embora conciso, o depoimento do historiador deixa entrever a

Figura 3 — Primeira representação gráfica da Ilha de Santa Catarina, por Hans Staden
Fonte: VIEIRA FILHO, 2001.

riqueza das paisagens insulares, que só veio merecer a atenção dos portugueses já na segunda metade do século XVII, com a fundação de três núcleos litorâneos na então capitania: São Francisco, Laguna e Desterro, este último na Ilha de Santa Catarina (VIEIRA FILHO, 2001), por volta de 1670. Mas alguns relatos de viajantes dão ideia do lento processo de colonização que se seguiu. Segundo informações de Louis Choris, até inícios do século XVIII, a Ilha de Santa Catarina não passava de um valhacouto de vagabundos de diferentes partes do Brasil. Frézier, chegando à ilha em 1712, faz uma estimativa da população da vila em *174 brancos, alguns índios e negros libertos* (HARO, 1990). Em 1719, George Shevolcke informa que *não têm eles nenhum local que se possa chamar de "cidade", nem tampouco qualquer fortificação de qualquer espécie, com exceção das matas*, e, mais adiante: *Quanto aos índios desse lugar, não posso dizer muito a respeito deles, pois jamais vi mais de 2 ou 3 deles* (HARO, 1990). Em 1747, a Coroa portuguesa, que estava preocupada com os avanços espanhóis no sul do Brasil fez embarcar dos Açores a primeira leva de imigrantes, perfazendo um total de pouco menos de 500 pessoas, em atendimento aos apelos do

Brigadeiro José da Silva Paes, considerado primeiro governador do estado de Santa Catarina. Sucederam-se diversos grupos, até 1756, totalizando 6.071 açorianos e madeirenses (VIEIRA FILHO, 2001). Estes diversos grupos de imigrantes desempenharam papel fundamental na história e na formação da cultura de Santa Catarina, em especial do litoral.

Antoine Joseph Pernetty, que chegou à ilha em 1763, já se refere à existência dos fortes da Ponta Grossa, de Santa Cruz, na Ilha de Anhatomirim, e da Ilha Ratones. Menciona ainda que *o Governador reside num vilarejo, situado ao fundo duma enseada* (HARO, 1990). Seguindo o fio deste resumo da ocupação humana da ilha, temos, no depoimento de Jean-François Galaup De La Pérouse, a informação de que, no ano de 1785, *a vila de Nostra-Senõra-del-Desterro, capital desta Capitania, onde o governador tem a sua residência ... contém no máximo tres mil almas e apro-ximadamente 400 casas* (HARO, 1990). Urey Lisiansky menciona a popu-lação de *10.142 almas, das quais umas 4.000 são negras,* num depoimento de 1803 (HARO, 1990). Em 1812, David Porter também estima a popu-lação da vila em 10 mil habitantes. (HARO, 1990). René Primevère Lesson informa que logo após a Independência, a ilha contava com 18 mil almas. Entretanto, por volta de 1865 o Conde D'Eu, marido da Princesa Isabel, passa pela ilha (VIEIRA FILHO, 2001) e deixa testemunho escri-to da informação que recebe do presidente da província, de que o Desterro contava então com 12 mil habitantes.

A partir do início do século XX, foram realizados recenseamentos de forma sistemática, incluídos na **Tabela 1**, que completam a evolução da população no município, até nossos dias.

A investigação de todo o processo de ocupação territorial é importan-te para a compreensão de fatos e mecanismos que implicam alterações antrópicas de paisagens. Por outro lado, a riqueza de aspectos e de variabi-lidade em seus cenários torna a paisagem da Ilha de Santa Catarina uma forte atração para estudos que se proponham a identificar os fatores histó-ricos e geográficos, e em especial a comunhão entre estes dois, determi-nantes de um processo de fragmentação dinâmico e permanente ao longo do tempo que estabeleceu a atual situação e sugere as tendências futuras.

As técnicas de avaliação e preservação das paisagens estão ainda nos primórdios. Em alguns países mais pobres, elas nem sequer começaram a fazer parte das preocupações de planejadores. Em outros, desenvolvidos

Tabela 1 — Resultados dos Censos Demográficos para a População do Município de Florianópolis

ANO	POPULAÇÃO	ORIGEM DO DADO
1900	32.229	Sinopse do Recenseamento de 31/12/1900
1920	41.338	Recenseamento do Brasil de 1/9/1920
1940	46.057	Censo Demográfico, Santa Catarina, p. 51
1950	65.195	Censo Demográfico, Santa Catarina, p. 64
1960	97.827	Censo Demográfico, Santa Catarina, p. 43
1970	120.013	Censo Demográfico, Santa Catarina, p. 350
1980	187.871	Censo Demográfico, Dados Distritais, SC, p. 8
1991	255.390	Censo Demográfico, resultados do universo, p. 39
2000	342.315	Censo Demográfico, resultados do universo, p. 210

Fonte: IBGE — Instituto Brasileiro de Geografia e Estatística.

ou em desenvolvimento, percebe-se ainda nos processos de discussão as indecisões dos "primeiros tempos", as abordagens cautelosas de quem pisa em terreno inseguro, indefinido ou a desbravar. Ajunte-se a isso as tendências radicalizantes que o tema propicia e teremos os ingredientes que podem conduzir a extremos indesejáveis. E o assunto é extremamente delicado, uma vez que coloca em confronto poderosos interesses antagônicos. Apenas para ilustrar como exemplo, se o proprietário de um terreno em posição privilegiada constrói um edifício que, embora permitido pelas posturas municipais, constitua-se numa obstrução visual, ele estará privatizando uma paisagem que extrapola seus domínios físicos de propriedade. Além de elitizar aquela paisagem apenas para os felizes habitantes do tal edifício, ele estará privando todo o restante da população daquela paisagem especial.

Afinal de contas, a quem pertence a paisagem? Muitas perguntas como esta ou a ela associadas permanecem ainda sem resposta. Assim, quaisquer propostas que possam subsidiar um uso sustentado deste atributo ambiental coletivo, uma verdadeira preservação em termos de valores paisagísticos, podem ser bem-vindas, quando menos pela oportunidade de se discutir exaustivamente tais problemas.

A consideração do enorme potencial turístico fortemente dependente das belezas cênicas locais justifica tal assertiva. Intervenções que façam baixar a qualidade ou perder as paisagens da Ilha de Santa Catarina significam a morte da galinha dos ovos de ouro, um claro processo de exploração autofágica de um recurso, cuja simples concretização elimina as razões e benefícios de sua própria ocorrência (CHAMAS, 1999).

2. Metodologia

2.1. Alcance Visual

A avaliação da paisagem, como recurso inerente a uma porção de território, é prática bastante recente, sem dispor de métodos consolidados ou pelo menos seguros de mensuração. A maior restrição aos processos utilizados até aqui parece ser a grande parcela de subjetividade associada aos julgamentos de valor. COOKE e DOORNKAMP (1974) apontam dois problemas críticos: primeiramente, existem sérias dificuldades em definir como são as paisagens que agradam às pessoas. As respostas emocionais de indivíduos ou grupos diante de cenas naturais ou antrópicas referem-se a uma ampla e variada gama de opções. Agrava ainda o fato de que tais referências mudam com o passar do tempo ou com circunstâncias de momento. Em segundo lugar, defronta-se com o problema de descrição do valor estético da cena de forma a poder haver uma base de comparação, um critério que permita o estabelecimento de padrões de análise.

Tais métodos estabelecem o tamanho de uma amostra estatística e, a partir daí, submetem uma determinada paisagem à opinião deste grupo. Duas restrições podem ser apontadas:

Na maioria das vezes, são usadas fotografias de paisagens na avaliação, o que pode implicar interferências consideráveis, resultantes de diversos fatores de tendenciosidade, como a composição da cena (*e.g.*, a altura da linha do horizonte) ou a estaticidade da imagem, de que são eliminados movimentos, como os provocados pelo vento, nuvens ou uma ave que passe, entre outros.

Acresça-se que as amostras do universo a opinar são compostas de acordo com faixa etária, nível socioeconômico, nível cultural, origem (urbana ou rural), como variáveis isoladas. Entretanto, seria complexo, embora com maior aporte de informações, compor amostras considerando as diversas possibilidades de associações destas mesmas variáveis, em grupos de duas ou mais, o que, certamente, produziria resultados diferentes.

Por outro lado, certos critérios objetivos, embora não pretendam o estabelecimento concreto de fatores relacionados com qualidade das paisagens ou sensibilidade a interferências, constituem-se em informação preciosa e segura no apoio à decisão sobre a gestão das mesmas. Um deles, o da Visibilidade, é particularmente interessante como ferramenta de análise (TABACOW, 2001) e merece, neste texto, atenção especial.

Embora os conceitos de paisagem sejam extremamente amplos, assumindo as mais diversas acepções em função da área do conhecimento ou do interesse do que se quer investigar, suas definições pressupõem, em geral, o uso do sentido da visão como ponto de partida. É evidente que tato, audição e olfato também devem estar presentes, mesmo que como suplementares. Mas a base de percepção é a observação visual. Assim, a magnitude das limitações à observação é definida pelo alcance visual que se pode ter a partir do conjunto de pontos que constituem a paisagem (TABACOW, 2001).

Em função do que foi acima exposto, é providencial que, no estudo das paisagens, se produzam mapas, que denominaremos de Alcance Visual, e que definam, em termos de setorização territorial, as porções de paisagem menos ou mais visíveis a partir de uma rede de posições de observação.

Por outro lado, e para mero efeito analítico, costuma-se subdividir uma determinada paisagem nas principais unidades que a compõem. Trata-se de uma abordagem arbitrária, e fortemente dependente da escala de análise. Além disso, deve-se considerar as interações entre estas unidades e ainda examinar cuidadosamente as faixas de transição que podem constituir-se, por sua vez, em unidades distintas, com características próprias. Há que levar em conta, ainda, a ocorrência de feições aquáticas, como lagos, lagoas, rios, mar e suas áreas de influência (*buffers*). Estas podem, em si, constituir-se em unidades de paisagem, mas também podem se aninhar ou perpassar outras unidades, como no caso de rios e córregos, por exemplo.

Diante da problemática resultante das possibilidades de combinações de tantas variáveis, o Geoprocessamento surge como ferramenta capaz de conduzir com segurança as abordagens de análises (diagnoses) e de previsão de cenários futuros (prognoses) (XAVIER DA SILVA; CARVALHO FILHO, 1993). Enquanto as primeiras permitem delinear as situações e processos que estão ocorrendo, em termos de dinâmica da paisagem e de efeitos das intervenções antrópicas sobre estas, as últimas possibilitam desenhar as tendências para as quais o conjunto e a interação de tais processos apontam (ZAMPIERI et al., 2000).

Entretanto, ao se considerarem primordialmente os aspectos visuais, englobam-se no mesmo "critério", e frequentemente de forma parcial, aspectos vegetacionais, feições geomorfológicas, fragmentos de origem antrópica como identificadores de unidades de paisagem. Tais variáveis, consideradas isoladamente ou em conjunto, podem gerar inconsistências no conjunto de mapas que vão constituir a base georreferenciada (XAVIER DA SILVA, 2001).

2.1.1. Delimitação das Bacias Visuais

No âmbito deste trabalho, considera-se bacia visual todo o território que pode ser abrangido pelo olhar de um observador, em todas as direções e a partir de um ponto qualquer do território, sem considerar obstruções incidentais de menor porte, antrópicas ou não, que subtraiam parte desta possibilidade visual. Tal bacia, em representação cartográfica, terá como limite o polígono construído pelas linhas de cumeada das elevações e, alternativamente, pelos limites da área de estudo, no caso de vales planos ou planícies costeiras em que a área de observação é infinita (pela ausência de elevações) ou se prolonga mar adentro. Deve-se considerar ainda o caso em que eventuais elevações não sejam suficientes para obstruir a visão até o horizonte. Tais elevações produzem uma zona de "sombra" que, evidentemente, está fora dos limites da bacia. Entretanto, a porção de território que lhe é posterior e visível será incluída. Para os efeitos deste estudo, estabeleceu-se uma malha arbitrária de pontos de observação cobrindo todo o território da ilha — malha de observação — como posições de origem ou "centro" das bacias visuais. Esta malha tem espaçamento de 4x4km e coincide intencionalmente com os pontos de encontro de coordenadas quilométricas do sistema UTM, para maior facilidade de localização dos pontos, em cartas e no campo, com o auxílio de receptor GPS.

Assim estabelecida a malha de observação, foram traçadas, utilizando-se o AutoCAD 2000, as bacias visuais de todos os seus pontos, em formato DWG. O desenho assim obtido foi convertido para o formato RST, usado pelo SAGA/SAD. A partir deste *raster*, foram produzidos mapas de cada bacia, no mesmo formato, os quais foram cruzados segundo a seguinte sequência:

1) cruzamento de dois mapas de bacias visuais, utilizando-se a capacidade de avaliação simples do SAGA/SAD para produzir um mapa em que se explicitaram as superposições entre as duas bacias. O mapa assim obtido inclui as categorias de superposição NENHUMA VISADA, correspondendo aos pontos que não são avistados de qualquer das duas posições, UMA VISADA, correspondendo aos pontos que são avistados de apenas uma das posições, e DUAS VISADAS, para os pontos avistados de ambas as posições;

2) este mapa foi contraposto a um terceiro mapa de bacia visual, da mesma forma. Produziu-se um mapa com as categorias NENHUMA VISADA, UMA VISADA, DUAS VISADAS e TRÊS VISADAS, todas explicadas por critérios semelhantes ao descrito no item anterior;

3) o passo nº 2 foi repetido até que se tivesse feito o cruzamento de todos os mapas de bacias individuais de visualização, um por vez, com o mapa de superposições de visadas obtido na etapa imediatamente anterior.

4) o mapa final (**Mapa nº 1** — Alcance Visual) retrata as diferentes quantidades de superposições que ocorrem quando são consideradas todas as posições da malha de observação.

Este mapa revelou que, em função da malha e quantidade de posições de observação convencionadas, ocorrem no máximo seis superposições de visadas no território em estudo (**Tabela 2**).

Tabela 2 — Áreas de Superposições das Bacias Visuais na Ilha de Santa Catarina (SC)

SUPERPOSIÇÕES DAS BACIAS VISUAIS	ÁREA SUPERPOSTA (HA)
Nenhuma	8.540,46
Uma	9.985,29
Duas	7.852,85
Três	7.299,03
Quatro	4.366,22
Cinco	3.297,54
Seis	875,09

Fonte: TABACOW, 2002.

GEOPROCESSAMENTO APLICADO À ANÁLISE DA FRAGMENTAÇÃO... 51

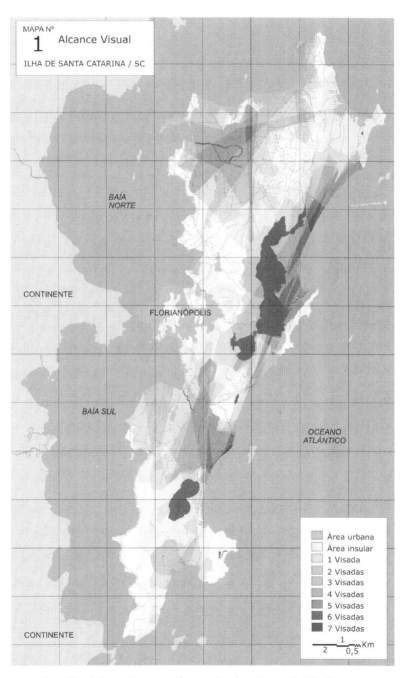

Mapa 1 — Ilha de Santa Catarina: Alcance Visual — Pontos de Visada

3. RESULTADOS E DISCUSSÃO

Diversos mapas temáticos podem compor a base georreferenciada em decorrência da necessidade de sua participação nas análises, de forma a se examinarem fatores pertinentes a um estudo que pretende abranger diagnoses e prognoses relacionadas com a paisagem. Eles são a base de cujo cruzamento, nas várias modalidades de saída oferecidas pelo SAGA/SAD, serão produzidos mapas de resultados significantes para a investigação. Entretanto, para os efeitos de experimentação metodológica do que aqui se propõe, foram escolhidos apenas dois parâmetros de importância fundamental para qualquer estudo paisagístico, de forma a constituir a base de análise que, confrontada com as áreas de maior visibilidade identificadas no mapa de alcance visual, definirão os pontos com maior ou menor sensibilidade a interferências nas paisagens da ilha. Em outras palavras, os cruzamentos do mapa de alcance visual com os de vegetação e de geomorfologia irão configurar mapas de sensibilidade a interferências paisagísticas relacionadas com estes dois parâmetros.

3.1. MAPAS BÁSICOS

3.1.1. GEOMORFOLOGIA

RENWICK (1992) propõe uma classificação na qual "as paisagens são compostas por uma diversidade de formas de relevo: 1) em estado de equilíbrio, ou 2) em desequilíbrio, ou então 3) em não equilíbrio". Desequilíbrio refere-se às formas que tendem ao equilíbrio, mas não possuem tempo suficiente para alcançá-lo. Em estado de não equilíbrio, mesmo que em longos períodos de estabilidade ambiental, as formas não tendem ao equilíbrio, em razão de grandes ou frequentes mudanças. Paisagens podem conter misturas desses estados que, pela interação, acabam por se refletir nas suas "aparências". Finalmente, em equilíbrio estariam as paisagens atuais que oferecem uma relação estabilizada nos fluxos de energia e materiais, se não fora todo o peso histórico de paleoclimas, oscilações do nível marinho, tectônica e, muito mais, os atuais impactos humanos, criando situações caóticas.

CRUZ (1998) afirma que aspectos geomorfológicos integram um grupo de estudos de relações entre os elementos físicos e biológicos da paisagem ocupada, influenciada, modificada ou transformada pela ação humana. O conhecimento de sua dinâmica pelos fluxos que nela circulam e o inventário de seus dados podem desvendar diversidades e variáveis conservacionistas, as quais devem pautar uma boa ocupação do espaço territorial e respectivo gerenciamento, sendo porém difícil controlar o ritmo dos processos naturais sem que, passado um determinado tempo, atinjam o limiar a partir do qual se desencadeia a degradação. Por outro lado, os constantes problemas resultantes da ocupação humana direta e indireta e do avanço da urbanização sobre áreas que deveriam ser preservadas mostram como ainda é longo o caminho entre intenção e realização do planejamento racional para ocupação e uso do espaço (MUEHE, 1984).

Na Ilha de Santa Catarina a intervenção turística, de certa maneira ainda incipiente nos anos 60 e 70, não permitiu antever o potencial das alterações e consequentes modificações da ação antropogênica urbana e turística nas paisagens costeiras, ocorridas nas últimas décadas do século XX. Em decorrência destas asserções, os aspectos de análise das formas de relevo, juntamente com a vegetação que as recobre, devem ocupar posição proeminente nas preocupações com manejo e conservação das paisagens.

A região em que se localiza a área de estudo deve ser contextualmente observada como um todo. As paisagens costeiras se apresentam sob forma de maciços e morros costeiros com vertentes escarpadas ou mamelonadas, de planícies costeiras com terraços mais elevados e mais rebaixados, várzeas, feixes de arcos praiais, dunas, lagoas, depressões úmidas e da faixa litorânea, composta por praias, costões, baixios e manguezais (CRUZ, 1998). Em tal contexto, *a Ilha de Santa Catarina foi construída pela ação do mar, que reuniu diversas ilhotas, antigos picos que ficaram isolados com a transgressão marinha* (PELUSO JÚNIOR, 1991).

No relevo insular identificam-se duas unidades geológicas maiores associadas: as áreas planas sedimentares e as elevações dos maciços rochosos, que compõem o embasamento cristalino. Estas unidades delineiam, respectivamente, as planícies costeiras e as serras litorâneas (CENTRO..., 1997).

Com relação às planícies costeiras, a ilha apresenta, na face voltada para o continente, paisagens bem mais ligadas aos espaços urbanos de Florianópolis. Em contato com águas mais tranquilas de enseadas e sacos nas duas baías, suas faixas costeiras, preferencialmente arenosas e fluviomarinhas, são, muitas vezes, continuadas pelas arenovasosas das planícies de maré, compostas por manguezais e marismas ou baixios. A região do Aeroporto Hercílio Luz é a única em que tais planícies estendem-se continuamente, da costa leste à oeste.

Estas planícies são formadas pela deposição de sedimentos marinhos e fluviomarinhos, sendo, na ilha, os terrenos mais recentes. Sua formação está associada às oscilações do nível do mar ocorridas durante o período quaternário, provocadas por variações no volume de água oceânica, pela alternância de períodos glaciais e interglaciais (CENTRO, 1997). Vale ressaltar que, no setor norte, "a formação destas planícies está associada, principalmente, ao rebaixamento progressivo do mar a partir de 5.100 anos atrás, época em que se encontrava em torno de 3,5 metros acima de sua altura atual. Esta baixa no nível marinho afastou as águas de antigos depósitos de areias, causando o desenvolvimento destas planícies de prograda-ção" (CENTRO, 1997).

As serras litorâneas apresentam aspecto de crista, em função da forma alongada e de encostas acentuadamente declivosas. "O território insular é atravessado, em toda sua extensão, por uma dorsal central orientada NNE e SSW, cujos divisores de águas separam as pequenas bacias fluviais e planícies costeiras. Esta dorsal ramifica-se lateralmente em esporões, que se prolon-gam submersos ou emergem na forma de ilhas" (CENTRO, 1997). Pode-se distinguir duas porções desta dorsal central. A primeira delas estende-se do centro da ilha para o norte, atingindo a altitude máxima de 493 metros no Morro da Costa da Lagoa. A segunda, ao sul, ergue-se após a planície onde se localiza o aeroporto e atinge seu ponto culminante (540 metros) no Morro do Ribeirão, a montante da localidade de Ribeirão da Ilha. "Os topos são angulosos ou côncavos, e as encostas apresentam declividades acentua-das, chegando a mais de 45º, delicadamente drenadas através de vales em forma de V, geralmente encaixados e pouco profundos. As vertentes são irre-gulares e definem vários patamares em diversos níveis. A espessura reduzida do manto de alteração sobre estes relevos leva alguns pontos à exposição de blocos e matacões (pedras soltas, muito grandes e arredondadas) (**Figura 4**), como, por exemplo, no Morro da Cruz, provocada pela remoção dos mate-riais finos pelos processos erosivos. De norte a sul, esta dorsal central separa os ambientes das planícies costeiras voltados para o leste daqueles orientados para o norte ou para as baías a oeste" (CENTRO, 1997).

GEOPROCESSAMENTO APLICADO À ANÁLISE DA FRAGMENTAÇÃO... 55

Figura 4 — Matacão em uma encosta de Santo Antônio de Lisboa (Baía Norte)

O litoral da Ilha de Santa Catarina, pela riqueza e diversidade de ambientes que contém, é de um valor paisagístico incomensurável. Entretanto, sendo estas áreas as mais valorizadas, pela paisagem e proximidade do mar, além de serem preferenciais para as atividades turísticas de verão, são também alvos de frequentes processos de degradação ambiental, tais como invasões e ocupações clandestinas com construções precárias ou irregulares (Praia do Forte), remoção de vegetação estabilizadora de dunas e restingas (Praia de Moçambique), utilização das praias como sistema viário para veículos como automóveis e mesmo ônibus de turismo (Praia do Pântano do Sul), aterros para a implantação de vias de acesso e de expansão urbana (Praia de Moçambique) e ocupação com construções turísticas de porte avantajado (Praia do Santinho, Praia dos Ingleses, Jurerê Internacional e praias de Canavieiras e Bom Jesus da Cachoeira).

Além das praias, extremamente variadas nas suas formas, extensão e características de balneabilidade, ocorrem manguezais de maior ou menor porte (ver item Vegetação, mais adiante), cordões de restinga (Pontal da Daniela) e costões rochosos.

Completando este breve quadro das feições geomorfológicas que notabilizam as paisagens insulares, destacam-se numerosas lagoas que se distribuem ao longo do litoral, em especial a Lagoa da Conceição e a do Peri. As duas, além de outras bem menores em pleno assoreamento (INSTITUTO, 1994), como a da Ponta das Canas (**Figura 5**), as dos parques municipais da Lagoinha do Leste e Pântano do Sul, e outras, seguem, *grosso modo*, o alinhamento SSW-NNE da dorsal central.

Figura 5 — Lagoa da Ponta das Canas, com evidências de assoreamento

Há uma série de aspectos importantes, que merecem atenção especial. Inicialmente, é oportuno mencionar que a diversidade de feições geomorfológicas reflete-se diretamente na diversidade dos fragmentos de paisagem. Mas também indiretamente, por ser condicionante, em parte, da cobertura vegetal sobrejacente. Daí o papel de destaque que é dado aos dois temas (geomorfologia e vegetação) neste texto. Mas em termos de resistência a processos naturais ou antrópicos que podem alterar as paisagens, as feições de vegetação são, evidentemente, mais frágeis. Na Ilha de Santa Catarina há apenas quatro fragmentos de feição geomorfológica resultantes de antropismo. São aterros sobre o mar, nas baías Norte e Sul, e a exploração de pedra, numa pedreira da região do Rio Tavares. Isso corresponde a apenas 1,67% do total.

Ao todo, tem-se 239 fragmentos, dos quais apenas 25 com áreas maiores do que a média excedem o desvio-padrão. Estas exceções, que correspondem a apenas 10,46% do total, distribuem-se uniformemente por todas as feições. Este exame é justificado se considerarmos que, no aspecto geral, feições anormalmente maiores, em relação às outras, tendem a dar às paisagens um aspecto mais homogêneo e íntegro.

3.1.2. VEGETAÇÃO

Numa análise de paisagens, a vegetação é, certamente, um dos aspectos fundamentais. Algumas razões para tanto podem ser apontadas.

a) As alterações na vegetação original são facilmente perceptíveis pelo olhar, mesmo para o leigo.

b) A eliminação da vegetação e, consequentemente, o solo exposto definem um tipo de fragmento muito diferenciado dos seus limítrofes e de grande persistência ao longo do tempo. Na maioria das vezes não é possível uma reconstituição das condições originais.

c) A vegetação original é fator primordial de dependência da fauna, que aí encontra alimento, abrigo e espaço de reprodução. Assim, a ausência de determinadas espécies da fauna pode ser indicadora de alteração ambiental. Também é importante para a estabilidade do solo. Na ausência do recobrimento vegetal, este sofre processos severos de erosão das encostas, que perdem o benefício da capacidade dissipadora de energia das águas pluviais, com reflexos graves tanto nas formações a jusante como a montante.

d) Uma análise do estágio sucessional, através dos componentes florísticos presentes e de estudos fitossociológicos, pode definir o grau de alteração passado e presente na área modificada. As diferenças podem ser adotadas taxonomicamente na classificação entre fragmentos.

e) A íntima correlação da vegetação com outros parâmetros físicos, como geomorfologia, geologia e declividades. Por exemplo, na zona marítima de Santa Catarina evidencia-se o efeito dos agentes geológicos sobre a vegetação, daí decorrendo a recomendação de REITZ (1961) de que qualquer estudo sobre a formação organogênica do litoral deverá incluir simultaneamente os aspectos botânico e geológico.

f) Finalmente, mas não menos importantes, são os aspectos carismáticos que induzem, nos segmentos envolvidos, maior esforço de preservação.

A vegetação que cobriu primitivamente a Ilha de Santa Catarina agrupava-se em duas categorias claramente delimitadas, correspondentes aos conjuntos florestais e às formações pioneiras, estas últimas ocupando as baixadas, portanto com maior contato com o mar. Antes do início do processo de colonização, e mesmo vários anos depois, conforme o testemunho de muitos viajantes, as formações vegetais estendiam-se pelo território da ilha ocupando os espaços quase sem alterações.

Numerosos depoimentos de viajantes, que remontam aos princípios do século XVIII, atestam que o recobrimento vegetal da Ilha de Santa Catarina constituía-se de formações florestais que cobriam todo o seu território (HARO, 1990). Tais documentos, distribuindo-se de forma mais ou menos regular até o século XX, dão conta de uma progressiva e profunda alteração no aspecto do recobrimento vegetal, culminando com o testemunho de VARZEA (1985), ao declarar que "a bela Ilha se acha transformada num imenso cafezal".

De qualquer forma, esses parágrafos iniciais estabelecem uma situação da vegetação que, para os efeitos deste trabalho, significa um estado primevo, um ponto de partida para análise da estrutura, arranjo espacial, origem e tamanho dos fragmentos da paisagem, pelo menos daqueles de origem antrópica, quando se toma a vegetação como indicador.

Naquela situação inicial, considerada um estado íntegro do recobrimento vegetal, existiam apenas 16 fragmentos vegetacionais, tendo o menor deles área de 38,71 hectares. Tal distribuição obedecia fielmente ao relevo, pois as áreas com florestas correspondiam praticamente às elevações, revestindo encostas e cimeiras, enquanto a vegetação pioneira relacionava-se diretamente com os solos arenosos das planícies sedimentares; uma assinatura ambiental, analisando os mapas de vegetação primitiva e hipsometria, revela que 88,99%, ou seja, 9.865,84ha da área total ocupada por vegetação pioneira, que é de 11.086,19ha, distribuem-se pela faixa de zero a 20 metros de altitude.

É importante ainda ressaltar que tais quantidades referem-se a apenas duas categorias de vegetação, a área insular florestada e as Formações Pioneiras (restingas, manguezais e colônias rupestres dos costões), adotadas aqui como base para análises a serem feitas no decorrer do trabalho. Assim, classificações posteriores, naturalmente mais elaboradas, deverão sofrer simplificações (fusão de categorias por Geoprocessamento) de forma a compatibilizar a estrutura de classificação das diferentes etapas para uma análise coerente dos aspectos de recobrimento vegetal.

Fotografias aéreas datadas de 1938 e de 1978 permitiram, por fotointerpretação, a elaboração de mapas que testemunham a situação da vegetação da ilha naquelas datas (CARUSO, 1990). Tais mapas são preciosos e não poderiam ficar fora desta análise. O primeiro deles, se comparado com o mapa da vegetação priminitiva, evidencia imediatamente um intenso processo de fragmentação ao longo da história da ilha.

Considere-se, por hipótese e com base nos depoimentos históricos anteriormente descritos, que a vegetação original permaneceu mais ou menos íntegra até pelo menos 1822, como testemunha Duperrey (HARO, 1990), que se refere *às espessas florestas que cobrem a Ilha*. Tem-se em um período de pouco mais de 100 anos uma alteração de enormes proporções no recobrimento vegetal.

Mas a história das alterações na vegetação insular não parou aí. O mapa com a vegetação de 1978 mostra profundas mudanças para um período de apenas 40 anos. Entretanto, o aumento da área com capoeirões evidencia uma redução drástica no processo de alteração das paisagens. Estes capoeirões originam-se, na sucessão ecológica, de capoeiras e capoeirinhas, estágios anteriores do mesmo processo, que não sofreram qualquer interferência antrópica no período. Historicamente, a causa relaciona-se com o fracasso das iniciativas agropecuárias na ilha, seguido do abandono das terras antes trabalhadas.

É importante mencionar que sob o aspecto paisagístico estes capoeirões diferem muito pouco das florestas primárias em sua aparência geral. Segundo COURA NETO e KLEIN (1991), mesmo para o botânico experiente é difícil diferenciá-los da Floresta Ombrófila Densa, em seu estado original. Desta forma, a ilha, reunindo uma área muito expressiva com este tipo de formação vegetal, reaproxima-se, ainda que em parte, de suas paisagens originais. A legislação que define como de proteção permanente as áreas acima da cota de 100 metros certamente é uma das maiores responsáveis por essa regeneração.

FORMAN e GODRON (1986) afirmam que as paisagens originais praticamente já desapareceram da face da Terra. No Brasil, sabe-se que a presença do homem deixou marcas nas paisagens dos mais retirados rincões, muito embora tais alterações possam ter pequena monta, quando se analisa a paisagem sob aspectos puramente visuais.

Atualmente, a vegetação da ilha acha-se profundamente alterada, como consequência de todo o processo acima descrito. Entretanto, as paisagens que compõem o território insular já apresentam muitas encostas com um revestimento florestal de dossel contínuo, visualmente bem próximo dos originais.

Pela **Tabela 3** pode-se acompanhar a evolução da fragmentação, em termos de quantidade e diversidade de fragmentos, entendida como a quantidade de diferentes formações vegetais, consideradas a partir das espécies componentes e do estágio da sucessão ecológica. Inclui-se também a média do tamanho dos fragmentos (na última coluna), que complementa o resumo de todo o processo e permite uma avaliação das relações entre as distintas épocas, explicitadas na coluna Situação da Vegetação.

Tabela 3 — Quadro-Resumo da Fragmentação da Paisagem na Ilha de Santa Catarina (SC), Tomando-se por Base a Cobertura Vegetal

SITUAÇÃO DA VEGETAÇÃO	QUANTIDADE DE FRAGMENTOS	DIVERSIDADE DE FRAGMENTOS	TAMANHO MÉDIO DOS FRAGMENTOS
PRIMITIVA	16	2	34,67km^2
1938	262	10	2,27km^2
1978	372	11	1,27km^2
1991	385	44	1,14km^2

Fonte: TABACOW, 2002.

Evidencia-se, na coluna Quantidade de Fragmentos, o salto entre a situação primitiva e o ano de 1938. Embora seja um período razoavelmente longo, conforme explicado anteriormente corresponde, na prática, a um período de pouco mais de 100 anos. É importante perceber também o notável aumento de diversidade dos fragmentos entre 1978 e 1991. Embora os critérios dos mapas que subsidiaram esta informação apresentem certas diferenças na classificação dos conjuntos de vegetação, a diferença se deve muito mais a frequentes alterações localizadas e de pequena monta, que fizeram com que passassem a ocorrer grandes quantidades de fragmentos indefinidos quanto ao estágio sucessional. Tal processo diferencia-se do anterior (atividades agropecuárias abandonadas) pela diversificação das atividades atuais, notadamente as de turismo e construção civil. Estas pressionam o poder decisório que, através de alterações nos planos diretores, admite a expansão dos núcleos urbanos (ou a criação de novos) e das áreas mais procuradas pelos turistas.

3.2. Mapas Gerados

3.2.1. Monitorias

A possibilidade de monitoria que o SAGA/SAD proporciona permite que se avalie a evolução de um determinado fenômeno ou evento ao longo do tempo. Pode-se, desta forma, acompanhar um processo, definir tendências e delinear prognósticos (cenários futuros) com base nas curvas de evolução.

Por outro lado, a vegetação é um forte indicador da alteração das paisagens, já que a elas dá identidade pelas peculiaridades taxonômicas.

Alguns estudos calculam em aproximadamente um século o tempo necessário à regeneração da Mata Atlântica. A **Tabela 4**, a seguir, resume tal processo:

Tabela 4 — Sucessão Ecológica em Área de Floresta Ombrófila Densa no Sul do Brasil

ESTÁGIO SUCESSIONAL	TEMPO DE DECORRÊNCIA
Matagal	1 a 5 anos
Capoeirinha	5 a 10 anos
Capoeira	10 a 15 anos
Capoeirão	15 a 30 anos
Floresta secundária*	30 a 60 anos
Floresta secundária*	50 a 90 anos
Floresta climática	A partir de 90 anos

Fonte: REIS et al. (simplificada), 1999.
* Existem diferenças na composição de espécies nestes dois estágios. Ainda não há estabilidade de diversidade biológica e de biomassa, que caracterizam o estágio seguinte (clímax).

Através de monitoria aplicada separadamente aos três períodos em estudo podem-se avaliar as pressões sofridas pela categoria de vegetação original Floresta Ombrófila Densa, cuja história revela uma profunda alteração no período inicial, decorrente, principalmente, de atividades agropecuárias abandonadas no período seguinte para, no terceiro período, seguir-se uma nova onda de alterações, agora como decorrência de atividades turísticas e expansão urbana, muito embora todo este processo tenha sido mais controlado pela legislação de proteção ambiental surgida no decorrer desse tempo. A **Tabela 5** resume este parágrafo.

Tabela 5 — Variação no Ritmo de Alteração da Floresta Ombrófila Densa na Ilha de Santa Catarina (SC) em Três Períodos

PERÍODO	ÁREA TOTAL ALTERADA (HA)	ÁREA MÉDIA ALTERADA POR ANO (HA)
C. 1820-1938	21.789,80	184,65
1938-1978	2.528,22	63,20
1978-1991	6.229,12	479,16

Fonte: TABACOW, 2002.

3.2.2. *Avaliações — Tendências da Expansão Urbana*

Uma das formas de testar o modelo que se está propondo é o de fazê-lo funcionar experimentalmente através de uma simulação de cenário futuro, numa típica avaliação prognóstica. Para tanto, torna-se obviamente necessário delinear inicialmente esta situação, para o que se lançou mão da capacidade de avaliação estendida do SAGA/SAD, com o objetivo de definir cartograficamente as tendências de expansão das áreas urbanizadas no território da ilha.

Os valores das categorias de cada mapa, todos considerados com o mesmo peso nesta análise, foram fixados atendendo a dois objetivos: 1) incluir todo o território da ilha, em razão das tendências de polinucleação urbana que a caracterizam; 2) direcionar o mapa resultante para que se produzissem cinco categorias: ALTAMENTE FAVORÁVEL À EXPANSÃO URBANA; FAVORÁVEL; MEDIANAMENTE FAVORÁVEL; DESFAVORÁVEL e ALTAMENTE DESFAVORÁVEL.

Uma vez obtido o mapa (**Mapa 2**), ele foi cotejado com o mapa de Alcance Visual (**Mapa 1**), estabelecendo-se assim um cenário futuro do significado da expansão urbana, como o impacto nas paisagens da ilha (**Mapa 3**).

Mapa 2 — Ilha de Santa Catarina: Tendências de Expansão Urbana

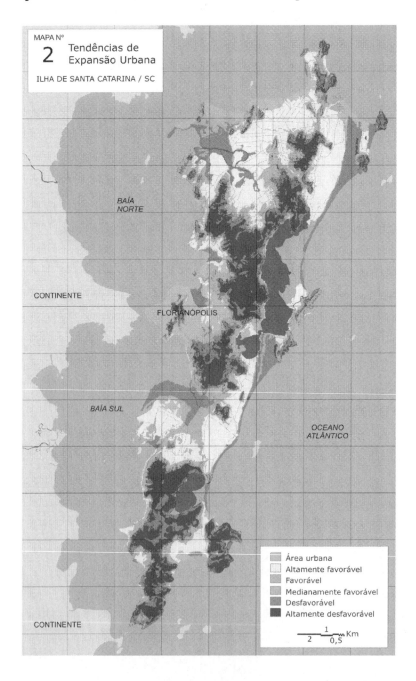

Mapa 3 — Ilha de Santa Catarina: Alcance Visual *versus* Tendências de Expansão Urbana

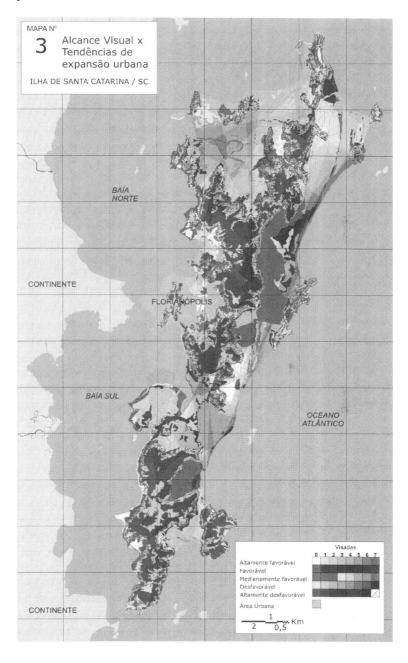

4. Conclusões

4.1. Contribuição Conceitual

A proposta do conceito de Alcance Visual para aplicações envolvendo, em várias escalas, as paisagens e os processos a elas vinculados constitui o aporte conceitual deste trabalho.

Alcance Visual é a figuração espacial que, a partir de uma malha de posições aleatoriamente escolhidas, define, por varredura, a quantidade de visadas que recobrem cada ponto do território sob análise, ou seja, de quantas posições da malha convencionada um determinado ponto é visualmente alcançado. Em resumo, pode-se dizer que o Alcance Visual é a representação da quantidade de superposições de bacias visuais referentes às posições de observação daquela malha. Cada bacia visual é entendida como o conjunto de pontos do território, visíveis a partir da posição de observação, sem considerar obstáculos como vegetação, feições antrópicas e outras circunstâncias.

4.2. Contribuição Tecnológica

A aplicação do conceito descrito constitui uma contribuição tecnológica significativa ao introduzir um novo atributo paramétrico, como característica ambiental, nas opções de análise por Geoprocessamento. Este novo parâmetro, ao incorporar uma variável que decorre de aspectos relacionados com visibilidade, enseja uma ampla gama de aplicações, que podem resultar numa contribuição ponderável a estudos relacionados com meio ambiente, expansão urbana, estratégia militar, engenharia rodoviária (otimização de itinerários), valorização turística, entre outros.

4.3. Contribuição Metodológica

A proposição de novos conceitos, como o descrito, exige a definição de métodos que possam tornar sua aplicação objetivamente viável. Por esta razão, o estabelecimento de um método que permita, de forma objetiva, aplicar tais conceitos a análises envolvendo as paisagens e os processos que lhes são subjacentes integra esta investigação como meio de consolidar sua aplicabilidade. Esta se materializa através da indicação aqui incluída, do modo de se criar um mapa digital, o de Alcance Visual (**Mapa n.º 1**), que inclua, com expressão cartográfica, o conceito aplicado ao território em estudo. O uso de um SGI (SAGA/SAD) enseja o cruzamento deste mapa com outros planos de informação pertinentes, incluindo a componente *paisagem* nas diferentes análises e em seus respectivos resultados. Realizam-se, assim, os objetivos inicialmente propostos, de se estabelecer a possibilidade metodológica de avaliação da paisagem em estudos em que este tema seja relevante. Tal possibilidade é facilmente reproduzível por outros agentes e em outros locais, bastando, para isso, adotar os procedimentos aqui preconizados. Ressalva-se, entretanto, que o método pode não produzir resultados com a mesma confiabilidade em regiões com características muito diversas da estudada.

Resumindo as etapas executadas para a aplicação proposta, temos: a) a construção da base de dados georreferenciados; b) a construção do mapa de Alcance Visual e c) o teste de confronto deste mapa com um de análise prognóstica, neste caso o mapa de tendência de expansão urbana.

Como alerta, algumas questões e dificuldades devem ser trazidas à tona, pelo menos para que futuros estudos assemelhados possam levá-las em consideração.

- O esforço de entrada de dados para a constituição da base cartográfica digital é a parte mais penosa de todo o processo. A estratégia de gerar a informação em arquivos do AutoCAD (dxf), a partir de arquivos no formato *tif* (provenientes de varredura por scanner) revelou-se bastante eficiente, quando comparada com entradas manuais ou através de mesas digitalizadoras.
- Foram detectadas algumas inconsistências entre os dados, em razão das diferentes fontes utilizadas. Alguns polígonos tiveram que ser reajustados, principalmente os que apresentavam trechos em comum com o limite da ilha. E algumas legendas, principalmente dos mapas de vegetação, tiveram que ser agregadas e compatibilizadas para garantir coerência às análises que foram feitas.

Algumas áreas com potencial e interesse turístico, como a estudada aqui, dependem dos seus valores naturais para despertar e manter este interesse. Praias, cordões de restingas, lagoas e montanhas são, como componentes fundamentais da paisagem, os fatores de atratividade em conjunto. Devem, portanto, ser mantidos como estão, ou, se for o caso, passar por processos de recuperação. Mas também não podem ser encarados como entidades intangíveis, em que qualquer interferência será fatalmente negativa. Ao contrário, eles podem e devem ser incluídos em processos de gestão territorial realmente sustentada e ter seus valores usufruídos saudavelmente, isto é, sem que seu uso os deteriore. Daí ser altamente desejável a exploração, o desenvolvimento e a aplicação de novas técnicas de Geoprocessamento, como instrumento capaz de colaborar para a garantia de sua proteção.

5. Referências Bibliográficas

ACIESP. *Glossário de ecologia*. São Paulo: ACADEMIA DE CIÊNCIAS DO ESTADO DE SÃO PAULO, n. 57, 1987. 271 p. 1ª Edição (definitiva).

BONHAM-CARTER, G. F. *Geographic information systems for geoscientists: modelling with GIS*. Ontário: Pergamon, 1996. 398 p.

CARUSO, M. M. L. *O desmatamento da Ilha de Santa Catarina de 1500 aos dias atuais*. Florianópolis: Ed. da UFSC, 1990. 160 p. Il.

CHAMAS, C. C. Turismo autofágico. *A Notícia*, Florianópolis, 19 abr. de 1999.

COOKE, R. U.; DOORNKAMP, J. C. *Geomorphology in environmental management*. Oxford: Clarendon Press, 1974.

COURA NETO, A.; KLEIN, R. M. Vegetação, síntese temática. In: INSTITUTO BRASILEIRO DE GEOGRAFIA E ESTATÍSTICA; INSTITUTO DE PLANEJAMENTO URBANO DE FLORIANÓPOLIS. *Mapeamento temático do município de Florianópolis*. Florianópolis, 1991. 19 f. Digitado.

CRUZ, O. *A Ilha de Santa Catarina e o continente próximo: um estudo de geomorfologia costeira*. Florianópolis: Ed. da UFSC, 1998. 276 p.

FERREIRA, A. B. H. *Novo Dicionário da Língua Portuguesa*. Rio de Janeiro: Nova Fronteira. 2004.

FORMAN, R. T. T.; GODRON, M. *Landscape Ecology*. Nova York: John Wiley & Sons, 1986. 619 p.

HARO, M. A. P. de. (Org.) *Ilha de Santa Catarina: relato de viajantes estrangeiros nos séculos XVIII e XIX*. Florianópolis: Ed. da UFSC, 1990. 334 p.

INSTITUTO ANTÔNIO HOUAISS. *Dicionário Eletrônico da Língua Portuguesa*. Rio de Janeiro: Objetiva, 2002. 1 CD-ROM. Windows 98.

KLEIN, R. M. Ecologia da flora e vegetação do vale do Itajaí. *Sellowia — Anais Botânicos do Herbário Barbosa Rodrigues*, nº 31, Itajaí, 1979. p. 9-164.

MOPU. *El Paisage: unidades temáticas ambientales de la dirección general del medio ambiente*. Madri: Ministério de Obras Públicas y Urbanismo, 1987. 107 p.

MORAND-DEVILLER, J. L'environnement et le droit, LGDJ. *Collectivités locales*, 2001.

MUEHE, D. Evidências de recuo dos cordões litorâneos em direção ao continente no litoral do Rio de Janeiro. In: SIMPÓSIO SOBRE RESTINGAS BRASILEIRAS, 1984, Niterói. *Anais...* Niterói: CEUFF, 1984.

PELUSO JÚNIOR, V. A. *Aspectos geográficos de Santa Catarina*. Florianópolis: FCC Ed., 1991. 288 p. il.

PIRES, P. dos S. Procedimentos para a análise da paisagem na avaliação de impactos ambientais. In: *Manual de avaliação de impactos ambientais*. Curitiba: SUREHMA, 1992.

REIS, A. et al. Recuperação de áreas florestais degradadas utilizando a sucessão e as interações planta-animal. *Cadernos da Reserva da Biosfera da Mata Atlântica*. nº 14, São Paulo: Conselho Nacional da Reserva da Biosfera da Mata Atlântica, 1999, 42 p.

REITZ, P. R. Vegetação da zona marítima de Santa Catarina. *Sellowia — Anais Botânicos do Herbário Barbosa Rodrigues*, nº 13, Itajaí, ano 13, 1961, p. 17-115.

RENWICK, W. H. Equilibrium and nonequilibrium landforms in the landscape. *Geomorphology*, n. 5, Amsterdã, 1992, p. 265-276.

TABACOW, J. Aspectos paisagísticos. In: EIA/RIMA *Complexo Ecoturístico Habitacional Morro dos Conventos*. Florianópolis: Socioambiental, 2001. v. 1. Digitado.

TABACOW, J.W. *Análise da Fragmentação da Paisagem na Ilha de Santa Catarina - SC: Uma Aproximação por Geoprocessamento* (Tese de Doutorado em Geografia), Rio de Janeiro: UFRJ/LAGEOP, 2002.

VÁRZEA, V. *Santa Catarina: a ilha*. Florianópolis: Lunardelli, 1985. 240 p.

VIEIRA FILHO, D. "Santa Catarina 500: terra do Brasil". Florianópolis: *A Notícia*, 2001. 271 p. Il.

XAVIER DA SILVA, J. *Geoprocessamento para Análise Ambiental*. Rio de Janeiro: J. Xavier da Silva, 2001. 228 p.

XAVIER DA SILVA, J.; CARVALHO FILHO, L. M. *Sistemas de Informação Geográfica: uma proposta metodológica*. In: IV Conferência Latinoamericana sobre Sistemas de Informação Geográfica; II Simpósio Brasileiro de Geoprocessamento. *Anais...* São Paulo: EDUSP, 1993. p. 609-628.

ZAMPIERI, S. L., SILVA, E.; LOCH, C. *A importância da análise e estudos de prognose e regressão da paisagem para o cadastro multifinalitário ambiental*. In: Congresso Brasileiro de Cadastro Técnico Multifinalitário, 2000. Anais eletrônicos... Florianópolis: UFSC. Disponível em: <http://geodesia.ufsc.br/­geodesia-line/arquivo/Cobrac_2000/162/162.htm>. Acesso em 14 jun. 2001.

CAPÍTULO 2

GEOPROCESSAMENTO COMO APOIO À GESTÃO
DE BIODIVERSIDADE: UM ESTUDO DE CASO
DA DISTRIBUIÇÃO E CONSERVAÇÃO DE *HABITATS* E
POPULAÇÕES DO MICO-LEÃO-DA-CARA-PRETA
(*LEONTOPITHECUS CAISSARA*) NOS MUNICÍPIOS DE
GUARAQUEÇABA - PR E CANANEIA - SP*

Maria Lucia Lorini[1,2,3,4]
Vanessa Guerra Persson[1,2,3,5]
Jorge Xavier da Silva[1]

1. INTRODUÇÃO

A conservação da biodiversidade representa um dos maiores desafios encarados por nossa geração e pelas seguintes, como também o é sustentar a crescente população humana do planeta. Os dois são inexoravelmente ligados, haja vista que o desenvolvimento econômico causa impactos sobre a biota, ao passo que a biosfera provê recursos e serviços essenciais para o bem-estar humano. Nunca se deve esquecer que a erosão da biodiversida-

---

* Este capítulo é parte da dissertação de mestrado concluída (LORINI, 2001) e de tese de doutorado em desenvolvimento do primeiro autor.
[1] Laboratório de Geoprocessamento, Dep. Geografia, IGEO-UFRJ.
[2] Laboratório de Gestão da Biodiversidade, Dep. Botânica, IB-UFRJ.
[3] Doutorado do Programa de Pós-Graduação em Geografia, IGEO-UFRJ.
[4] Bolsista da CAPES.
[5] Bolsista do CNPq.

de é um sintoma de fracasso na implementação de estratégias de sustentabilidade (MACKEY, 2000).

Em função das crescentes preocupações com problemas locais e globais da biodiversidade, os gestores de terras públicas tiveram que reorientar a sua ênfase para a conservação de ecossistemas funcionais (PROBST e CROWN, 1991; TURNER et al., 1995). Manter a biodiversidade, a qualidade da água e os valores estéticos são ações que agora assumem tanta importância quanto prover produtos, como madeira, nas mesmas parcelas de terra. Contudo, o manejo de biodiversidade necessita de uma perspectiva de paisagem, pois em vez de várias parcelas independentes, os gestores têm que lidar com a paisagem inteira, bem como começar a antecipar de que modo as atividades em uma área poderiam afetar as propriedades físicas e bióticas de áreas adjacentes (NOSS, 1983; GRUMBINE, 1990). Uma vez que as paisagens são complexas e dinâmicas, os gestores precisarão de novas ferramentas, tais como modelos espaciais, para auxiliá-los nos processos de tomada de decisão (VERNER et al., 1986; TURNER et al., 1995). Do mesmo modo, os profissionais envolvidos em Biologia da Conservação encaram igual necessidade de assumir uma perspectiva de paisagem e de adquirir uma compreensão espacial das situações analisadas. Cabe ainda lembrar que em regra as pesquisas no campo da Biologia da Conservação envolvem uma base de dados complexa, de natureza variada, crescente e dinâmica, em que a agilidade de análise não pode comprometer a solidez e precisão dos resultados.

Sob o prisma tecnológico, a superação das dificuldades de incorporar o espaço nas análises de manejo de recursos e conservação da biodiversidade tem sido auxiliada pelos benefícios provenientes de duas tecnologias em particular: o Geoprocessamento e o sensoriamento remoto (LORINI et al., 1996; XAVIER DA SILVA, 1997). Estas novas capacidades de análise espacial proporcionaram meios de modelar diretamente os *habitats* potenciais de elementos bióticos-alvo. Além disso, permitiram a integração de diferentes escalas de espaço, de tempo e de organização biológica, o que possibilitaria a adoção de uma abordagem que trate as relações hierárquicas inerentes à biodiversidade (LORINI et al., 2005). Assim sendo, as facilidades associadas às geotecnologias parecem ter aberto novos horizontes para os estudos ambientais, com grandes possibilidades de aplicação para temas relativos à conservação e manejo de recursos bióticos (SKLAR e CONS-

TANZA, 1991; HUNSAKER et al., 1993; TURNER et al., 1995; VERNER et al., 1986; MACKEY, 2000).

Dentro deste contexto, é surpreendente que no Brasil seja tão inexpressiva a aplicação de Geoprocessamento em análises de *habitat* e distribuição de elementos bióticos-alvo (espécies ameaçadas de extinção, raras ou endêmicas; espécies-chave para os ecossistemas; espécies indicadoras de algum fenômeno de interesse; espécies de importância econômica ou cultural etc.), bem como o seu emprego na área de conservação e manejo de recursos. Este fato pode ser bem ilustrado pelo exame do elenco de trabalhos apresentados nos eventos relacionados a seguir, que estão entre as principais reuniões técnico-científicas realizadas na última década dentro do cenário nacional de Geoprocessamento: GIS Brasil 1997, 1998, 1999 e 2000; Simpósio Brasileiro de Geoprocessamento, 1993, 1995 e 1997; Simpósio Brasileiro de Sensoriamento Remoto 1996 e 1998. Embora a lista de trabalhos associados a estes eventos chegue a 1.142 títulos, verifica-se a existência de apenas quatro exemplos de aplicação de Geoprocessamento que envolvem análises do tipo elemento biótico-*habitat*. Além disso, chama a atenção a inexistência deste tipo de abordagem, inclusive nos trabalhos envolvendo unidades de conservação, as quais por definição representam uma modalidade de uso do solo destinada à consevação da biodiversidade.

Talvez uma das razões para a existência da lacuna acima evidenciada seja a indisponibilidade de uma metodologia de aplicação do geoprocessamento para análises de relacionamento elemento biótico-*habitat* que esteja voltada para sistemas mais simples e de domínio público. De fato, até bem pouco tempo a maioria das aplicações desenvolvidas nesta área baseava-se em SGIs comerciais de grande porte, que embora constituam sistemas poderosos no tocante a análises e modelagens, representam ferramentas dispendiosas em termos de custos de aquisição e implementação, bem como de tempo de aprendizagem técnico-operacional. Muitos destes SGIs disponíveis no mercado eram tão difíceis de utilizar que exigiam uma boa dose de experiência para seu manuseio (ALBRECHT, 2000). Estas dificuldades tornam-se especialmente incômodas para usuários superficiais, como profissionais envolvidos em conservação e manejo ambiental, que utilizam o SGI como uma ferramenta entre muitas outras.

1.1. Estudo de Caso

Apesar do sensível crescimento da preocupação acerca da conservação dos recursos naturais observado ao longo das últimas décadas, com marcada ênfase sobre os países tropicais detentores de maior biodiversidade, as taxas de degradação de *habitat* e extinção de espécies nos países em desenvolvimento atingem níveis impressionantes, ao passo que o conhecimento acerca da biodiversidade tropical permanece deveras precário (KOOPOWITZ et al., 1994; MYERS, 1997). Além disto, muitas destas espécies serão extintas antes de serem estudadas e até mesmo descritas pelos cientistas.

Muito embora diversos exemplos possam ilustrar tal panorama com respeito à biodiversidade brasileira, cuja exuberante riqueza é igualada apenas pelo grau de desconhecimento e crescente degradação, poucos o fariam de forma tão contundente quanto o mico-leão-da-cara-preta. A história de sua descoberta parece confirmar as mais sombrias previsões acerca do extermínio de numerosas espécies de nossa fauna e flora, das quais nem sequer tivemos registro. Descrito apenas em 1990, da Ilha de Superagui, litoral norte do Paraná, o *Leontopithecus caissara* é um primata de colorido exuberante, de hábitos diurnos e sociais (LORINI e PERSSON, 1990). O caráter surpreendente da descoberta reside no fato de um primata tão conspícuo, habitando uma área de floresta atlântica a menos de 300km das cidades de São Paulo e Curitiba, permanecer desconhecido pela ciência até o final do século XX. Resultados preliminares indicaram que a espécie enfrentava riscos de extinção, pelo que foi incluída na lista oficial do IBAMA de espécies da fauna brasileira ameaçada de extinção, sendo atualmente considerado um dos 25 primatas mais ameaçados do mundo (PERSSON e LORINI, 1993; LORINI e PERSSON, 1994; MITTERMEIER et al., 2005).

Neste ponto atinge-se a questão de "quem" analisar, ou seja, da escolha do sujeito envolvido no presente estudo. A escolha de desenvolver o estudo de caso com o mico-leão-da-cara-preta nos municípios de Guaraqueçaba (PR) e Cananeia (SP) deve-se: (1) ao papel emblemático que o *Leontopithecus caissara* assume no cenário da conservação da biodiversidade, representando uma espécie "bandeira" e "guarda-chuva" da Mata Atlântica das baixadas litorâneas, e (2) à grande importância que a biodiversidade assume para os municípios em que a espécie ocorre, posto que os mesmos têm a pesca e o turismo ecológico como fortes atividades econômicas, além dos incentivos do ICMS ecológico, no caso do município paranaense.

1.2. Escopo e Objetivos do Estudo

Tendo em vista as considerações anteriormente expostas, o presente estudo dirige-se a contribuir para o preenchimento da lacuna existente no país em termos de aplicações de Geoprocessamento voltadas para a distribuição de elementos da biodiversidade.

Destaca-se que as atividades de investigação desenvolvidas neste estudo estão inseridas no Projeto Mico-Leão-da-Cara-Preta (PMLCP), que nesta fase consiste de duas abordagens complementares de aplicação de Geoprocessamento, levadas a cabo *in tandem*. A primeira etapa, que será tratada no presente estudo, focalizará o desenvolvimento de um roteiro metodológico para a análise da configuração e conservação do *habitat* para as populações da espécie, prelúdio indispensável para as estimativas de contingente e de vulnerabilidade populacional. A etapa subsequente tratará de procedimentos de integração do Geoprocessamento com a Análise de Viabilidade Populacional (PERSSON, 2001).

A proposta metodológica aqui desenvolvida dirige-se a profissionais ligados ao estudo e/ou conservação e manejo de biodiversidade, colocando-se como subsídio para incorporar a dimensão espacial e otimizar as atividades de pesquisa, manejo, gestão e tomada de decisão.

O roteiro metodológico proposto abrange análises de favorabilidade, configuração espacial e dinâmica do *habitat* estimativas de extensão de ocorrência e área de ocupação; avaliação do *status* de conservação da espécie-alvo e seus *habitat,* assim como indicação de áreas prioritárias para ações de manejo e recuperação. Estas análises constituem um prelúdio necessário para as estimativas de contingente populacional, bem como para simulações da sua dinâmica e dos efeitos de possíveis manejos para a conservação da espécie.

Pretende-se ainda que os procedimentos desenvolvidos com esta abordagem georreferenciada possam contribuir para atividades no campo da Biologia da Conservação, para o aperfeiçoamento das investigações e do apoio à decisão em temas relativos à distribuição e conservação da biodiversidade.

2. ÁREA ANALISADA NO ESTUDO DE CASO

A área de estudo constitui um recorte situado entre as coordenadas 25°30'S, 48°17'W e 25°07'S, 47°59'W, na região litorânea limítrofe entre os estados do Paraná e de São Paulo (**Figura 1**). Assim sendo, este recorte do litoral norte paranaense e sul paulista engloba parte do território dos municípios de Guaraqueçaba (PR) e Cananeia (SP).

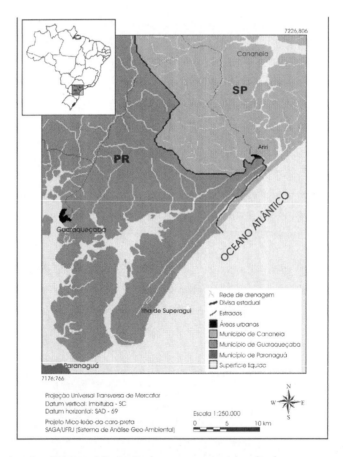

Figura 1 — Localização e delimitação do recorte territorial analisado

Em termos de relevo, a área de estudo compreende duas regiões distintas, a das serras e a das planícies, sendo que esta última engloba as planícies propriamente ditas e as baías ou corpos d'água estuarinos. A planície litorânea compreende extensas áreas de relevo plano e suave ondulado, cuja gênese resulta de depósitos de origem continental e marinha, em sua maior parte pleistocênicos e holocênicos (ANGULO, 1992). Estes terrenos quaternários, que em geral possuem altitudes inferiores a 15 metros s.n.m., são recobertos sobretudo por Floresta Ombrófila Densa de Terras Baixas e Formações Pioneiras de Influência Marinha (formações de restingas), entrecortados por Formações Pioneiras de Influência Fluviomarinha (manguezais) e de Influência Fluvial (formações de várzea).

Em concordância com a classificação universal de Köeppen, dois tipos climáticos, *Cfa* e *Cfb*, estão presentes na área de estudo, sendo a maior parte representada pelo tipo *Cfa*, *clima temperado úmido com verão quente*, que apresenta temperatura média do mês mais frio inferior a 18°C, porém superior a -3°C, enquanto a temperatura média do mês mais quente é superior a 22°C. Está sujeito a geadas pouco frequentes, a precipitações regulares todos os meses e não apresenta estação seca definida (IPARDES, 1995).

A área faz parte da maior porção contínua preservada da Mata Atlântica, abrigando os diversos ecossistemas e a biodiversidade deste bioma, tanto em termos bióticos como culturais. Em sua totalidade constitui área de algum modo protegida, incluindo diversas unidades de conservação, tais como: Áreas de Proteção Ambiental de Guaraqueçaba; Estação Ecológica de Guaraqueçaba; Parque Nacional de Superagui; Parque Estadual de Jacupiranga; Parque Estadual da Ilha do Cardoso e Área de Proteção Ambiental de Cananeia-Iguape-Peruíbe. A área faz parte do complexo estuarino-lagunar de Iguape-Paranaguá, conhecido como Lagamar, além de estar englobada no trecho de Mata Atlântica declarado pela UNESCO como Reserva da Biosfera Vale do Ribeira — Serra da Graciosa desde de 1991, bem como Patrimônio Natural e Cultural da Humanidade desde 1999, compondo o Sítio Costa Sudeste.

3. Metodologia

Tendo em vista que o presente estudo pretende contribuir para a disseminação do uso de Geoprocessamento em assuntos referentes à distribuição e conservação de componentes da biodiversidade no Brasil, que até o momento ocupa uma posição inexpressiva no cenário geotecnológico nacional, a metodologia de aplicação aqui desenvolvida baseia-se em SGI *freeware*, de simples operação. Contudo, cabe destacar que a proposta metodológica apresentada pode ser empregada na maioria dos SGIs do mercado.

As etapas de investigação envolvendo Geoprocessamento representam uma aplicação da proposta metodológica concebida no Laboratório de Geoprocessamento (LAGEOP) do Departamento de Geografia da Universidade Federal do Rio de Janeiro (XAVIER DA SILVA, 1997; 2001), também responsável pelo desenvolvimento do SGI empregado neste trabalho, o Sistema de Análise Geoambiental (SAGA/UFRJ). Desenvolvido para aplicações ambientais em equipamentos de baixo custo, o SAGA/UFRJ é um Sistema Geográfico de Informação que utiliza estrutura de armazenamento matricial (*raster*), sendo composto por três módulos básicos: o de MONTAGEM, o TRAÇADOR VETORIAL e o de ANÁLISE AMBIENTAL. De acordo com a metodologia supracitada, as atividades relacionadas a Geoprocessamento podem ser divididas em duas etapas principais: a dos procedimentos diagnósticos e a dos procedimentos prognósticos.

Os procedimentos diagnósticos referem-se ao diagnóstico de situações existentes ou de possível ocorrência, incluindo os processamentos essenciais para a identificação espacial e temporal de dados e questões de relevância para o equacionamento do fenômeno estudado. Esta etapa engloba os procedimentos de inventário (construção do banco de dados geocodificados), de cômputos e análises exploratórias (planimetrias, assinaturas e monitorias) e de modelagens (avaliações). Tanto as avaliações como as assinaturas e monitorias são realizadas no SAGA a partir dos módulos homônimos do Sistema da Apoio à Decisão — SAD — (versão para DOS) ou do programa VistaSAGA (versão para Windows).

Denominam-se prognósticos e retrospectivos os conjuntos de procedimentos que possibilitam conjeturar sobre a configuração do espaço analisado em situações hipotéticas, futuras ou passadas, com base nos conhecimentos oriundos dos procedimentos diagnósticos e da introdução de elementos e interações alternativos na base de dados. Tais abordagens são aqui utilizadas para criar cenários alternativos que simulem a situação resultante da introdução ou intensificação dos efeitos de agentes de tensão (atividades antrópicas impactantes) e de manutenção ou recuperação ambiental (estratégias de proteção e manejos conservacionistas). Estes cenários prospectivos baseiam-se nos modelos construídos pelos procedimentos diagnósticos da situação atual e incorporam premissas específicas para gerar um modelo que representa a situação decorrente da adoção de tais premissas. A produção de cada cenário pode compreender os efeitos de um único agente de tensão, manutenção ou recuperação ambiental, bem como modelar diversos agentes em sinergia.

4. Resultados e Discussão

Tomando o mico-leão-da-cara-preta como estudo de caso, cumpre destacar que todo o desenvolvimento da metodologia está construído no sentido de analisar a constituição, a estrutura espacial e a dinâmica do *habitat*, bem como seus reflexos sobre o *status* de conservação da espécie e suas implicações para o manejo ambiental. A proposta metodológica está estruturada segundo o encadeamento das atividades de investigação ilustradas no fluxograma da **Figura 2**. Ressalta-se que os mapeamentos apresentados ao longo deste estudo têm apenas a função de documentar a realização dos procedimentos metodológicos, razão pela qual não será enfatizado em texto o resultado numérico das análises.

4.1. Seleção das Variáveis e Criação da Base de Dados Geocodificada

A seleção das variáveis, sua reunião e compatibilização dentro do SGI constituem a etapa que mais consome tempo e recursos dentro das análises espaciais. Embora a escolha das variáveis seja dirigida em grande parte por sua disponibilidade e propósito do estudo, alguns autores indicam que os descritores do ambiente utilizados para modelar relacionamentos entre espécies e *habitat* deveriam ser selecionados levando em conta a resposta da espécie, a facilidade de mensuração ou estimação, a viabilidade para predições em condições futuras e a utilidade para a efetivação de planos e decisões de manejo (SCHAMBERGER e O'NEIL, 1986). A utilidade de um modelo para o manejo de biodiversidade depende tanto de sua acurácia biológica quanto de sua imediata aplicabilidade, entendidos respectivamente como a capacidade do modelo em representar o fenômeno biológico de interesse e a facilidade com que este modelo pode ser utilizado.

Tendo em vista os aspectos acima expostos, os descritores ambientais aqui escolhidos baseiam-se em diretrizes amplamente conhecidas de que o relevo, o clima, a estrutura de vegetação e as atividades do homem são fatores que exercem influência sobre a favorabilidade do *habitat* de uma espécie e, em consequência, também sobre a sua distribuição. Os elementos da geosfera (relevo, substrato, drenagem etc.) constituem o arcabouço físico dos geossistemas em que estão inseridos os elementos bióticos da flora e da fauna, sistemas estes submetidos à ação de fatores climáticos. Finalmente, as atividades antrópicas têm que ser adicionadas ao quadro ambiental para completar estes conjuntos de interações ecológicas, uma vez que a presença do homem normalmente muda a favorabilidade do *habitat*. Nesse sentido, o elenco de características descritoras do *habitat* escolhido conjuga variáveis de quatro grupos fundamentais: as morfogeológicas, as climáticas, as bióticas e as antrópicas. Esta seleção de variáveis refere-se à questão de "o que" analisar dentro do escopo do presente estudo.

O inventário da ocorrência do mico-leão-da-cara-preta compreende três grupos de procedimentos: um programa de entrevista com moradores locais, um inventário de campo apoiado na técnica de *playback* das vocalizações dos micos, bem como um levantamento de registros de ocorrência da espécie obtidos antes desta pesquisa.

A próxima etapa consiste na criação do banco de dados georreferenciados no ambiente do SGI adotado, correspondendo a um modelo digital do ambiente estudado no qual os dados encontram-se em formato *raster*, isto é, uma matriz discretizada em células referenciadas por um número de linha e de coluna, em que cada célula representa uma unidade territorial. A representação matricial assume o espaço como uma superfície plana, sendo que a escala e a resolução expressam a relação entre o tamanho da matriz e da célula na base de dados e o tamanho correspondente no terreno. Tratando da questão de "onde" analisar, ou seja, da extensão, escala e resolução adotadas neste estudo, cabe destacar que, segundo DE LA VILLE (1998), os modelos extensivos que empregam escalas e resoluções exploratórias podem ser apropriados para análise da relação espécie/ *habitat* ao longo de toda a sua distribuição geográfica. Por outro lado, para avaliações de *habitat* geralmente são utilizadas escalas e resoluções de mais detalhes, tomando como base o *home range* (espaço vital ou território) da espécie. Considerando que o presente estudo engloba estas duas facetas, uma vez que pretende realizar uma avaliação do *habitat* de *L. caissara* na totalidade de sua distribuição, a escala geográfica escolhida deve procurar satisfazer estas diretivas. Tendo em vista que a presente contribuição tem cunho metodológico, bem como a disponibilidade de algumas das variáveis ancilares, a base de dados utilizada neste estudo apresentou uma escala de 1:250.000, com resolução de 125 metros, de modo que cada célula da matriz corresponda a um quadrado de 125 x 125 metros no terreno.

A criação do modelo digital do ambiente envolve várias operações de Geoprocessamento para a construção dos PIs primários (1, 2, 3, 4, 5, 6, 7, 8, 9, 10, 11, 12, 13, 14, 16, 21, 22, 23, 24, 25 e 26), incluindo a geração de *buffers* para a elaboração dos mapas de proximidades (PIs 18, 19 e 20), bem como os cruzamentos que originam os PIs secundários (15 e 17) (**Figura 2**). Finalizada a construção de todos os PIs envolvidos, o conjunto de características componentes do modelo digital do ambiente estudado consiste em uma base de dados geocodificada formada por 26 planos de informação (**Quadro 1**).

A localização e os limites do recorte territorial analisado neste estudo estão representados no PI-1. Nas análises de favorabilidade do ambiente, os descritores do ambiente representam variáveis de quatro grupos fundamentais supracitados: as morfogeológicas (PIs 8, 9, 10 e 11), as climáticas (PIs 12, 15 e 16), as bióticas (PIs 17 e 18) e as antrópicas (PIs 19 e 20). Os PIs 2 a 6 representam as variáveis descritoras da ocorrência de *L. caissara* e desempenham importante papel nas etapas de construção, calibração e validação do Modelo de Favorabilidade do Ambiente. Os mapeamentos de Unidades de Conservação (PI-21) e do Grau de Proteção das Áreas (PI-22) serão empregados na etapa de análise do *status* de proteção do *habitat* de *L. caissara* e de indicação de áreas para manejo. Os PIs 23 a 26 constituem

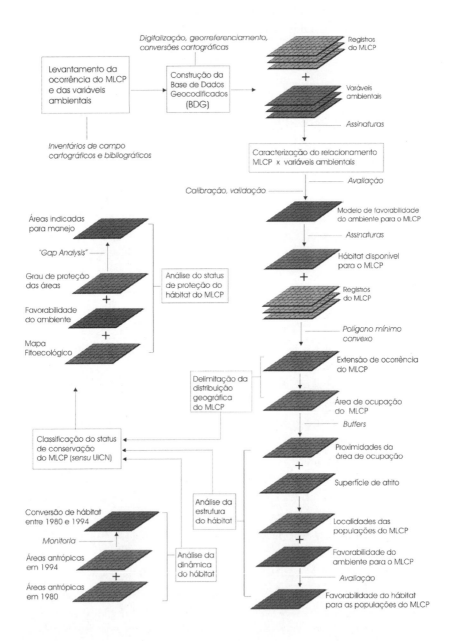

Figura 2 — Fluxograma das atividades de investigação desenvolvidas na presente proposta metodológica

GEOPROCESSAMENTO COMO APOIO À GESTÃO DE BIODIVERSIDADE...

Quadro 1 — Constituição da Base de Dados em Escala de 1:250.000 e Resolução de 125 metros

PI	Mapa	Descrição
1	Localização da área de estudo	Divisa municipal, estadual, rede de drenagem, vias de comunicação, povoados e vilarejos
2	Porcentagem de respostas positivas	Classificação de áreas segundo o nº de respostas positivas para a presença de *L. caissara*, obtidas por entrevistas
3	Registros (entrevista)	Registros pontuais de ocorrência de *L. caissara* obtidos por entrevista
4	Áreas censadas com "playback"	Esforço amostral do inventário da presença de *L. caissara* com uso de "playback" das vocalizações
5	Registros ("playback")	Registros pontuais de ocorrência de *L. caissara* obtidos no inventário com uso de "playback" das vocalizações
6	Registros (estudos prévios)	Registros pontuais de ocorrência de *L. caissara* obtidos em estudos anteriores a este
7	Curvas de nível	Isolinhas altimétricas com equidistância de 40 metros
8	Hipsométrico	Mapa de coropletas construído a partir de curvas de nível
9	Geológico	Mapa de unidades geológicas
10	Geomorfológico	Mapa de unidades geomorfológicas
11	Pedológico	Mapa de unidades pedológicas
12	Temperatura média anual	Mapa de coropletas construído a partir das isolinhas de temperatura média anual
13	Temperatura média do mês mais frio	Mapa de coropletas construído a partir das isolinhas de temperatura média do mês mais frio
14	Ocorrência de geadas	Classificação de áreas de acordo com a freqüência e severidade de geadas
15	Estresse climático	Mapa resultante do cruzamento entre a temperatura média do mês mais frio e o mapa de ocorrência de geadas
16	Precipitação acumulada anual	Mapa de coropletas construído a partir das isolinhas de precipitação acumulada anual
17	Fitoecológico	Mapa de unidades fitoecológicas presentes em 1994
18	Proximidade de unidades fitoecológicas preferidas	Mapa construído a partir da criação de "buffers" em torno das unidades fitoecológicas preferidas por *L. caissara*
19	Proximidades de vias de comunicação	Mapa construído a partir da criação de "buffers" em torno de vias de comunicação
20	Proximidades de áreas antrópicas	Mapa construído a partir da criação de "buffers" em torno de áreas urbana, vilas e áreas de uso agropecuário
21	Unidades de Conservação	Mapa com a delimitação das Unidades de Conservação
22	Grau de proteção das áreas	Classificação de áreas segundo o seu status de proteção
23	Áreas antrópicas em 1980 (IBGE, 1:50.000)	Áreas urbanas e agropecuárias presentes em 1980
24	Áreas antrópicas em 1994 (Landsat TM)	Áreas urbanas e agropecuárias presentes em 1994
25	Áreas antrópicas no entorno da estrada PR 412 em 1965	Áreas urbanas e agropecuárias presentes em 1965, no entorno da Estrada PR-412
26	Áreas antrópicas no entorno da estrada PR 412 em 1980	Áreas urbanas e agropecuárias presentes em 1980, no entorno da Estrada PR-412

mapeamentos de áreas antrópicas em quatro situações temporais e serão utilizados na análise de dinâmica do *habitat*.

Os procedimentos descritos nas etapas subsequentes compõem a parte da metodologia que se refere à questão de "como" conduzir as análises.

4.2. CARACTERIZAÇÃO DO HABITAT NOS LOCAIS DE REGISTRO DE L. CAISSARA

Os estudos de relações espécie/*habitat* representam análises fundamentais para o entendimento dos padrões de distribuição da biodiversidade, bem como para o estabelecimento de estratégias para sua avaliação, monitorização, manejo e conservação. A análise do relacionamento entre a espécie-alvo e o ambiente ao longo de sua distribuição geográfica inicia-se nesta etapa, que procura identificar a relevância das características ambientais para a ocorrência da espécie.

Para investigar a constituição do ambiente nos locais onde foi registrada a ocorrência de *L. caissara* será efetuada a assinatura de cada registro de ocorrência sobre todas as variáveis descritoras do ambiente (PIs 8, 9, 10, 11, 12, 15, 16, 17, 18, 19 e 20). O resultado desta análise exploratória possibilitará descrever o *habitat* de *L. caissara* e indicar as características associadas à sua ocorrência, conforme exemplificado para o Mapa Fitoecológico (PI-17) (**Figura 3**), servindo de base para a atribuição dos pesos e notas no Modelo de Favorabilidade do Ambiente. De posse dos resultados das assinaturas, pode-se realizar análises exploratórias para testar a associação das variáveis independentes (descritores do ambiente) com a variável dependente (registros de *L. caissara*).

No caso de *L. caissara*, os descritores associados positivamente aos registros de ocorrência indicam um *habitat* composto por altitudes inferiores a 100 metros; terrenos quaternários, superfícies de acumulação marinha, áreas não sujeitas a geadas, cobertura de Floresta Ombrófila Densa de Terras Baixas e seu encrave com a Formação Pioneira de Influência Marinha, baixa proximidade de áreas antrópicas e vias de comunicação. Esta composição de elementos ambientais sugere que *L. caissara* apresenta um padrão de especialista de *habitat*.

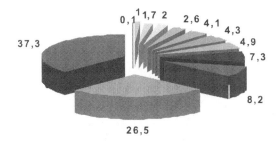

■ Au - Área Antrópica Urbana (0,1%)
■ Vs2 - Vegetação Secundária - Fases I a III (1,0%)
■ Vs1- Vegetação Secundária - Fase IV (1,7%)
■ Pm - Formação Pioneira de Influência Marinha (2,0%)
■ OPc/Db+Pa - Encrave de F.O.D.T. Baixas com F. Pion. Infl. Fluvial (2,6%)
■ Ag - Área Antrópica Agropecuária (4,1%)
■ Dm - Floresta Ombrófila Densa Montana (4,3%)
■ OPc/Db+Pm - Encrave de F.O.D.T. Baixas com F. Pion. Infl. Marinha (4,9%)
■ Pf - Formação Pioneira de Influência Fluviomarinha (7,3%)
■ Db - Floresta Ombrófila Densa de Terras Baixas (8,2%)
■ Ds - Floresta Ombrófila Densa Submontana (26,5%)
■ Superfície líquida (37,3%)

PORCENTAGEM DE CATEGORIAS FITOECOLÓGICAS NOS REGISTROS DE PLAYBACK

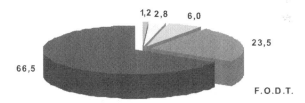

■ Vs1- Vegetação Secundária - Fase IV (1,2%)
Categorias com menos de 1% (2,8%)
■ OPc/Db+Pa - Encrave de F.O.D.T. Baixas e Form. Pion. Infl. Fluvial (6,0%)
■ OPc/Db+Pm - Encrave de F.O.D.T. Baixas e Form. Pion. Infl. Marinha (23,5%)
■ Db - Floresta Ombrófila Densa de Terras Baixas (66,5%)

Figura 3 — Gráfico mostrando as porcentagens das categorias do Mapa Fitoecológico inteiro e as porcentagens das categorias presentes na área dos registros de *playback* (com *buffer* de 500m) conforme resultado das assinaturas

4.3. Geração do Modelo de Favorabilidade do Ambiente para L. Caissara

Constituindo uma das etapas fundamentais da metodologia aqui desenvolvida, a geração do Modelo de Favorabilidade do Ambiente emprega os procedimentos diagnósticos do Geoprocessamento para avaliar a associação entre os descritores do ambiente e a ocorrência da espécie, utilizando esta relação como estimativa de qualidade de *habitat* para classificar a favorabilidade ambiental. Neste ponto cabe tecer algumas considerações sobre as premissas envolvidas em análises e modelagens que tratam de distribuição e relacionamento espécie/*habitat*. A observação de padrões de distribuição dos seres vivos tem demonstrado que o arranjo espacial dos organismos na paisagem não é uniforme nem randômico, todavia parece apresentar uma organização em manchas ou ao longo de gradientes (LEGENDRE e FORTIN, 1989). Acredita-se que vários fatores interagem para modelar os padrões de distribuição animal, sendo que estes fatores estruturam o espaço em que os animais vivem, gerando complexas variações na qualidade e quantidade de recursos (DE LA VILLE, 1998). Assim, diferenças qualitativas do *habitat*, processos de fragmentação ou interações interespecíficas podem resultar em descontinuidades ambientais ao longo do *continuum* espacial.

A heterogeneidade espacial representa um tema de grande importância para a Biogeografia e assume um papel central na fundamentação teórica da Ecologia e da Biologia da Conservação. Para sugerir como a distribuição de uma espécie poderia ser afetada pela heterogeneidade espacial, MCCOY e BELL (1991) propuseram que as interações ecológicas envolvidas na estrutura do *habitat* possam ser resumidas em um modelo gráfico composto por três eixos: (1) a *heterogeneidade*; (2) a *complexidade* e (3) a *escala*. As interações entre estes componentes produzem processos hierárquicos, que resultam em uma distribuição fragmentada de organismos dentro de áreas com diferente qualidade de *habitat*. Consequentemente, existe uma maior probabilidade de encontrar uma espécie em *habitat* de maior qualidade, que melhor satisfazem suas necessidades vitais (SCHAMBERGER e O'NEIL, 1986).

Dentro do contexto acima exposto, a geração do Modelo de Favorabilidade do Ambiente para *L. caissara* resulta em uma classificação do *continuum* ambiental em graus de favorabilidade desde o ótimo habitável até o desfavorável e inóspito para a espécie. Esta modelagem consiste em uma avaliação direta envolvendo 11 variáveis, hierarquizadas em estrutura de pesos e notas estabelecida com base na associação entre os descritores do ambiente e a ocorrência da espécie, previamente diagnosticada através dos resultados das análises exploratórias descritas na etapa anterior (**figuras 4 e 6**).

Constituindo uma modelagem de interação espécie/*habitat*, o Modelo de Favorabilidade do Ambiente para o Mico-leão-da-cara-preta adota a assunção fundamental de que um *habitat* constitui uma entidade composta por um conjunto de características consistentes e que a espécie pode ser relacionada a cada componente em termos de proporção ao valor de um *habitat* em satisfazer suas necessidades vitais (DE LA VILLE, 1998). Esta ideia apoia-se na lógica de que as populações exibem preferências, geneticamente determinadas, por *habitat* que favoreçam a sua sobrevivência e reprodução (DE LA VILLE, op. cit.). Tal assunção será aplicada em uma tentativa de registrar a resposta da espécie a diferentes características morfogeológicas, climáticas, bióticas e antrópicas, dentro de sua distribuição geográfica.

O Modelo de Favorabilidade do Ambiente para *L. caissara* poderia ser considerado um modelo operacional de planejamento, projetado para otimizar decisões sobre o estabelecimento de *habitat* de qualidade ou *habitat* favorável para a proteção ou reintrodução da espécie.

Entende-se que modelos são simplificações dos sistemas que procuram representar, e assim sendo, perdem resolução para atingir simplicidade (DE LA VILLE, 1998). Contudo, para melhorar seu desempenho e aplicabilidade, os modelos podem ser calibrados e validados de diversos modos ao longo dos processos de seu desenvolvimento e aplicação. De acordo com SCHAMBERGER e O'NEIL (1986), um modo de validação indicado para modelos de relacionamentos vida silvestre/*habitat* seria a comparação entre as predições do modelo e a ocorrência observada da espécie em relação ao *habitat*.

Segundo estas orientações, dentro dos procedimentos de calibração e validação do Modelo de Favorabilidade do Ambiente para *L. caissara*, o modelo resultante é calibrado pela sobreposição com os registros de *playback* (PI-5) e com o Mapa de Porcentagem de Respostas Positivas da Entrevista (PI-2). Caso pelo menos 75% dos registros de *playback* ou 75% das áreas com respostas positivas não estejam associados aos maiores graus de favorabilidade, o modelo é reconstruído com nova estrutura de pesos e notas (**Figura 4**).

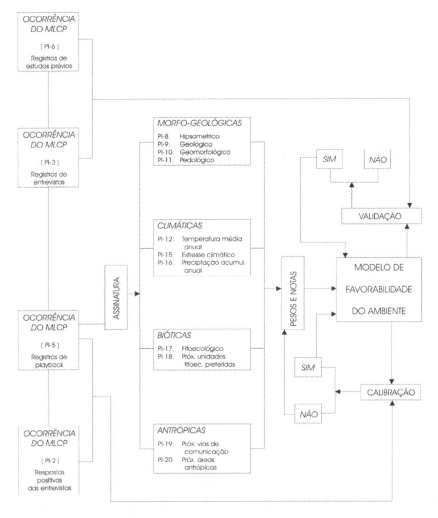

Figura 4 — Fluxograma ilustrando as etapas da construção do Modelo de Favorabilidade do Ambiente para *L. caissara*

Quadro 1 — Árvore de Decisão Empregada na Avaliação Geradora do Modelo de Favorabilidade do Ambiente para *L. caissara*

Categorias	Notas [*]
Plano de Informação — PI (Peso)	
PI-8 — Hipsométrico (Peso 4)	
0 a 100 m	100
> 100 a 200 m	0
> 200 a 300 m	0
> 300 a 400 m	0
> 400 a 500 m	0
> 500 a 600 m	0
> 600 a 700 m	0
> 700 a 800 m	0
> 800 a 900 m	0
> 900 a 1.000 m	0
Superfície líquida	111 (bloqueio)
PI-9 — Geológico (Peso 6)	
Pré-cambriano	1
Quaternário	98
Superfície líquida	111 (bloqueio)
PI-10 — Geomorfológico (Peso 6)	
Df	0
De3	1
De1	0
Dm1	0
Ae — Acumulação eólica	0
Afm — Acumulação fluviomarinha	0
Am — Acumulação marinha	99
Superfície líquida	111 (bloqueio)
PI-11 — Pedológico (Peso 6)	
Ra	0
Cd	0
Ca	1
PVLa	0
PVa	0
P	98
HGpd	0
SM	1
Superfície líquida	111 (bloqueio)

---

[*] As notas estão baseadas nos resultados de assinatura (ver sob o item "Caracterização do *habitat* nos locais de registro de *L. caissara*"

PI-12 — Temperatura Média Anual (Peso 2)	
20 — 20,5° C	0
20,5 — 21° C	0
21 — 21,5° C	0
Superfície líquida	111 (bloqueio)
PI-15 — Estresse Climático (Peso 2)	
Muito alto	0
Alto	0
Médio-alto	0
Médio-baixo	0
Baixo	0
Muito baixo	100
Superfície líquida	111 (bloqueio)
PI-16 — Precipitação Acumulada Anual (Peso 2)	
1.800 — 1.850 mm	0
1.850 — 1.900 mm	61
1.900 — 1.950 mm	31
1.950 — 2.000 mm	8
2.000 — 2.150 mm	0
Superfície líquida	111 (bloqueio)
PI-17 — Fitoecológico (Peso 45)	
OPc/Db+Pa — encrave f.o.d.t.b. e form. pion. infl. fluvial	6
Db — floresta ombr. densa de terras baixas	67
OPc/Db+Pm — encrave f.o.d.t.b. e f. pion. infl. marinha	24
Ds — floresta ombrófila densa submontana	1
Dm — floresta ombrófila densa montana	0
Pm — formação pioneira de influência marinha	1
Pf — formação pioneira de influência fluviomarinha	1
Ag — área agropecuária	102 (bl.)
Au — área urbana	103 (bl.)
Vs1 — vegetação secundária (fase IV)	1
Vs2 — vegetação secundária (fases I, II e III)	104 (bl.)
Superfície líquida	111 (bl.)
PI-18 — Proximidades de Unidades Fitoecológicas Preferidas por _L. caissara_ (Peso 10)	
Unidades preferidas	0
0 a 250 m	9
250 a 500 m	0
500 a 750 m	0
> 750 m	0
Superfície líquida	111 (bloqueio)
PI-19 — Proximidades de Vias de Comunicação (Peso 2)	
Estradas	0
0 a 250 m	0
250 a 500 m	0

500 a 750 m	1
750 a 1.000 m	2
> 1.000 m	98
PI-20 — Proximidades de Áreas Antrópicas (Peso 2)	
Áreas antrópicas	1
0 a 250 m	1
250 a 500 m	6
500 a 1.000 m	20
> 1.000 m	71
Superfície líquida	111 (bloqueio)

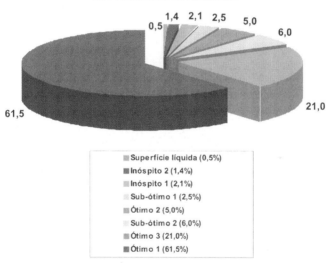

Figura 5 — Gráfico mostrando a porcentagem de categorias do Mapa de Favorabilidade do Ambiente para *L. caissara* presentes na área dos registros de *playback* (com *buffer* de 500 metros)

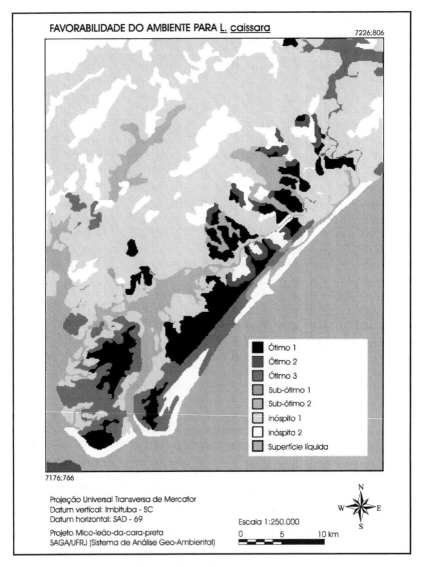

Figura 6 — Mapa de Favorabilidade do Ambiente para *L. caissara*

Após calibrado, como demonstra a **Figura 5**, o resultado do modelo sofre validação através do cruzamento com o Mapa de Registros de Entrevistas (PI-3) e o Mapa de Registros de Estudos Prévios (PI-6), um procedimento utilizado para testar o seu grau de acerto, ou seja, o grau de correspondência entre o modelo resultante e ocorrências observadas da espécie. É importante destacar que estes registros (PIs 3 e 6) não participam da construção do modelo, sendo reservados para esta etapa de validação a fim de garantir que o grau de correspondência atingido seja derivado de um conjunto de evidências independentes daqueles registros que constituíram as amostras de treinamento do modelo (**Figura 4**). Considera-se que o modelo está validado caso o grau de acerto obtido alcance 75%, o que significa que no mínimo 75% dos registros de estudos prévios e de entrevistas coincidem com os maiores graus de favorabilidade.

Seguindo os procedimentos acima descritos, o Modelo de Favorabilidade do Ambiente para *L. caissara* pode ser desenvolvido, calibrado e validado, sendo que o seu resultado final apresentou um nível de acerto de 76,9%.

4.4. Identificação do Habitat Potencialmente Disponível para L. Caissara e Delimitação da Distribuição Geográfica

Esta etapa consiste em investigar que níveis de favorabilidade ambiental são potencialmente ocupados pela espécie-alvo, ou, em outras palavras, que porções do ambiente representam o seu *habitat* potencial. Para estimar o *habitat* potencialmente disponível para o mico-leão-da-cara-preta, realiza-se a assinatura de todos os registros sobre o Modelo de Favorabilidade do Ambiente, cujo resultado permitirá definir os níveis potencialmente ocupados, ou seja, o *habitat* da espécie. Conhecidos os níveis de favorabilidade ocupados, será construído um Mapa do *Habitat* Potencial do Mico-leão-da-cara-preta, obtido pela agregação destes níveis (Ótimo 1, 2 e 3) a partir do Modelo de Favorabilidade do Ambiente.

Segundo diretivas da União para a Conservação da Natureza (IUCN), para estudos envolvendo espécies ameaçadas de extinção, a área de distribuição geográfica deveria ser estimada através da obtenção da extensão de ocorrência e da área de ocupação do táxon em análise (IUCN, 2001). A extensão de ocorrência é definida como a área contida dentro do mais curto limite imaginário contínuo que possa ser delineado para englobar todos os locais conhecidos, inferidos ou projetados de ocorrência presente de um táxon, excluindo casos de vagantes. A extensão de ocorrência frequentemente pode ser medida pelo polígono convexo mínimo, que constitui o menor polígono no qual nenhum ângulo interno excede 180 graus e que contém todos os locais de ocorrência. A área de ocupação de um táxon é definida como a área dentro da sua "extensão de ocorrência" que esteja ocupada por este táxon, excluindo casos de vagantes.

Para estimar a extensão de ocorrência de *L. caissara,* a tarefa inicial consiste na sobreposição do Mapa de Registros de Ocorrência da Espécie (PIs 3, 5 e 6) e do Mapa de *Habitat* Potencial, a fim de reunir em um único plano de informação todos os registros conhecidos, inferidos ou projetados da espécie. Sobre o plano de informação resultante efetua-se então o traçado do polígono convexo mínimo englobando todos os registros de ocorrência da espécie, que permite a delimitação da extensão de ocorrência. Utiliza-se os módulos Traçavet e Distâncias/Ângulos para traçar o polígono e para medir os seus ângulos internos. A partir do mapa resultante realiza-se a planimetria para a obtenção do valor estimado para a área de extensão de ocorrência da espécie.

Em seguida parte-se para uma avaliação entre o Mapa de Extensão de Ocorrência (*sensu* IUCN) e o Mapa de *Habitat,* que resultará no Mapa da Área de Ocupação de *L. caissara* (*sensu* IUCN). Do mesmo modo, o valor estimado para a área de ocupação da espécie também é obtido através da planimetria. Tanto a estimativa da área de extensão de ocorrência quanto da área de ocupação representam um grande auxílio para a classificação do *status* de conservação da espécie e para modelagens de viabilidade de *habitat* e populações.

A partir dos procedimentos propostos foram obtidas a área de extensão de ocorrência e a área de ocupação de *L. caissara,* estimadas, respectivamente, em $451km^2$ e $155km^2$, o que configura um padrão de distribuição geográfica muito restrito, indicando um alto nível de endemismo.

4.5. ANÁLISE DA ESTRUTURA DO HABITAT PARA AS POPULAÇÕES DE L. CAISSARA

A perda de *habitat* e a fragmentação estão entre as ameaças mais comuns enfrentadas por espécies em extinção. Frequentemente a perda de *habitat* e a fragmentação, combinadas com a heterogeneidade natural da paisagem, forçam espécies a existir em populações múltiplas que habitam manchas de *habitat* relativamente isoladas. Tal coleção de populações da mesma espécie é chamada de metapopulação, sendo que nesta estrutura populacional cada grupo componente pode ser denominado subpopulação, população local, isolado populacional ou simplesmente população (AKÇAKAYA et al., 1999).

A estrutura espacial da metapopulação tem importantes efeitos sobre os riscos de extinção e as chances de recuperação, bem como sobre o impacto de perturbações antrópicas para espécies em perigo de extinção e sobre a eficiência de medidas de conservação para evitar extinções. Os SGIs podem ser uma ferramenta valiosa para determinar a estrutura espacial da paisagem habitada por espécies em extinção. A estrutura espacial pode ser entendida como o número, localização, tamanho, forma e qualidade das manchas de *habitat*. Estes atributos geográficos determinam várias características biológicas, como o número de indivíduos que vivem em uma mancha (abundância) ou o número máximo de indivíduos que podem ser sustentados pelos recursos de uma mancha (capacidade de suporte). Outro fator espacial importante é a distância entre as manchas, pois em geral as manchas isoladas têm menos indivíduos ou são extintas com mais frequência, já que não recebem imigrantes de outras manchas.

Neste estudo, a análise da estrutura espacial do *habitat* consiste na elaboração do Modelo de Conectividade/Fragmentação do *Habitat* de *L. caissara*, que terá como resultado o Mapa de Localidades (Áreas) das Populações. Cabe esclarecer que segundo a IUCN (2001), o termo localidade define uma área geográfica ou ecologicamente distinta, que em geral contém a totalidade ou parte de uma subpopulação, representando tipicamente uma pequena proporção da distribuição total do táxon.

O Modelo de Conectividade/Fragmentação do *Habitat* do Mico-leão-da-cara-preta utiliza dois parâmetros que determinam como a espécie percebe a (ou reage à) fragmentação do *habitat*: o limite de favorabilidade ambiental e a distância de vizinhança. O limite de favorabilidade ambiental constitui o limiar abaixo do qual o ambiente não é favorável para a reprodução e/ou sobrevivência da espécie, embora indivíduos possam se dispersar ou migrar através de ambientes que apresentem favorabilidade inferior a este limite. A distância de vizinhança é utilizada para identificar células que pertençam à mesma mancha; assim células favoráveis (dentro do limite já definido) que estejam separadas por uma distância menor ou igual à distância de vizinhança estabelecida serão reconhecidas como pertencentes a uma mesma mancha. A modelagem de conectividade/fragmentação corresponde a uma sequência de operações de Geoprocessamento, que são realizadas para estabelecer uma distância de vizinhança, uma vez que o limite de favorabilidade ambiental está definido pela área de ocupação.

A primeira destas operações constitui um procedimento de reconhecimento de manchas, efetuado sobre a conjugação do Mapa de Proximidades da Área de Ocupação com a Superfície de Atrito. O Mapa de Proximidades da Área de Ocupação é um plano de informação configurado por *buffers* sucessivos das manchas que se apresentam dentro do limite de favorabilidade (área de ocupação). Já a superfície de atrito é uma representação do ambiente em função do grau em que suas características oferecem oposição aos movimentos dos indivíduos da espécie em questão. A conjugação destes dois planos de informação permite estabelecer uma distância de custo (acessibilidade *versus* atrito), que será admitida como distância de vizinhança no processo de reconhecimento das manchas, através da agregação das células favoráveis que estejam isoladas por uma distância menor ou igual à distância de vizinhança.

Para efetuar o reconhecimento de manchas e gerar o Mapa de Localidades (Áreas) das Populações efetua-se uma sobreposição do Mapa de Proximidades da Área de Ocupação com o Mapa de Superfície de Atrito, síntese esta realizada a partir da Matriz de Agrupamento de Dados (**Quadro 2**). Este procedimento é comparável ao uso de operadores booleanos, sendo efetuado no módulo Avaliação pela atribuição de pesos iguais aos mapas e notas sequenciais às categorias, de modo a evitar colisões nas combinações finais. O resultado desta primeira avaliação será o Mapa de Localidades (Áreas) das Populações, do qual podem ser obtidos índices descritores da configuração espacial das manchas (e.g, tamanho, forma, isolamento, entre outros).

A segunda etapa da modelagem de conectividade/fragmentação do *habitat* consiste em uma avaliação do Modelo de Favorabilidade Ambiental com o Mapa de Localidades (Áreas) das Populações, que per-

Quadro 2 — Matriz de Agrupamento de Dados Utilizada na Construção do Mapa de Localidades (Áreas) das Populações

	SUPERFÍCIE DE ATRITO (PESO 50%)						
Categorias do mapa (Nota)	Nulo (Nota 0)	Muito baixo (Nota 2)	Baixo (Nota 4)	Médio baixo (Nota 6)	Médio alto (Nota 8)	Alto (Nota 10)	Muito alto (Nota 100)
Área ocupada (Nota 0)	0	1	2	3	4	5	50
0 – 250m (Nota 13)	6	7	8	9	10	11	56
250 – 500m (Nota 24)	12	13	14	15	16	17	62
500 – 700m (Nota 36)	18	19	20	21	22	23	68
750 – 1000m (Nota 48)	24	25	26	27	28	29	74
> 1000m (Nota 60)	30	31	32	33	34	35	80

Eixo vertical: PROXIMIDADES DA ÁREA DE OCUPAÇÃO (PESO 50%)

■ Área ocupada (0, 1, 2)

▓ Nível agregado 1 (9, 10)

▓ Nível agregado 2 (11, 15, 16, 56)

☐ Combinação não ocorrente (3, 4, 5, 6, 7, 8, 12, 13, 14, 18, 19, 20, 21, 24, 25, 26, 27, 30, 31, 50)

▓ Nível não agregado 1 (17, 22)

▓ Nível não agregado 2 (23, 62)

▓ Nível não agregado 3 (28, 29, 68, 74)

▓ Nível não agregado 4 (32, 33, 34, 35, 80)

mitirá a análise da qualidade e do grau de fragmentação interna das manchas. A síntese destes dois mapeamentos é realizada a partir da Matriz de Agrupamento de Dados (**Quadro 3**), avaliação que resultará no Mapa de Favorabilidade de *Habitat* para as Populações (**Figura 7**).

Por fim, a partir dos resultados obtidos pelos procedimentos descritos acima será possível identificar se o *habitat* do mico-leão-da-cara-preta pode ser considerado severamente fragmentado. De acordo com a IUCN (2001), esta condição refere-se à situação em que o aumento dos riscos de extinção do táxon resulta do fato de que a maioria de seus indivíduos encontra-se em subpopulações pequenas e relativamente isoladas. Estas pequenas subpopulações podem ser extintas, com uma reduzida probabilidade de recolonização.

Quadro 3 — Matriz de Agrupamento de Dados Utilizada na Elaboração do Mapa de Favorabilidade do Ambiente para as Populações

	FAVORABILIDADE DO AMBIENTE (PESO 50%)						
Categorias do mapa (Nota)	Ótimo 1 (Nota 0)	Ótimo 2 (Nota 2)	Ótimo 3 (Nota 4)	Sub-ótimo 1 (Nota 6)	Sub-ótimo 2 (Nota 8)	Inóspito 1 (Nota 10)	Inóspito 2 (Nota 100)
Retiro-Jabaquara (Nota 0)	0	1	2	3	4	5	50
Tumba (Nota 13)	6	7	8	9	10	11	56
Varadouro-Araçaúba (Nota 24)	12	13	14	15	16	17	62
Patos-Branco (Nota 36)	18	19	20	21	22	23	68
Sebuí-Barigui (Nota 48)	24	25	26	27	28	29	74
Superagui (Nota 60)	30	31	32	33	34	35	80

LOCALIDADES DAS POPULAÇÕES (PESO 50%)

Combinações não ocorrentes *(2, 3, 4, 7, 8, 9, 10, 14, 15, 20, 21, 25, 26, 27, 28, 34, 74)*

GEOPROCESSAMENTO COMO APOIO À GESTÃO DE BIODIVERSIDADE... 99

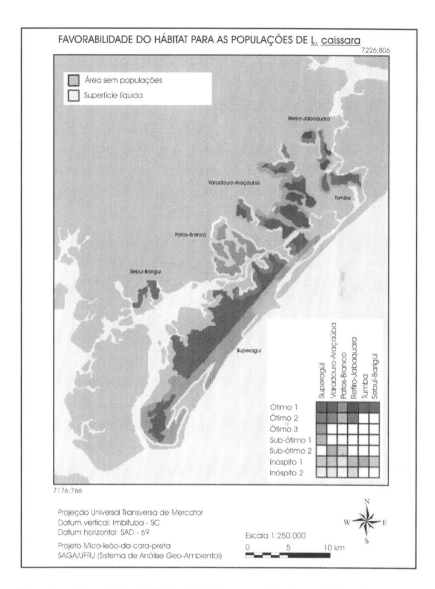

Figura 7 — Mapa de Favorabilidade do Hábitat para as Populações de *L. caissara*

4.6. ANÁLISE DA DINÂMICA DO HABITAT DE L. CAISSARA

Analisada a estrutura espacial do *habitat* da espécie-alvo, parte-se para a análise de sua dinâmica, através da identificação de mudanças ocorridas e da tendência de declínio do *habitat* em mapeamentos de séries temporais sucessivas.

A evolução do processo de conversão de *habitat* potencialmente disponíveis para *L. caissara* em área antrópica urbana ou agropecuária, no período entre 1980 e 1994, será investigada para a extensão de ocorrência e para a área de ocupação da espécie, através da realização de uma monitoria utilizando o PI-23 (áreas antrópicas — 1980) e o PI-24 (áreas antrópicas — 1994) (**Figura 8**).

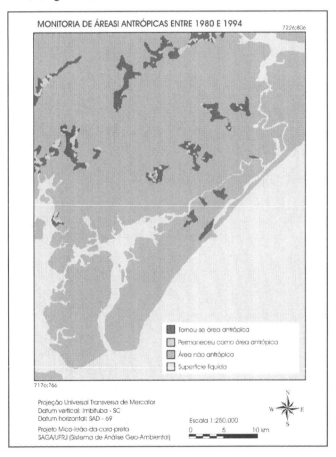

Figura 8 — Mapa resultante da monitoria de áreas antrópicas entre 1980 e 1994

Esta análise permitirá identificar a tendência de perda de *habitat* para o mico-leão-da-cara-preta ocorrida num período de 15 anos e assim estimar se esta tendência pode ser considerada um declínio continuado. Segundo a IUCN (2001), este é entendido como um declínio recente, atual ou projetado para o futuro, cujas causas não sejam conhecidas ou adequadamente controladas, sendo assim propenso a continuar, a menos que sejam tomadas medidas remediadoras.

4.7. CLASSIFICAÇÃO DO STATUS DE CONSERVAÇÃO DE L. CAISSARA NA SITUAÇÃO ATUAL

Desde que as espécies são portadoras de diversidade genética e constituem componentes estruturais dos ecossistemas, informações sobre sua distribuição e *status* de conservação proporcionam os fundamentos para a tomada de decisão em gestão da biodiversidade, do nível local até o global (IUCN, 2001).

Por mais de 30 anos a Comissão de Sobrevivência de Espécies da IUCN (Species Survival Commission — SSC), tem avaliado o *status* de conservação de espécies em uma escala global visando chamar a atenção para os táxons ameaçados de extinção e consequentemente promover sua conservação. As Listas Vermelhas de Espécies Ameaçadas de Extinção produzidas pela IUCN constituem uma compilação de espécies de plantas e animais classificados segundo as categorias de ameaça da IUCN (**Figura 9**). Esta classificação de *status* de conservação é reconhecida mundialmente e baseia-se em critérios definidos sobre aspectos populacionais, bem como de distribuição geográfica e *habitat.*

Neste estudo a classificação do *status* de conservação de *L. caissara* será efetuada com base sobretudo nos critérios da IUCN que se relacionam a parâmetros da distribuição da espécie, os quais procuram refletir as condições do *habitat* em termos de extensão territorial, qualidade, fragmentação e tendência de declínio.

Seguindo os procedimentos estabelecidos, os parâmetros relativos somente à distribuição e *habitat* de *L. caissara* indicariam que o *status* de conservação da espécie corresponderia à categoria "em perigo de extinção" (*endangered*), com base nos critérios "B, 1a, 2a" da classificação da IUCN.

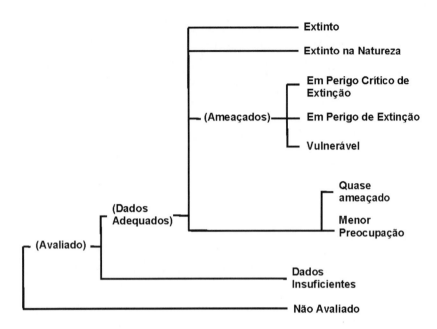

Figura 9 — Estrutura das categorias da classificação da IUCN. Modificada de IUCN, 2001

Já a estrutura do *habitat* para as populações resulta em parâmetros populacionais que permitem indicar o *status* da espécie como "em perigo crítico de extinção" (*critically endangered*), de acordo com os critérios "C, 2, a (i)".

4.8. CLASSIFICAÇÃO DO STATUS DE CONSERVAÇÃO DE L. CAISSARA EM CENÁRIOS PESSIMISTA E OTIMISTA

Esta investigação representa um tipo de análise de sensibilidade que procura avaliar a intensidade da resposta da espécie-alvo (em termos de sua distribuição e *habitat*) frente a atividades antrópicas de degradação e conservação. Pretende-se utilizar os procedimentos prognósticos do Geoprocessamento para avaliar a situação do mico-leão-da-cara-preta em duas situações alternativas, derivadas de ações antrópicas: (1) um cenário pessimista, que procura simular os efeitos impactantes de um agente de tensão e (2) um cenário otimista, que pretende simular os efeitos benéficos de um agente de manutenção/restauração ambiental.

GEOPROCESSAMENTO COMO APOIO À GESTÃO DE BIODIVERSIDADE... 103

Os cenários representam uma situação ambiental previsível para uma ocasião definida, se seus fatores condicionantes tiverem a prevalência esperada. Assim sendo, os cenários baseiam-se em premissas e representam situações decorrentes da adoção dessas premissas. Em suma, pode-se considerar que este tipo de procedimento analítico representa uma previsão de ocorrência que discrimina o que poderá acontecer, quando, onde, em que extensão e sobre que entidades e eventos poderão vir a incidir os efeitos ambientais previstos como decorrentes da prevalência das premissas adotadas na sua própria construção (XAVIER DA SILVA, 2001).

A primeira análise prospectiva a ser realizada constitui um cenário pessimista em que é simulada a situação ambiental associada ao asfaltamento da estrada que liga Itapitangui a Ariri, no estado de São Paulo. Esta modelagem representa uma avaliação direta para uma nova geração do Modelo de Favorabilidade do Ambiente, assumindo que no PI-19 (Proximidades de Vias de Comunicação) a Estrada Itapitangui—Ariri esteja pavimentada.

Obtido o novo Modelo de Favorabilidade Ambiental para *L. caissara*, seguem-se as etapas de delimitação da extensão de ocorrência e área de ocupação, bem como da modelagem de conectividade/fragmentação do *habitat*, conforme os procedimentos já descritos para a situação atual.

Nesta situação pessimista seria provável que ocorresse um aumento no processo de perda de *habitat*. A tendência de declínio do *habitat* do mico-leão-da-cara-preta na extensão de ocorrência e na área de ocupação será avaliada à luz de um processo similar de asfaltamento ocorrido em uma região próxima à área de estudo. Seguindo a mesma metodologia descrita para a situação atual, uma monitoria será efetuada para analisar a tendência do processo de conversão de *habitat* em áreas antrópicas, associada ao asfaltamento de uma estrada no litoral paranaense (PR-412), que liga a Praia ao Leste ao Pontal do Paraná. Esta monitoria utiliza o PI-25 (áreas antrópicas em 1965 no entorno da PR-412) e PI-26 (áreas antrópicas em 1980 no entorno da PR-412). De posse da estimativa de extensão de ocorrência, área de ocupação, grau de fragmentação do *habitat* com as áreas das subpopulações, além da tendência de declínio do *habitat*, procede-se à classificação do *status* de conservação de *L. caissara* no cenário pessimista, segundo os parâmetros da IUCN.

A segunda prognose a ser efetuada consiste na criação de um cenário otimista, em que a simulação assume uma modificação no grau de proteção das áreas (PI-22) de modo que toda a área de extensão de ocorrência constitua área de preservação permanente. Nesta situação assume-se que a favorabilidade do ambiente seria menos afetada pela acessibilidade, a partir de entidades antrópicas, retratada nos mapas de Proximidades de Vias de Comunicação e Proximidades de Áreas Antrópicas (PIs 19 e 20). Gerado o Modelo de Favorabilidade Ambiental para o Mico-leão-da-cara-preta nesta nova condição, mais uma vez realiza-se a delimitação da extensão de ocorrência e área de ocupação da espécie, seguindo-se a modelagem de fragmentação/conectividade do *habitat*. Para esta condição otimista aceita-se também a premissa de que em áreas de preservação permanente não ocorreria degradação ambiental, de modo que a taxa de perda de *habitat* é considerada nula. Com base nas estimativas obtidas para a extensão de ocorrência, a área de ocupação, o grau de fragmentação do *habitat* e as áreas das subpopulações, bem como da tendência de declínio do *habitat*, será possível classificar o *status* de conservação de *L. caissara* neste cenário otimista, segundo os critérios da IUCN.

4.9. Análise do Status de Proteção do Habitat de L. Caissara e Indicação de Áreas para Ações de Manejo

A última fase deste estudo pretende identificar áreas favoráveis para a espécie-alvo, como o mico-leão-da-cara-preta, que não estejam devidamente protegidas na rede existente de unidades de conservação e que possam ser utilizadas em estratégias de manejo e recuperação da espécie, que empregará uma abordagem de análise de lacunas (*Gap Analysis*).

A expressão *Gap Analysis* está relacionada com a identificação de espécies e comunidades naturais que não estejam adequadamente representadas em áreas destinadas a conservação (SCOTT et al., 1993). Este tipo de informação pode ser usado para identificar áreas que sejam favoráveis para o desenvolvimento e onde os conflitos de uso da terra possam ser evitados, bem como as áreas importantes para satisfazer necessidades de conservação. A *Gap Analysis* consiste em um método de avaliação que provê uma abordagem sistemática para avaliar a proteção oferecida à biodiversidade em determinadas áreas sob análise. Esta abordagem utiliza sistemas geográficos de informação (SGIs) para identificar "lacunas" (*gaps*) na proteção à biodiversidade, que podem ser preenchidas pelo estabelecimento de novas unidades de conservação ou por mudanças nas práticas de manejo da terra (SCOTT et al., op. cit.). A análise de lacunas realizada nesta etapa utiliza a abordagem da *Gap Analysis*, a partir de uma avaliação envolvendo o Modelo de Favorabilidade Ambiental para o Mico-leão-da-carapreta e o Mapa de Grau de Proteção das Áreas (PI-22), que representam, respectivamente, os tipos de *habitat* conjugados à distribuição da espécie e a distribuição das categorias de manejo da terra.

A sobreposição dos dois mapas é realizada a partir da Matriz de Agrupamento de Dados (**Quadro 4**), implementada no módulo Avaliação, através da atribuição de pesos iguais aos mapas e notas sequenciais às categorias, de modo a evitar colisões, em processo semelhante a operações booleanas.

A partir deste procedimento é possível indicar tipos de *habitat* favoráveis para a espécie-alvo que não estejam adequadamente protegidos na atual rede de Unidades de Conservação e que possam ser importantes para o manejo e conservação de *L. caissara* (**Quadro 4** e **Figura 10**).

Quadro 4 — Matriz de Agrupamento de Dados Utilizada na Elaboração do Mapa para Análise de Lacunas (*Gap Analysis*) para a Extensão de Ocorrência de *L. caissara*

		FAVORABILIDADE DO AMBIENTE (PESO 50%)						
GRAU DE PROTEÇÃO DAS ÁREAS (PESO 50%)	Categorias do mapa (Nota)	Ótimo 1 (Nota 0)	Ótimo 2 (Nota 2)	Ótimo 3 (Nota 4)	Sub-ótimo 1 (Nota 6)	Sub-ótimo 2 (Nota 8)	Inóspito 1 (Nota 10)	Inóspito 2 (Nota 100)
	Alto (Nota 0)	0	1	2	3	4	5	50
	Médio alto (Nota 13)	6	7	8	9	10	11	56
	Médio baixo (Nota 24)	12	13	14	15	16	17	62
	Nulo (Nota 36)	18	19	20	21	22	23	68

Áreas favoráveis não protegidas *(12, 13, 14)*

Áreas desfavoráveis e/ou protegidas *(4, 5, 6, 7, 8, 9, 10, 11, 15, 16, 17, 22, 23, 56, 62, 68)*

Combinações não ocorrentes *(0, 1, 2, 3, 18, 19, 20, 21, 50)*

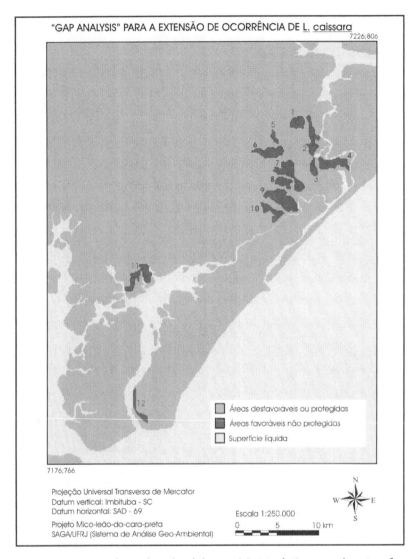

Figura 10 — Mapa resultante da análise de lacunas (*Gap Analysis*) mostrando as áreas favoráveis para *L. caissara* que não estão protegidas em Unidades de Conservação de preservação permanente

5. Conclusões

A proposta metodológica desenvolvida apresenta um roteiro de procedimentos que possibilita o tratamento de etapas fundamentais de análises de *habitat*, distribuição e conservação de elementos bióticos-alvo, desde a seleção das variáveis a serem utilizadas até a indicação de áreas prioritárias para conservação. A metodologia foi concebida dentro de um contexto espacializado, que liga a distribuição de uma espécie ameaçada de extinção com a qualidade do *habitat*, incorporando princípios da Ecologia de Paisagem e da Biologia de Conservação. Esta abordagem georreferenciada permitiu a aplicação de conceitos de *habitat* ao planejamento de uso do solo para um elemento biótico-alvo, neste caso uma espécie "bandeira" e "guarda-chuva" da Floresta Atlântica, o *Leontopithecus caissara*, tornando possível a construção de um modelo operacional de *habitat*.

Cabe enfatizar que embora a metodologia desenvolvida tenha sido ilustrada para o mico-leão-da-cara-preta, este roteiro pode ser empregado para tratar qualquer outra espécie ou elemento biótico-alvo escolhido, o que pode auxiliar sobremaneira as análises de conservação de biodiversidade.

O roteiro metodológico proposto demonstrou ser plenamente realizável no ambiente de um SGI de domínio público e operação simplificada, no caso o pacote SAGA/UFRJ, o que pode representar um incentivo para a disseminação de aplicações de geoprocessamento para análises de distribuição e conservação de elementos da biodiversidade brasileira. Registra-se como uma instigante possibilidade para as análises de favorabilidade de *habitat* a inclusão futura, neste SGI, de módulos de análise, tais como abordagem bayesiana, redes neurais artificiais, algoritmos genéticos, regressão logística. Ressalta-se também que a inclusão de um módulo que permitisse estabelecer roteiros de regras classificatórias seria de inestimável auxílio para a elaboração de mapeamentos complexos.

Ao longo deste estudo ficou evidente que a integração de sensoriamento remoto e SGIs representa uma poderosa abordagem para documentar padrões e processos ao nível da paisagem, sendo que o Geoprocessamento proporciona uma maneira fácil e robusta para desenvolver análises de como os aspectos biológicos e geográficos integram-se no todo da paisagem. De fato, esta via metodológica permite a integração e o trânsito de dados e informação entre a abordagem topológica vertical, local e mais biocêntrica do ecólogo e a abordagem corológica horizontal, regional e mais antropocêntrica do geógrafo.

Indica-se também que o uso de abordagens georreferenciadas com auxílio de SGIs pode desempenhar importante papel para a Biologia da Conservação, sobretudo nas funções de incorporar a dimensão espacial na análise dos fenômenos de interesse, de forma consistente e efetiva, tratar a natureza complexa e multidisciplinar das variáveis facilitando as análises integradoras, otimizar o tempo e a forma de obtenção de informação analítica e/ou sintética tornando mais robusto o apoio às decisões e gerar informações simultaneamente precisas e de fácil compreensão melhorando a cooperação institucional e privada.

No que se refere às análises de relacionamento elemento biótico/*habitat*, ficou evidente que o emprego do SGI possibilitou gerar um nível de análise espacial que foi capaz de refletir os complexos relacionamentos entre a espécie-alvo e seu ambiente. A adoção de uma metodologia que utilize as facilidades do SGI pode também auxiliar os profissionais ligados à Biologia da Conservação a usar informação empírica de modo mais eficiente.

Por fim, pode-se dizer que os resultados alcançados foram animadores, sobretudo se considerarmos a situação incipiente destas análises no Brasil, demonstrando assim que esta linha de ação é bastante promissora.

6. *Referências Bibliográficas*

AKÇAKAYA, H.R., BURGMAN, M.; GINZBURG, L.R. *Applied population ecology.* Sunderland, MA: Sinauser Associates, 1999. 280 p.

ALBRECHT, J.H. *Universal GIS operations for environmental modelling.* Disponível em http://www.ncgia.ucsb.edu/conf/SANTA_FE_CDROM/ sf_papers/jochen_albrecht/jochen.santafe.html). Acesso em 2000.

ANGULO, R.J. *Geologia da planície costeira do estado do Paraná.* São Paulo: Instituto de Geociências, Universidade de São Paulo, 1992. 334 p. (Tese de Doutorado em Geologia).

DE LA VILLE, N. *The grey wolf: habitat suitability analysis of a top predator over its global geographical range.* Cranfield: IERC, Cranfield University, 1998 (Tese de Doutorado).

GRUMBINE, R.D. Viable populations, reserve size, and federal lands management: a critique. *Conservation Biology*, v. 4, n. 2, 1990, p. 127-134.

HUNSAKER, C. et al. Spatial models of ecological systems and processes: The role of GIS. In: GOODCHILD, M.; PARKS, B.; STEYAERT, L. (eds.) *Environmental modeling with GIS*. Nova York/Oxford: Oxford University Press, 1993. p. 248-264.

IPARDES (Instituto Paranaense de Desenvolvimento Econômico e Social). *Diagnóstico ambiental da APA de Guaraqueçaba*. Curitiba: IPARDES, 1995. 166 p.

IUCN (The World Conservation Union). *IUCN Red List Categories and Criteria: Version 3.1*. Gland e Cambridge: IUCN, Species Survival Commission, 2001. ii + 30 p.

KOOPOWITZ, H., THORNHILL, A.D., ANDERSEN, M. A general stochastic model for the prediction of biodiversity losses based on habitat conversion. *Conservation Biology*, v. 8, n. 2, 1994, p. 425-438.

LEGENDRE, P.; FORTIN, M. Spatial pattern and ecological analysis. *Vegetatio*, v. 80, 1989, p. 107-138.

LORINI, M.L. *Geoprocessamento aplicado a análises de favorabilidade de* habitat *e distribuição de espécies ameaçadas de extinção: o mico-leão-da-cara-preta,* Leontopithecus caissara*, um estudo de caso*. Rio de Janeiro: Programa de Pós-Graduação em Geografia, Universidade Federal do Rio de Janeiro, 2001 (Dissertação de Mestrado em Geografia).

LORINI, M.L.; PERSSON, V.G. Nova espécie de *Leontopithecus* LESSON 1840, do sul do Brasil (Primates, Callithrichidae). *Boletim do Museu Nacional, nova série*, n. 338, 1990, p. 1-14.

LORINI, M.L.; PERSSON, V.G. *Status* of field research on *Leontopithecus caissara*: The Black-faced Lion Tamarin Project. *Netropical Primates* (suppl.), n. 2, 1994, p. 52-55.

LORINI, M.L.; PERSSON, V.G.; XAVIER DA SILVA, J. Geoprocessamento aplicado à conservação de espécies ameaçadas de extinção: o Projeto Mico-Leão-da-Cara-Preta. *Anais da 1ª Semana Estadual de Geoprocessamento — RJ*. Rio de Janeiro: FGeo-RJ, Clube de Engenharia, UFRJ, SBC, SEARJ, 1996. p. 147-159.

LORINI, M.L.; PERSSON, V.G.; XAVIER-DA-SILVA, J.; GARAY, I.E.G. Abordagem espacialmente explícita, hierárquica e multiescalar para análises de distribuição e persistência de espécies, populações e *habitats* em paisagens heterogêneas. *Anais do VII Congresso de Ecologia do Brasil.* São Paulo: Sociedade de Ecologia do Brasil, 2005.

MACKEY, B.G. *The role of GIS and environmental modeling in conservation of biodiversity.* Disponível em http://www.ngcia.ucsb.edu/conf/SANTA_FE_CDROM/sf_papers/brendan_mackey/mackey_paper.htm. Acesso em 2000.

MCCOY, E.D.; BELL, S.S. Habitat structure: the evolution and diversification of a complex topic. In: BELL, S.; MCCOY, E.; MUSHINSKY, H. (eds.) *Habitat structure: the physical arrangement of objects in space.* Londres: Chapman & Hall, 1991.

MITTERMEIER, R.A. et al. *Primates in peril: the world's 25 most endangered Primates 2004-2006.* Washington: IUCN/SSC Primate Specialist, Group (PSG), International Primatological Society (IPS), Conservation International (CI), 2005. 45 p.

MYERS, N. Florestas tropicais e suas espécies — sumindo, sumindo... ? In: WILSON, E.O. (ed.) *Biodiversidade.* Rio de Janeiro: Nova Fronteira, 1997. p. 36-45.

NOSS, R.F. A regional landscape approach to maintain diversity. *BioScience,* n. 33, 1983, p. 700-706.

PERSSON, V. G. *Geoprocessamento aplicado a análises de viabilidade de populações de espécies ameaçadas de extinção: o mico-leão-da-cara-preta,* Leontopithecus caissara, *um estudo de caso.* Rio de Janeiro: Programa de Pós-Graduação em Geografia, Universidade Federal do Rio de Janeiro, 2001 (Dissertação de Mestrado em Geografia).

PERSSON, V.G.; LORINI, M.L. Notas sobre o mico-leão-de-cara-preta, *Leontopithecus caissara* Lorini & Persson 1990, no sul do Brasil (*Primates, Callithrichidae*). In: YAMAMOTO, M. E.; SOUSA M.B.C. (eds.). *A Primatologia no Brasil - 4.* Natal: Sociedade Brasileira de Primatologia, 1993. p.169-181.

PROBST, J.R.; CROW, T.R. Integrating biological diversity and resource management. *Journal of Forestry,* v. 89, n. 2, 1991, p. 12-17.

SCHAMBERGER, M.; O'NEIL, L. Concepts and constrains of habitat-model testing. In: VERNER, J.; MORRISON, M.; RALPH, J. (eds.) *Wildlife 2000.* Madison: The University of Wisconsin Press, 1986. p. 177-182.

SCOTT, J.M. et al. Gap Analysis: A geographic approach to protection of biological diversity. *Wildlife Monographs,* n. 123, 1993.

SKLAR, F.; CONSTANZA, R. The development of dynamic spatial models for Landscape Ecology: a review and prognosis. In: TURNER, M.; GARD-

NER, R. (eds.) *Quantitative methods in Landscape Ecology.* Nova York: Springer-Verlag, 1991. p. 239-288.

TURNER, M.G. et al. Usefulness of spatially explicit population models in land management. *Ecological Applications,* v. 5, n. 1, 1995, p. 12-16.

VERNER, J.; MORRISON, M.L.; RALPH, C.J. (eds.) *Wildlife 2000: modeling habitat relationships of terrestrial vertebrates.* Madison: Univ. Wisconsin Press, 1986. 470 p.

XAVIER DA SILVA, J. Metodologia de Geoprocessamento. *Revista de Pós-graduação em Geografia.* Rio de Janeiro: UFRJ, v. 1, 1997, p. 25-34.

——————. *Geoprocessamento para Análise Ambiental.* Rio de Janeiro: edição do autor, 2001. 228 p.

CAPÍTULO 3

GEOPROCESSAMENTO APLICADO
À PERCEPÇÃO AMBIENTAL NA REGIÃO LAGUNAR
DO LESTE FLUMINENSE

Lisia Vanacôr Barroso
Oswaldo Elias Abdo
Jorge Xavier da Silva

1. INTRODUÇÃO

O Geoprocessamento utiliza um conjunto de técnicas de processamento eletrônico de dados referentes a uma base de dados referenciada territorialmente (geocodificada). Esta base pode ser entendida como um sistema geográfico de informação (SGI), constituído por planos de informação representados em mapas temáticos (XAVIER DA SILVA, 1992).

O SGI permite o manuseio da informação não só para a gestão ambiental, mas também para comunicar dados complexos de uma forma acessível para cientistas e para o público em geral. Seres humanos são criaturas impressionáveis, e por isto a resposta ao uso do SGI em um processo com participação popular é profunda e enriquecedora, apesar de que o seu uso em experiências de interação com comunidades ainda tem um potencial relativamente inexplorado (CORNETT, 1994).

A degradação ambiental tem introduzido nos debates a necessidade de uma mudança de mentalidade, de busca de novos valores, de uma nova ética, sendo imperativa a formulação de novos paradigmas que deem sustentação à construção de um desenvolvimento socialmente justo e ambientalmente sustentável (OLIVEIRA, 2000).

A gestão ambiental está integralmente envolvida com a percepção da comunidade sobre a extensão e a severidade dos problemas. O SGI é um excelente instrumento para mudar esta percepção acerca da degradação dos recursos naturais e assim ganhar a aceitação para ações corretivas a serem propostas, a partir do fornecimento de informação espacial e temporal, de maneira objetiva e quantificável (MCCLOY, 1995).

Os objetivos da gestão do meio ambiente têm que ser holísticos e ter como base a cooperação, através da qual as pessoas sejam vistas como parceiras em face da necessidade de uma contínua consulta e cooperação com a comunidade. A informação que é proporcionada pelo uso do SGI pode ser amplamente divulgada, compreendida, aceita e se tornar um elemento importante no processo de gestão ambiental (GREGG JR., 1994).

O desenvolvimento sustentável constitui a face territorial de uma nova racionalidade logística, que tem como cerne a sustentabilidade, a expressão desta nova racionalidade. É uma feição específica da geopolítica contemporânea, não se resumindo à harmonização da relação economia/ecologia e emergindo como uma proposta de cooperação para uma nova relação sociedade/natureza (BECKER, 1995).

No Brasil, o desenvolvimento sustentável vem sendo abordado com ênfase em comunidades, destacando-se a diversidade de grupos, associações e organizações envolvidos. Para o desenvolvimento sustentável, os imperativos ecológicos (sustentabilidade) devem ter um peso equivalente aos econômicos e humanos (desenvolvimento). O problema do desenvolvimento sustentável é, ao mesmo tempo, sociocultural e ecológico (CLAVAL, 1997).

A costa brasileira é privilegiada pela presença de importantes lagoas, costeiras, estando no litoral do Rio de Janeiro o segundo maior número do país, destacando-se a região lagunar do leste fluminense, onde ocorrem os sistemas lagunares de Piratininga-Itaipu (Niterói), Maricá-Guarapina (Maricá) e Saquarema-Jaconé (Saquarema), objeto do presente estudo. Esta região lagunar vem sendo alvo, ao longo das últimas décadas, de um processo de avanço do crescimento urbano ao longo do litoral, que vem provocando visíveis impactos ambientais (BARROSO e BERNARDES, 1995).

Além das lagoas costeiras, existem restingas e praias entrecortadas por serras, morros e pontas que adentram o oceano, que despertam o interesse científico há mais de um século e têm fortes atrativos para a qualidade de vida humana devido aos seus atributos históricos, ambientais e socioeconômicos. Seus cenários mostram paisagens rodeadas de florestas e colinas que assemelham-se a belos postais coloridos. Suas bacias hidrográficas têm nascentes nas encostas íngremes com afloramentos rochosos entremeados a florestas e depois cortam baixadas planas, onde está se desenvolvendo a expansão urbana. O potencial é imenso para o turismo, os esportes e a pesca em razão da presença de serras, lagoas e praias. A diversidade ambiental favoreceu a criação de unidades de conservação, em razão da riqueza biológica e da beleza cênica (BARROSO, 2005).

São necessários mecanismos de gerenciamento costeiro visando ao desenvolvimento da sociedade moderna, com a participação dos três níveis de governo, em parceria com a coletividade, composta por organizações não governamentais, empresários, pesquisadores e representantes de categorias (OGATA, 1996). A utilização dos sistemas agroflorestais nas bacias hidrográficas associadas é capaz de gerar benefícios sociais sem comprometer o potencial produtivo dos ecossistemas presentes porque se harmonizam com os fundamentos do desenvolvimento sustentável (MACEDO, 2000).

As lagoas costeiras situadas em Niterói estão inseridas em um ambiente urbanizado, onde perdas do espelho d'água abriram espaço para invasões. Os sistemas lagunares de Maricá e Saquarema já começam a sofrer parcelamentos, mas as atividades agropecuária e pesqueira ainda têm importância. O conhecimento sobre esta área, proporcionado pelo Geoprocessamento, subsidiou a aplicação da técnica da matriz de objetivos conflitantes, visando à análise da percepção ambiental captada por meio de entrevistas feitas com algumas de suas lideranças.

O presente trabalho, cujos resultados são parte integrante do estudo desenvolvido por BARROSO (2004), objetiva apresentar subsídios à discussão pertinente ao desenvolvimento sustentável através de informações sobre a realidade espacial e percepção ambiental em um trecho da região costeira fluminense, em que ocorrem importantes sistemas lagunares e que está submetida a intensas transformações ambientais.

2. Metodologia

A abordagem adotada para o presente estudo consistiu do desenvolvimento de duas etapas distintas. Na primeira, foram realizados levantamentos por Geoprocessamento sobre a área, através de inventário ambiental e monitorias ambientais, visando documentar áreas de ocorrência e fazer o acompanhamento da sua variação temporal. Na segunda, com o subsídio proporcionado pelos mapas digitais de tais levantamentos, foram identificados os objetivos a serem inseridos na matriz de objetivos conflitantes, para depois entrevistar algumas lideranças da região lagunar do leste fluminense, visando captar as tendências da sua percepção ambiental.

2.1. Geoprocessamento

Os levantamentos ambientais da área por Geoprocessamento foram feitos através de um inventário ambiental, para definir as condições naturais e antrópicas mais relevantes e de monitorias ambientais, para o acompanhamento da evolução de ocorrências territoriais. A base de dados geocodificada teve como produto um conjunto de cartogramas digitais temáticos, definindo este inventário ambiental as condições encontradas em mais de uma ocasião. Além da dimensão espacial, foram obtidas informações sobre a variação no tempo dos fenômenos ambientais territorialmente expressos, com os resultados das monitorias ambientais realizadas (XAVIER DA SILVA e CARVALHO FILHO, 1993; GOES & XAVIER DA SILVA, 1996 e XAVIER DA SILVA, 2001).

A base de dados foi elaborada a partir de fontes diversas, que exigiram processos de transformação, para permitir a sua utilização no sistema geográfico de informação e em programas de tratamento de imagens. Para estruturar o modelo digital do ambiente foi utilizado o *software* Sistema de Análise Geoambiental (SAGA), que tem estrutura de armazenamento matricial (*raster*) e funciona em computadores compatíveis com o IBM-PC.

Dos planos de informação que compuseram o inventário ambiental e as monitorias ambientais da área, contido em BARROSO (2004), seis mapas digitais foram selecionados para demonstrar no presente trabalho as discussões do citado estudo.

O primeiro mapa, contendo os dados básicos dos sistemas lagunares, incluindo as suas bacias hidrográficas contribuintes, foi elaborado utilizando como base cartográfica o mapeamento digital elaborado pela Fundação CIDE (1995). O segundo e o terceiro mapas contêm a caracterização do Uso da Terra e Cobertura Vegetal em períodos correspondentes às décadas de 1960 e 1990, ou seja, com um intervalo de aproximadamente 30 anos. Os dados contidos em mapas impressos e em *compact-disks* foram capturados com o apoio dos programas Surfer e AutoCad r12, e convertidos para o programa SAGA. Em todos, após a entrada dos dados, foi realizada a sua edição, através da identificação interativa dos diversos polígonos capturados.

A base cartográfica utilizada para o segundo mapa, referente ao uso da terra no período mais antigo (década de 1960) constituiu-se das Folhas do DSG (1960; 1964) e do IBGE (1966; 1964), relativas à restituição de fotografias aéreas tomadas entre 1958 e 1964. A base cartográfica utilizada para o terceiro mapa, referente ao uso da terra no período mais recente (década de 1990) foi o mapeamento digital da Fundação CIDE (1995).

De posse do segundo e terceiro mapas, foi realizada sua sobreposição para a monitoria ambiental do período de cerca de 30 anos, de modo a obter registros sucessivos da evolução territorial do uso da terra na região, o que resultou no quarto e quinto mapas digitais. Dos mapas resultantes, foram selecionados para apresentação os que exibiram mudanças mais relevantes nas bacias hidrográficas e no entorno das lagoas costeiras, que foram os referentes às florestas secundárias e às áreas com baixa urbanização.

Para permitir a melhor visualização e facilitar a análise dos resultados contidos em todos esses mapas foi feita a planimetria ambiental dos seus polígonos. Foi executada a planimetria diretamente nos cartogramas do inventário ambiental e nas áreas que sofreram alterações nos mapas da monitoria ambiental.

O conhecimento sobre a área proporcionado pela observação dos mapas do SGI permitiu visualizar quais seriam os aspectos ambientais e os setores socioeconômicos mais relevantes na região, subsídio necessário para a identificação dos objetivos conflitantes para preencher a matriz. Os mapas produzidos, impressos em tamanho A-4, foram exibidos previamente à entrevista, de modo a servir de estímulo à reflexão para as respostas aos quesitos da matriz de objetivos conflitantes. Considerações realizadas sobre as feições de tais mapas visaram propiciar aos participantes no estudo o contato com a tecnologia do Geoprocessamento. Foi incentivado que os informantes se localizassem na área e emitissem comentários e observações quanto a aspectos ambientais e fatos históricos, visando estabelecer um fluxo bidirecional de informações e criar um ambiente aprazível para a entrevista.

2.2. Matriz de Objetivos Conflitantes

A mecânica de construção da matriz de objetivos conflitantes e os procedimentos para a extração de informações tomaram por base os trabalhos de XAVIER DA SILVA et al. (1988) e de XAVIER DA SILVA (1992), realizados sobre a Área de Proteção Ambiental de Cairuçu, situada em Paraty, na região da Costa Verde, litoral sul do estado do Rio de Janeiro. A técnica da matriz de objetivos conflitantes permite fazer a hierarquização de objetivos, após uma consulta ordenada em estratos sociais identificados como mais importantes na comunidade.

O elenco de objetivos da matriz se relaciona às expectativas quanto ao futuro da região, objetivos estes que em geral são conflitantes, porque visam ou à proteção ambiental ou à utilização socioeconômica. Aqueles que foram identificados como pertinentes para a área de estudo estão relacionados a seguir, verificando-se que os quatro primeiros são de proteção ambiental e os quatro últimos, de caráter socioeconômico:

- (A) Conservação das florestas;
- (B) Conservação das lagoas;
- (C) Diminuição da erosão;
- (D) Diminuição da poluição;
- (E) Desenvolvimento do turismo;
- (F) Melhoria da pesca;
- (G) Desenvolvimento da agropecuária;
- (H) Melhoria das cidades.

Solicitou-se a opinião dos entrevistados sobre a contribuição de cada um dos objetivos para os restantes, tendo as respostas sido assinaladas com sim (S) ou não (N). As perguntas contidas na matriz de objetivos conflitantes foram formuladas para os entrevistados de acordo como o seguinte exemplo: A conservação das florestas (objetivo A) contribui positivamente para a conservação das lagoas (objetivo B)? As respostas obtidas se constituíram no elemento básico da matriz e foram preenchidas em planilhas eletrônicas correspondentes a cada um dos informantes.

A definição dos estratos sociais abordados neste estudo guiou-se pela forma contida nos trabalhos acima, em que foram considerados os estratos sociais de políticos municipais, comerciantes, funcionários governamentais, proprietários rurais, industriais e assalariados, mas apoiou-se, também, na consulta ao trabalho de pesquisa realizado com formadores de opinião na área ambiental, em que foram entrevistados empresários, parlamentares, técnicos governamentais, cientistas, ambientalistas e integrantes do movimento social (CRESPO et al. 1998).

Depois da adequação dessas classes à realidade da região lagunar do leste fluminense, no presente estudo foram abordados os seguintes estratos sociais:

- Parlamentar (vereadores);
- Governamental (secretários municipais de meio ambiente);
- Societário (associações de moradores, clubes e um jornal);
- Ambientalista (associações, aterro sanitário e uma reserva particular);
- Religioso (católico, evangélico etc.);
- Educacional (escolas municipais, estaduais e particulares);
- Saúde (postos de saúde e clínicas particulares);
- Rural (sindicatos, associações, extensão rural e colônias de pescadores);
- Turismo (hotéis, pousadas e restaurantes);
- Financeiro (supermercados, materiais de construção e imobiliárias).

A amostragem foi feita por julgamento especializado ou intencional, tomando por base GRESSLER (2003), de acordo com avaliações que resultaram na seleção da amostra possível no universo do estudo, com a busca de informantes que preenchessem os requisitos da pesquisa.

A amostragem intencional procurou contemplar as áreas urbanas e rurais, a zona costeira e as regiões agropecuárias e florestais do interior das bacias e a abrangência dos sistemas lagunares nos três municípios abordados. Um total de 50 matrizes de objetivos conflitantes foi aplicada, tendo os informantes se destacado como lideranças em sua comunidade, segundo indicações feitas ao longo da realização do estudo.

Foram considerados para selecionar os elementos da amostra, além de estes pertencerem aos estratos sociais identificados como relevantes, a sua localização e distribuição nos três municípios, para desta forma cobrir toda a espacialidade da área, seguindo o procedimento recomendado por LOPES DE SOUZA (2000) para a realização de orçamentos participativos.

Na **Tabela 1** é visualizado o modelo da matriz de objetivos conflitantes, com os objetivos relacionados nas linhas e colunas, os quadrantes em que a mesma se divide e as duas linhas e colunas laterais, que se destinam à realização de somatórios dos S e N das respostas dos entrevistados. Através da análise dos totais de colunas e linhas e dos quadrantes é possível fazer a compartimentação dos dados.

Os totais das colunas permitem hierarquizar cada objetivo segundo o seu nível de contribuição para a obtenção dos objetivos restantes, e os totais das linhas permitem hierarquizar cada objetivo segundo o seu nível de dependência em relação aos outros objetivos. A razão entre os números

Tabela 1 — Modelo da Matriz de Objetivos Conflitantes

	A	B	C	D	E	F	G	H		S	N
A											
B											
C											
D				1				2			
E											
F											
G											
H				3				4			

S								
N								

GEOPROCESSAMENTO APLICADO À PERCEPÇÃO AMBIENTAL... 121

de S e de N referentes a cada um dos quadrantes em que a matriz se divide permite analisar se há reforço ou antagonismo entre os objetivos. A razão média de S e N dentro de cada quadrante permite observar para cada estrato social a existência de similaridades de valores entre os diversos estratos analisados.

Durante a realização das entrevistas, a localização foi sendo plotada em um mapa, visando registrar a sua distribuição espacial. Para analisar a distribuição das tendências, foi selecionado o objetivo que mostrou as mais fortes contribuições (diminuição da poluição) para a produção de um mapa de isolinhas. Com a longitude e latitude da localização das entrevistas e os valores do índice de contribuição obtido, montou-se no programa Surfer um arquivo com formato x, y, z. A interpolação destes dados permitiu o traçado das isolinhas, com intervalo das classes de um em um. Com a conversão para o SAGA, este tomou a mesma formatação dos demais mapas do estudo.

3. RESULTADOS E DISCUSSÃO

3.1. INVENTÁRIO AMBIENTAL

O polígono que circunscreve a região estudada está referenciado sobre a superfície terrestre pelas seguintes coordenadas geográficas (**Quadro 1**), de acordo com o sistema de Projeção Cartográfica Universal Transversa de Mercator (UTM).

Quadro 1 — Área do Polígono que Envolve a Área de Estudo

Longitude (m)	Latitude (m)
693.000	7.477.000
760.000	7.455.000

Os levantamentos ambientais e interpretações realizados resultaram nos mapas digitais que estão enunciados na **Tabela 2**. Os mapas referentes ao inventário ambiental, produzidos a partir de bases cartográficas na escala de 1:50.000, adotada uma resolução de 25 metros, serviram de base para as monitorias ambientais. A análise dos mesmos permitiu observar as transformações ambientais a que está sendo submetida aquela região. O Geoprocessamento foi aplicado para ilustrar o resultado de informações obtidas com as respostas à matriz de objetivos conflitantes, através da distribuição dos índices de contribuição da diminuição da poluição.

Tabela 2 — Mapas Digitais Produzidos para Este Estudo

Mapas	Títulos
1	Dados Básicos e Localização das Entrevistas
2	Uso da Terra na Década de Sessenta
3	Uso da Terra na Década de Noventa
4	Monitoria Ambiental para Floresta Secundária
5	Monitoria Ambiental para Urbanização Baixa
6	Contribuição da Diminuição da Poluição

O **Mapa 1** apresenta os dados básicos contendo a localização dos sistemas lagunares, o limite das bacias hidrográficas, o litoral oceânico e lagunar, a rede de drenagem, as vias pavimentadas e não pavimentadas, as áreas urbanas, as várzeas inundáveis, os canais e as praias. Sobre esta base cartográfica foram plotados os pontos correspondentes à localização das entrevistas realizadas.

O maciço litorâneo que acompanha a linha de costa vai-se afastando do litoral, ao longo da direção oeste-leste. Em Piratininga, na região oceânica de Niterói, ele chega a encostar na margem do sistema lagunar, mas a área das baixadas vai aumentando, e passam a ocorrer amplas planícies em Maricá e em Saquarema. As serras da bacia são cortadas por uma densa rede de drenagem que evidencia a presença de controle estrutural. A área pode ser subdividida em duas regiões, a primeira mais a oeste, caracterizada por um maior adensamento populacional, e a segunda mais a

GEOPROCESSAMENTO APLICADO À PERCEPÇÃO AMBIENTAL... 123

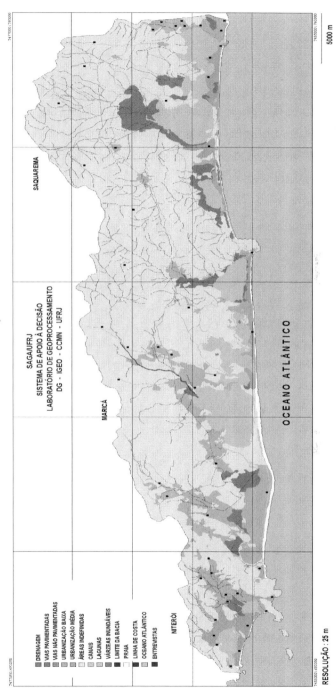

leste, que tem uma ocupação principalmente rural, com propriedades dedicadas à criação de cavalos e extensas pastagens para a criação de gado.

O **Mapa 2** mostra as áreas com floresta ombrófila, com floresta secundária, com pastagem e trechos junto à orla com vegetação de restinga. No mapa da década de 1960, as áreas florestais estão praticamente restritas às encostas dos principais maciços. Uma atividade agrícola diversificada era verificada, com um grande polígono em Saquarema, que correspondia a um extenso cultivo de cana-de-açúcar e por polígonos médios, em Maricá e Saquarema, que correspondiam à fruticultura de cítricos e agricultura. Áreas em urbanização prosperaram nessa época na região oceânica de Niterói e em Itaipuaçu, até o Centro da cidade de Maricá, havendo somente alguns trechos de perímetros urbanos consolidados com baixa urbanização.

A planimetria ambiental do **Mapa 2**, apresentada na **Tabela 3**, mostra quase 14 mil hectares de floresta ombrófila e pouco menos de dois mil hectares de floresta secundária, em meio às quais afloram quase 2.500 hectares de escarpas rochosas. Uma ampla superfície, de quase 24 mil hectares, encontrava-se nessa época revestida por pastagens. No que se refere às áreas urbanas, 3.600 hectares estavam em urbanização, enquanto apenas pouco mais de 500 hectares já estavam consolidados como baixa urbanização. Uma área de quase quatro mil hectares era ocupada por várzeas inundáveis junto às margens internas das lagoas, enquanto uma área de cerca de 1.000 hectares foi caracterizada como restinga, na retaguarda das praias oceânicas. As áreas agrícolas correspondiam a pouco mais de dois mil hectares de canavial, outros 2.300 hectares de agricultura e quase 600 hectares de fruticultura.

No **Mapa 3**, dois aspectos chamaram a atenção em relação ao mapa anterior, que foram a maior quantidade de florestas e o forte crescimento urbano. O mapa da década de 1990 mostra uma profusão de pequenos polígonos com florestas secundárias e extensos polígonos com baixa urbanização. O canavial antes existente cedeu lugar a pastagens, e as áreas anteriormente em urbanização tornaram-se bairros com média e baixa urbanização. A urbanização se consolidou, principalmente na porção mais a oeste da área e ao longo de praticamente toda a restinga que existia na orla marítima.

GEOPROCESSAMENTO APLICADO À PERCEPÇÃO AMBIENTAL... 125

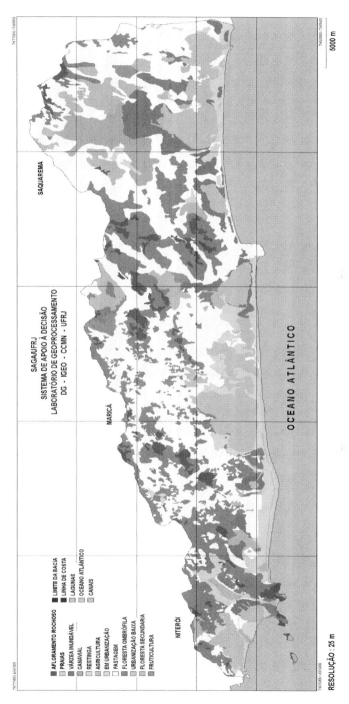

Tabela 3 — Planimetria do Mapa de Uso da Terra na Década de 1960

Tipo de Uso	Área em hectares
Floresta Ombrófila	13.963,1
Floresta Secundária	1.873,9
Escarpas Rochosas	2.345,4
Pastagem	23.880,4
Em Urbanização	3.605,9
Urbanização Baixa	593,2
Várzea Inundável	3.894,2
Restinga	1.085,8
Canavial	2.160,9
Agricultura	2.361,6
Fruticultura	573,9

A planimetria ambiental do **Mapa 3**, apresentada na **Tabela 4**, permitiu notar um pequeno aumento da área com floresta ombrófila, para 12 mil hectares, e um grande aumento da área com floresta secundária, que evoluiu para cerca de 11.700 hectares. A área de pastagem diminuiu para quase a metade, com pouco mais de 12 mil hectares. A consolidação das áreas urbanas se mostrou através de cerca de 6.700 hectares com baixa urbanização e pouco menos de 2 mil hectares com média urbanização. A superfície das várzeas inundáveis diminuiu para 2.900 hectares, a das restingas para pouco mais de 500 hectares, e a utilizada com agricultura, para apenas 200 hectares, enquanto surgiram quase 100 hectares de reflorestamento.

Essas observações suscitaram o interesse em realizar monitorias ambientais para detectar as principais modificações ocorridas ao longo de cerca de 30 anos, visualizar a evolução das mudanças e transformações registradas espacialmente e identificar os efeitos ocorridos sobre as áreas florestais e urbanas. A partir da sobreposição dos mapas referentes às décadas de 1960 e 1990, emergiram as áreas que permaneceram com o seu uso original, as que deixaram de ser de tal uso e as que se tornaram de um novo uso.

GEOPROCESSAMENTO APLICADO À PERCEPÇÃO AMBIENTAL... 127

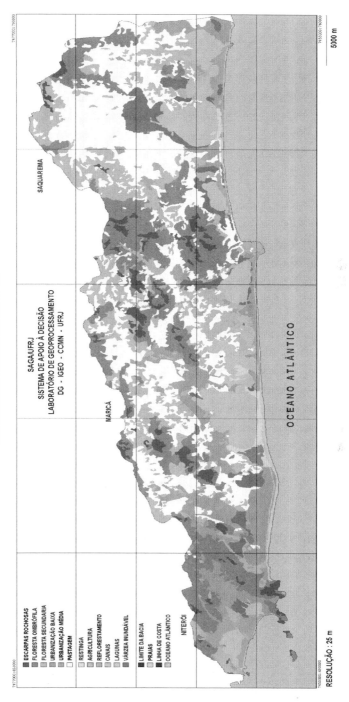

Tabela 4 — Planimetria do Mapa de Uso da Terra na Década de 1990

Tipo de Uso	Área em hectares
Floresta Ombrófila	12.772,8
Floresta Secundária	11.720,6
Escarpas Rochosas	2.345,4
Pastagem	12.311,2
Urbanização Baixa	6.737,7
Urbanização Média	1.949,3
Várzea Inundável	2.904,2
Restinga	560,7
Agricultura	209,6
Reflorestamento	98,9

O **Mapa 4**, que apresenta a monitoria ambiental para floresta secundária, mostra o amplo crescimento das áreas com florestas, como se visualiza no grande número de polígonos que se tornaram deste uso. Pequenas áreas tanto permaneceram com este tipo como deixaram de ser floresta secundária. O surgimento de florestas ocorreu principalmente nas baixas encostas das serras existentes na porção mais a leste da área, em Maricá e Saquarema. A regeneração florestal que este mapa anuncia aconteceu sobre as áreas antes ocupadas principalmente por plantios diversos, que foram sofrendo decaimento ao longo dos últimos anos, e por cultivos de frutas cítricas, que tiveram que ser erradicados por causa de surtos fitopatológicos.

A **Tabela 5** mostra o resultado da planimetria ambiental para o Mapa 4, em que se destaca a grande área, de mais de 11 mil hectares que se tornou floresta secundária, enquanto superfícies pouco significativas, de 700 hectares, permaneceram e de pouco mais de 1.000 hectares deixaram de ser deste tipo de floresta.

O **Mapa 5**, que mostra a monitoria ambiental para baixa urbanização, permite visualizar que as áreas com baixa urbanização também se ampliaram drasticamente. Os locais que têm uma ocupação mais antiga perma-

GEOPROCESSAMENTO APLICADO À PERCEPÇÃO AMBIENTAL... 129

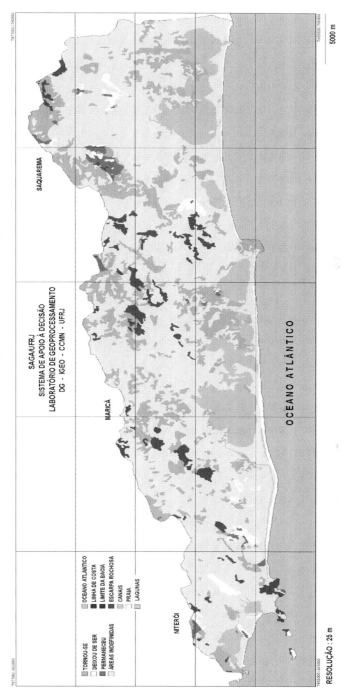

Tabela 5 — Alterações na Área de Floresta Secundária

Monitoria	Área em hectares
Permaneceu	701,4
Tornou-se	11.039,2
Deixou de ser	1.197,1

neceram com este tipo de uso, e naqueles que deixaram de ser áreas com baixa urbanização isso se deveu ao fato de se terem tornado áreas com média urbanização. Estes resultados evidenciaram o processo de crescimento urbano que predominou ao longo da orla e em duas frentes nas áreas de baixada, uma da região oceânica de Niterói até o Centro da cidade de Maricá e a outra na extremidade leste, entre Bacaxá e Saquarema.

A **Tabela 6** apresenta o resultado da planimetria ambiental para o **Mapa 5**, mostrando uma extensa área de 6.500 hectares que se transformou em área urbana consolidada, ao mesmo tempo que apenas menos de 250 hectares permaneceram com este tipo de ocupação e quase 350 hectares deixaram de ser de baixa urbanização.

O conhecimento produzido pela análise dos mapas do inventário ambiental e das monitorias ambientais permitiu concluir que os objetivos conflitantes a serem contidos na matriz deveriam ser compostos pelas questões ambientais relacionadas com a conservação das florestas e o controle da erosão dos solos e com a conservação das lagoas e o controle da poluição das águas, além de pelas questões humanas relacionadas com as cidades e o turismo, e com a pesca e a agropecuária desenvolvidas nas lagoas e nas bacias. As diferenças nas áreas ocupadas pelas diversas categorias de uso da terra foram mostradas aos entrevistados nos mapas digitais produzidos, tendo sido encorajada a emissão de manifestações acerca dos mesmos, antes de dar início às perguntas referentes à matriz de objetivos conflitantes.

GEOPROCESSAMENTO APLICADO À PERCEPÇÃO AMBIENTAL... 131

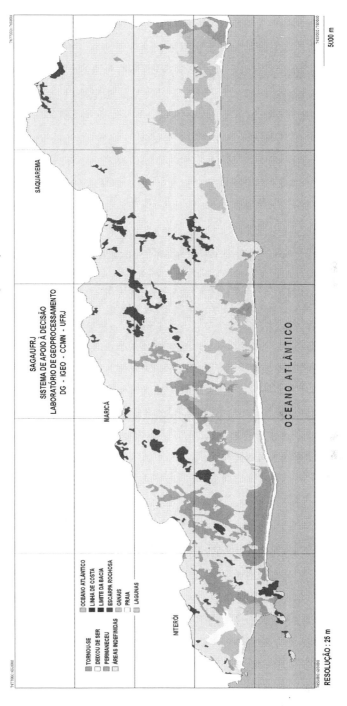

Tabela 6 — Alterações na Área de Baixa Urbanização

Monitoria	Área em hectares
Permaneceu	247,4
Tornou-se	6.501,4
Deixou de ser	345,9

3.2. PERCEPÇÃO AMBIENTAL

Antes de se enfocar o espaço social, foi essencial analisar o espaço natural para a observação do espaço não apenas como produto das relações sociais, mas também como condicionador destas. O espaço social, em sua dimensão material, é um produto da transformação da natureza, ou seja, do espaço natural pelo trabalho social (LOPES DE SOUZA, 1997).

As lideranças foram selecionadas para participar deste estudo devido à realização de um trabalho relevante na sua área de competência à frente da entidade que representa num dos estratos sociais identificados nos três municípios abordados.

Um número maior de entrevistados foi encontrado nas áreas urbanas (78%), em razão da sua maior densidade populacional, enquanto um número muito menor foi encontrado nas áreas rurais (22%), como pode ser visualizado no **Mapa 1**, que contém a localização das entrevistas.

As transformações do espaço geográfico da região estudada, mostradas nos mapas do inventário ambiental que foram exibidos aos entrevistados, constituíram um estímulo inicial para a captação da percepção ambiental. O incentivo dado aos informantes pela apresentação destes mapas motivou o relato de casos antigos e fatos interessantes relacionados à geografia da região. Vários deles demonstraram aguçado interesse quando conseguiram se localizar na área, o que ficou evidenciado pelos comentários emitidos.

Por meio desta consulta às lideranças selecionadas na região foi possível captar a percepção ambiental relativa aos objetivos de proteção ambiental e de interesse socioeconômico, que se relacionam às transformações ambientais ocorridas na região. Os objetivos enumerados levantaram o problema da qualidade de vida da população local, que deve ser conciliada com a preservação do patrimônio ambiental.

De imediato notou-se na matriz de objetivos conflitantes que os objetivos de proteção ambiental (A — conservação das florestas; B — conservação das lagoas; C — diminuição da erosão; D — diminuição da poluição) não são inteiramente convergentes em relação aos objetivos socioeconômicos (E — desenvolvimento do turismo; F — melhoria da pesca; G — desenvolvimento da agropecuária; H — melhoria das cidades), havendo oposição entre estes. A interpretação da matriz de objetivos conflitantes permitiu definir o nível de conflito existente entre estes. Quanto maior o número de S recebidos nas colunas, maior o nível de contribuição do objetivo. Quanto maior o número de S recebidos nas linhas, maior o nível de dependência do objetivo.

As **tabelas 7 e 8** contêm, respectivamente, os valores dos índices de contribuição e de dependência dos objetivos (A, B, C, D, E, F, G, H), calculados para os estratos sociais, para os municípios, para os gêneros, por nível de escolaridade (educação), pelo tempo de moradia e pela situação urbana ou rural (setor). Os tons de cinza de suas células variam do mais escuro, quando o valor do índice que representam foi mais alto, ao branco, quando o valor do índice que representam foi mais baixo.

No que se refere à contribuição dos objetivos (**Tabela 7**), quando se observaram os valores referentes aos estratos sociais, os objetivos de proteção ambiental (A, B, C, D) mostraram maior importância da sua contribuição em relação aos demais, com índices de S mais elevados (acima de 7), obtidos dos estratos parlamentar, governamental, religioso, educacional e rural. Índices ainda altos, porém menores (entre 5 e 7), foram observados nos setores ambientalista, societário, de turismo e financeiro. Tais posições são concordantes com as tendências observadas nos mapas digitais, que evidenciaram a regeneração de florestas.

Índices medianos (entre 4 e 5) a muito baixos (até 4) predominaram para dois dos objetivos socioeconômicos (E, G), enquanto para os outros dois (F, H), estes se mostraram de medianos a altos. Os objetivos socioeconômicos (E, F, G, H) receberam, de todos os estratos, índices de contribuição inferiores àqueles dos objetivos de proteção ambiental (A, B, C, D), indicando menor repercussão sobre os outros. Os que menos contribuíram para os demais foram os objetivos E (desenvolvimento do turismo) e G (desenvolvimento da agropecuária).

Tabela 7 — Índices de Contribuição dos Objetivos

CONTRIBUIÇÃO	A	B	C	D	E	F	G	H
ESTRATOS								
Parlamentar	6,7	6,3	6,7	7,7	3,7	3,7	5,7	5,7
Governamental	7,3	7,0	7,0	8,0	6,3	5,3	4,3	7,0
Societário	6,4	6,4	6,3	7,1	4,4	5,0	5,6	6,9
Ambientalista	7,0	6,6	6,4	7,8	4,0	5,8	5,0	6,2
Religioso	7,0	7,0	6,7	7,3	3,3	5,7	4,3	7,3
Educacional	7,1	6,7	7,0	7,0	3,4	5,3	3,6	6,7
Saúde	5,4	6,4	3,8	6,0	5,0	5,0	3,8	6,0
Rural	7,1	6,0	6,9	6,6	4,7	5,6	3,6	5,3
Turismo	6,0	6,0	5,6	7,4	4,2	4,2	3,2	4,8
Financeiro	5,2	6,6	6,8	7,4	4,4	5,0	3,6	5,6
Média	6,5	6,5	6,3	7,2	4,4	5,1	4,3	6,1
MUNICÍPIOS								
Saquarema	6,6	6,3	5,9	7,1	4,4	5,0	4,4	5,6
Maricá	6,6	6,9	6,6	7,3	3,9	5,9	4,2	6,6
Niterói	6,4	6,2	6,4	7,1	4,8	4,7	3,5	6,1
Média	6,5	6,5	6,3	7,1	4,3	5,2	4,0	6,1
GÊNEROS								
Masculino	6,1	6,2	6,1	6,7	5,8	5,4	4,1	6,4
Feminino	6,6	6,5	5,9	7,0	4,1	5,2	4,1	5,9
Média	6,3	6,4	6,0	6,9	5,0	5,3	4,1	6,2
EDUCAÇÃO								
Fundamental	6,2	6,3	5,5	6,2	3,6	5,4	3,6	5,7
Média	6,6	6,6	6,3	7,3	4,4	5,4	4,5	6,2
Superior	6,4	6,4	6,4	7,5	4,1	4,8	3,0	5,5
Pós-Graduação	6,8	6,4	7,0	7,4	5,2	5,2	4,9	6,9
Média	6,5	6,4	6,3	7,1	4,3	5,2	4,0	6,1
TEMPO								
10 anos ou (-)	6,2	6,6	6,2	6,9	5,7	5,7	4,2	6,4
11 a 20 anos	6,5	6,5	5,8	6,8	4,9	4,8	4,5	6,8
21 anos ou (+)	6,5	6,2	6,0	6,9	4,7	5,4	3,8	5,6
Média	6,4	6,4	6,0	6,9	5,1	5,3	4,2	6,3
SETOR								
Urbano	6,3	6,5	6,2	7,1	5,3	5,5	4,1	6,2
Rural	6,3	5,8	5,3	6,0	4,1	4,7	4,0	6,1
Média	6,3	6,2	5,8	6,6	4,7	5,1	4,1	6,1

GEOPROCESSAMENTO APLICADO À PERCEPÇÃO AMBIENTAL... 135

Tabela 8 — Índices de Dependência dos Objetivos

DEPENDÊNCIA	A	B	C	D	E	F	G	H
ESTRATOS								
Parlamentar	5,3	6,0	4,7	5,7	7,7	5,0	4,0	7,7
Governamental	5,7	6,7	5,7	5,7	7,7	6,7	6,3	8,0
Societário	5,3	6,4	4,9	5,1	7,6	5,9	5,7	7,3
Ambientalista	6,2	6,4	5,4	6,0	7,0	6,0	5,0	7,0
Religioso	6,0	6,7	4,7	6,0	7,7	5,7	5,0	7,0
Educacional	5,1	6,1	4,1	5,6	7,6	6,1	5,0	7,1
Saúde	4,4	6,0	4,2	5,0	7,0	4,8	3,8	6,2
Rural	5,4	6,3	4,3	6,1	6,7	5,9	3,7	7,1
Turismo	4,4	5,6	4,4	4,2	7,2	4,8	3,6	7,2
Financeiro	4,8	5,4	4,8	5,0	7,2	5,4	4,4	7,6
Média	5,3	6,2	4,7	5,4	7,3	5,6	4,7	7,2
MUNICÍPIOS								
Saquarema	4,9	5,8	4,2	4,9	7,1	5,6	5,5	7,2
Maricá	5,4	6,4	4,9	5,9	7,4	6,1	4,6	7,2
Niterói	5,4	6,3	4,9	5,5	7,4	5,1	3,5	7,2
Média	5,2	6,2	4,7	5,4	7,3	5,6	4,5	7,2
GÊNEROS								
Masculino	5,3	6,3	4,9	5,6	7,2	5,8	4,6	7,3
Feminino	5,2	6,0	4,3	5,2	7,4	5,4	4,7	7,0
Média	5,2	6,1	4,6	5,4	7,3	5,6	4,6	7,2
EDUCAÇÃO								
Fundamental	5,1	5,8	3,4	4,4	6,8	5,3	4,7	7,0
Média	5,3	5,9	4,9	5,7	7,5	5,8	4,7	7,4
Superior	4,7	6,1	4,8	5,1	7,4	5,2	3,8	6,9
Pós-Graduação	5,7	6,9	5,1	6,2	7,3	6,1	5,3	7,2
Média	5,2	6,2	4,6	5,4	7,2	5,6	4,6	7,1
TEMPO								
10 anos ou (-)	5,2	6,2	4,8	5,4	7,3	5,8	4,7	7,5
11 a 20 anos	5,1	6,3	4,4	5,6	7,2	5,8	5,2	7,2
21 anos ou (+)	5,2	6,0	4,3	5,3	7,2	5,4	4,4	7,2
Média	5,2	6,2	4,5	5,4	7,3	5,6	4,8	7,3
SETOR								
Urbano	5,3	6,3	5,0	5,7	7,3	5,7	4,6	7,2
Rural	4,8	5,7	3,4	4,5	7,1	5,3	4,6	7,0
Média	5,2	6,2	4,5	5,4	7,3	5,6	4,8	7,3

O objetivo D (diminuição da poluição) recebeu um índice de contribuição superior aos três demais objetivos de proteção ambiental, de todos os estratos, evidenciando a maior preocupação com a questão do controle ambiental. Ao se observar o nível de escolaridade (ou de educação), verificou-se que os que deram menor importância aos objetivos ambientais foram os que têm a menor escolaridade, e que aqueles que têm educação superior (7,5) e pós-graduação (7,4), os que atribuíram os maiores índices à contribuição do objetivo D (diminuição da poluição).

Dos socioeconômicos, o objetivo H (melhoria das cidades) recebeu os maiores índices de contribuição em relação aos três outros, o que foi encontrado também no estudo realizado com a comunidade de Paraty (RJ), sendo assim pertinentes para a presente área de estudo os comentários feitos por XAVIER DA SILVA et al. (1988) acerca do papel das cidades na manutenção da proteção ambiental, que "deve ser desenvolvida por uma população urbana atenta e educada, que priorize os valores de recreação não predatória ou poluente, que trate o turismo como um empreendimento dependente da preservação da natureza e da beleza cênica do local, que controle os efeitos previsíveis da utilização racional dos recursos ambientais disponíveis e permita a melhoria da qualidade da vida urbana, com mais possibilidades de ação em defesa do meio ambiente".

Ao se avaliarem os valores referentes a cada município, não foram notadas variações importantes, destacando-se somente o valor mais baixo (3,5) para o objetivo G (desenvolvimento da agropecuária), na região oceânica de Niterói, que vem sendo gradativamente dominada pelo ambiente urbanizado, e por isto atividades rurais não são prioritárias.

Quanto aos totais das linhas da matriz, que registram os níveis de dependência dos objetivos (**Tabela 8**), dois dos aspectos socioeconômicos, o objetivo E (desenvolvimento do turismo) e o objetivo H (melhoria das cidades), mostraram valores mais elevados (acima de 7), enquanto o objetivo F (melhoria da pesca) mostrou a predominância de valores ainda altos, porém um pouco menores (entre 5 e 7), o que documentou a dependência que a qualidade de vida urbana e as atividades de turismo, esporte e lazer, incluindo a pesca, têm com a conservação dos recursos naturais (florestas e lagoas) e a diminuição da degradação do meio ambiente (erosão e poluição).

Os dados evidenciaram também uma dependência forte para objetivos de proteção ambiental, pois receberam índices ainda altos (entre 5 e 7) os objetivos A (conservação das florestas), B (conservação das lagoas) e D (diminuição da poluição), revelando a importância que a qualidade ambiental das florestas e dos ambientes lagunares tem para as lideranças entrevistadas. Índices mais baixos de dependência (até 4, branco) só foram encontrados em maior número para o objetivo socioeconômico G (desenvolvimento da agropecuária), demonstrando a decadência que esta atividade vem sofrendo na região, evidenciada pela extinção de cultivos mostrada nos mapas digitais.

A consideração conjunta dos totais de colunas e linhas, contidos nas **tabelas 7 e 8**, permitiu identificar que o objetivo D (diminuição da poluição) ao mesmo tempo tem a maior contribuição média em relação aos demais objetivos (7,2) e não tem uma dependência média tão grande destes (5,4), o que indica, de acordo com XAVIER DA SILVA (1992), que este deve ser um dos objetivos prioritários para os investimentos a serem contemplados em qualquer política pública.

A hierarquização detectada nos totais de colunas e linhas da matriz de objetivos conflitantes mostrou-se um indicativo de que as lagoas costeiras, que têm rara beleza e lembram cenas de postais coloridos, sejam um condicionador das relações sociais pelo espaço natural e permite reconhecer o efeito do espaço não apenas como produto das relações sociais, mas como condicionador destas (LOPES DE SOUZA, 1997).

O Geoprocessamento, além de ter servido de base para a seleção dos objetivos conflitantes e para encorajar manifestações na introdução das entrevistas, também foi aplicado para a análise espacial dos índices obtidos nas respostas à matriz. Devido à maior importância demonstrada pelos informantes, a distribuição espacial do objetivo D (diminuição da poluição) foi analisada através do mapa de isolinhas (**Mapa 6**), em razão de este ter recebido invariavelmente um índice de contribuição superior aos três demais objetivos de proteção ambiental e ter tido o valor máximo (8) obtido do estrato governamental.

No **Mapa 6**, observa-se que os índices mais elevados, limitados pelas isolinhas do índice 8 e do índice 7, se relacionam a entrevistados das áreas com maior urbanização, e que os menores valores, limitados pelas isolinhas do índice 2 e do índice 3, foram detectados nos entrevistados de locais situados na zona rural, onde a questão da poluição ainda não é uma preocupação prioritária.

As isolinhas permitiram verificar que a maior preocupação com a diminuição da poluição está associada às áreas com ocupação humana mais antiga na região oceânica de Niterói e nas regiões em processo de expansão urbana em Maricá e em Saquarema. Os índices se apresentaram mais baixos na zona rural ou na orla marítima, distantes das áreas mais adensadas e próximas de ambientes florestais, de lagoas costeiras ou de praias, que têm um bom estado de conservação não sendo por isso relevante ali o problema da poluição ambiental.

Além das análises em colunas e linhas e do mapa de isolinhas, a matriz foi analisada através dos seus quadrantes apresentados na **Tabela 1**. Os resultados foram os índices contidos na **Tabela 9**, que foram superiores à unidade quando a contribuição global de um tipo de objetivo para outro tendeu a ser mais forte, tiveram valores unitários quando o número de S foi igual ao de N, ou foram inferiores à unidade quando a contribuição global mostrou-se mais fraca.

O quadrante 1, na parte superior esquerda limitada pelo objetivo D, mostra a contribuição dos objetivos de proteção ambiental para eles mesmos. Na primeira coluna da **Tabela 9**, verifica-se que os objetivos se reforçam mutuamente de cerca de duas, três, quatro, sete e 15 vezes, até a contribuição plena, quando não houve respostas N. Este resultado indica que os programas ambientais devem conter consistência interna, pois a obtenção de um objetivo incentiva e consolida a obtenção de outros (XAVIER DA SILVA et al. 1988).

O quadrante 2, na porção superior direita da matriz, a partir do objetivo E, mostra a contribuição dos objetivos de proteção ambiental para os objetivos socioeconômicos. Na segunda coluna da **Tabela 9**, verificam-se os menores valores, com diversas ocorrências de dados inferiores à unidade, mostrando dissociação e mesmo conflito entre estes aspectos. Este conflito indica que tentar melhorar a qualidade de vida humana agredindo o ambiente natural somente poderá resultar no não alcance dos objetivos de proteção ambiental (XAVIER DA SILVA et al., 1988).

O quadrante 3, na porção inferior esquerda da matriz, até o objetivo D, mostra a contribuição dos objetivos socioeconômicos para os de proteção ambiental. Na terceira coluna da **Tabela 9**, verifica-se que existe refor-

Tabela 9 — Índices por Quadrante da Matriz de Objetivos Conflitantes

	1	2	3	4
PARLAMENTAR 1	15	1,7	7	2,2
PARLAMENTAR 2	3	0,45	4,3	3
PARLAMENTAR 3	pleno	0,78	3	2,2
GOVERNAMENTAL 1	15	0,78	pleno	7
GOVERNAMENTAL 2	pleno	pleno	pleno	pleno
GOVERNAMENTAL 3	4,3	0,33	3	3
SOCIETÁRIO 1	1,7	0,33	4,3	7
SOCIETÁRIO 2	15	7	7	15
SOCIETÁRIO 3	15	0,60	15	15
SOCIETÁRIO 4	3	1,7	3	1,3
SOCIETÁRIO 5	15	15	7	7
SOCIETÁRIO 6	3	1,3	15	pleno
SOCIETÁRIO 7	2,2	1	2,2	1
AMBIENTALISTA 1	pleno	0,14	4,3	1
AMBIENTALISTA 2	pleno	pleno	pleno	pleno
AMBIENTALISTA 3	7	3	4,3	3
AMBIENTALISTA 4	pleno	1	4,3	1
AMBIENTALISTA 5	3	1	2,2	15
RELIGIOSO 1	4,3	0,45	15	2,2
RELIGIOSO 2	4,3	2,2	4,3	4,3
RELIGIOSO 3	pleno	3	7	1,7
EDUCACIONAL 1	pleno	pleno	pleno	pleno
EDUCACIONAL 2	7	0,07	7	0,78
EDUCACIONAL 3	7	0,45	pleno	1,7
EDUCACIONAL 4	3	0,23	7	1,7
EDUCACIONAL 5	4,3	1,7	15	3
EDUCACIONAL 6	1,7	2,2	4,3	4,3
EDUCACIONAL 7	15	0,78	4,3	3
SAÚDE 1	1,7	2,2	4,3	15
SAÚDE 2	2,2	0,33	0,78	0,78
SAÚDE 3	0,78	0,78	1	7
SAÚDE 4	3	1,3	2,2	2,2
SAÚDE 5	pleno	2,2	4,3	1,7
RURAL 1	15	7	3	7
RURAL 2	7	0,45	15	1,3
RURAL 3	2,2	1,7	2,2	3
RURAL 4	4,3	0,45	3	1,3
RURAL 5	7	0,78	3	2,2
RURAL 6	pleno	1	4,3	1,3
RURAL 7	7	1,3	7	3
TURISMO 1	1,3	0,14	2,2	1,7
TURISMO 2	7	1,3	7	3
TURISMO 3	15	0,23	3	1,3
TURISMO 4	7	0,60	2,2	4,3
TURISMO 5	7	0,78	2,2	2,2
FINANCEIRO 1	15	1,3	4,3	3
FINANCEIRO 2	1,7	0,14	3	1,7
FINANCEIRO 3	15	1,7	4,3	pleno
FINANCEIRO 4	pleno	0,14	4,3	1,7
FINANCEIRO 5	2,2	1,7	3	3

ço entre estes, em geral de cerca de duas a quatro vezes, com algumas ocorrências de valores maiores, como de sete a 15 vezes e de contribuição plena, sem respostas N. Tal comportamento foi antagônico ao observado no estudo feito em Paraty (RJ), em que para esta situação foram encontrados valores inferiores à unidade, que indicaram uma baixa repercussão positiva de iniciativas socioeconômicas sobre as de proteção ambiental (XAVIER DA SILVA et al., 1988).

O quadrante 4, na porção inferior direita, a partir do objetivo E, mostra a contribuição entre os objetivos de cunho socioeconômico. Na quarta coluna da **Tabela 9**, verifica-se que há reforço mútuo entre estes, mesmo com um grande número de ocorrências de valor baixo, mas que são superiores à unidade (de menos de duas a até quatro vezes). A faixa de variação destes valores não foi muito diferente dos observados para os objetivos de proteção ambiental entre si, contidos na primeira coluna (quadrante 1), o que segundo XAVIER DA SILVA et al. (1988) já seria o resultado esperado.

O reforço observado nos quadrantes da matriz entre os objetivos de proteção ambiental e os objetivos de cunho socioeconômico entre si, e a alta repercussão positiva das iniciativas socioeconômicas sobre as de proteção ambiental indicaram que deve haver receptividade para o desenvolvimento de forma sustentável. O problema do desenvolvimento sustentável é, para CLAVAL (1997), ao mesmo tempo sociocultural e ecológico, devendo os imperativos ecológicos, referentes à sustentabilidade, terem um peso importante frente aos econômicos e humanos, ligados ao desenvolvimento.

A última análise realizada, contida na **Tabela 10**, refere-se à contribuição média dentro de cada quadrante, a partir da razão do número de S médio em relação ao número de N médio, calculado para cada estrato social.

No quadrante 1, que reflete a contribuição dos objetivos de proteção ambiental para eles mesmos, os valores médios mais elevados foram obtidos dos estratos ambientalista, governamental e parlamentar, indicando esta similaridade uma sintonia entre estes setores. No quadrante 2, que reflete a contribuição dos objetivos de proteção ambiental para os objetivos socioeconômicos, todos os valores médios apresentaram-se em torno da unidade, indicando a existência de um leve antagonismo entre estes objetivos. No quadrante 3, que reflete a contribuição dos objetivos socioe-

GEOPROCESSAMENTO APLICADO À PERCEPÇÃO AMBIENTAL...

Tabela 10 — Índices Médios por Quadrante para Cada Estrato

Estratos	1	2	3	4
PARLAMENTAR	8,6	0,8	4,3	2,4
GOVERNAMENTAL	11	1,3	11	7,0
SOCIETÁRIO	4,1	1,4	5,2	4,3
AMBIENTALISTA	12,3	1,4	4,7	2,8
RELIGIOSO	7,0	1,4	7,0	2,4
EDUCACIONAL	4,8	0,8	8,5	2,3
SAÚDE	2,3	1,1	1,9	2,5
RURAL	6,5	1,1	3,9	2,1
TURISMO	4,7	0,7	2,8	2,2
FINANCEIRO	5,2	0,7	3,7	3,0

conômicos para os de proteção ambiental, verificou-se que os valores médios mais elevados correspondem aos estratos governamental e educacional, indicando esta similaridade uma sintonia entre estes setores. Analisando os valores médios encontrados nos quadrantes 3 e 4, notou-se que há maior reforço (valores mais altos) dos objetivos socioeconômicos em relação aos de proteção ambiental, revelado no quadrante 3, do que entre os objetivos socioeconômicos entre si, revelado no quadrante 4. Os objetivos de proteção ambiental são reforçados tanto por eles próprios, como indicado no quadrante 1, quanto pelos objetivos socioeconômicos, como indicado no quadrante 3.

Os valores médios mais altos obtidos nos quadrantes da matriz para os setores ambientalista, governamental e parlamentar, como também para os setores governamental e educacional, indicaram uma sintonia que pode favorecer o desenvolvimento sustentável. Para promover o desenvolvimento sustentável, como foi colocado por LEROY (1997), é imperativo que os diferentes segmentos da sociedade se encontrem, dialoguem, negociem e construam um território numa perspectiva sustentável.

Essa sintonia pode estar informando que a implantação de políticas de gestão ambiental e o desenvolvimento de programas de educação ambiental visando à conservação dos recursos naturais, através do gerenciamento costeiro nas áreas litorâneas e da implantação de sistemas agroflorestais nas bacias hidrográficas contribuintes, venham a ser bem-sucedidas, na forma que foi mencionada nos trabalhos de OGATA (1996), de OLIVEIRA (2000) e de MACEDO (2000).

A ampliação das áreas urbanas, tendo ao lado o aumento das áreas florestais, como foi revelado pelos mapas digitais, assim como a preocupação com a diminuição da poluição, evidenciada nos resultados da matriz de objetivos conflitantes, foi interpretada como tendências favoráveis à implantação de políticas de conservação ambiental e ao desenvolvimento sustentável na região lagunar do leste fluminense.

4. CONCLUSÕES

As transformações do espaço geográfico contidas na base de dados georreferenciada ficaram evidenciadas nos mapas digitais produzidos para o inventário ambiental e as monitorias ambientais. A análise dos mapas do inventário ambiental em períodos diferentes permitiu notar as alterações ambientais ocorridas naquele espaço ao longo de 30 anos. Verificaram-se o crescimento urbano e o visível aumento da área de florestas secundárias em que havia principalmente pastagens, agricultura e fruticultura. A urbanização se consolidou na porção mais a oeste da área e praticamente em toda a restinga situada ao longo da zona costeira, tendo a ampliação das áreas urbanizadas se dado preferencialmente sobre locais que eram revestidos por florestas e pastagens.

Os resultados deste estudo evidenciaram a importância da utilização da tecnologia do Geoprocessamento como elemento para a interpretação da realidade espacial. Os mapas digitais tiveram um papel ilustrador e motivador para a seleção dos objetivos conflitantes referentes a essa região lagunar, compostos por questões ambientais, como a conservação das florestas e o controle da erosão dos solos, a conservação das lagoas e o controle da poluição das águas, além de questões humanas como o turismo, a pesca, a agropecuária e as cidades.

Observou-se na matriz que os quatro objetivos de proteção ambiental e os quatro objetivos socioeconômicos não se mostraram completamente convergentes, havendo oposição entre estes. Os totais das colunas e das linhas permitiram hierarquizar o nível de contribuição e de dependência de cada objetivo. Os resultados mostraram que a diminuição da poluição recebeu um índice de contribuição superior aos dos três demais objetivos de proteção ambiental, que os objetivos socioeconômicos receberam índices de contribuição inferiores aos dos objetivos de proteção ambiental e que, dos objetivos socioeconômicos, a melhoria das cidades recebeu os maiores índices de contribuição em relação aos três demais.

A hierarquização em termos de prioridades indicou a diminuição da poluição com os maiores valores de contribuição frente a todos os outros objetivos, ao mesmo tempo não apresentando valores de dependência tão altos, devendo por isto ser incluída em políticas públicas a serem desenvolvidas na região lagunar do leste fluminense, assim favorecendo a reversão de condições de degradação ambiental observadas em algumas lagoas. A distribuição espacial dos índices obtidos para a contribuição da diminuição da poluição, no mapa de isolinhas, mostrou valores mais baixos somente em locais em que a degradação ambiental não é tão importante.

O reforço mútuo entre objetivos, demonstrado pelos dados da matriz, indica que a obtenção de um objetivo serve para incentivar e consolidar a obtenção de outros. O antagonismo demonstrado pelo conflito entre alguns aspectos indica que tentar melhorar a qualidade de vida humana agredindo o ambiente natural somente poderá resultar em degradação. A sintonia entre alguns segmentos das lideranças locais parece favorecer a receptividade à construção do espaço numa perspectiva sustentável, através da conservação dos recursos naturais e da implantação da gestão ambiental.

5. REFERÊNCIAS BIBLIOGRÁFICAS

BARROSO, L.V. *Análise da Percepção Ambiental de Lideranças da Região Lagunar do Leste Fluminense Apoiada em Monitorias Ambientais por Geoprocessamento.* 2004. 145 p., il., Tese de Doutorado — Programa de Pós-Graduação em Geografia, Universidade Federal do Rio de Janeiro, Rio de Janeiro.

—————. Panorama Ambiental das Lagoas Costeiras Fluminenses de Piratininga-Itaipu, Maricá-Guarapina e Saquarema-Jaconé (RJ). In: CONGRESSO BRASILEIRO DE DEFESA DO MEIO AMBIENTE, *Anais...* Rio de Janeiro: Clube de Engenharia, 2005 (CD-ROM).

BARROSO, L.V. e BERNARDES, M.C. Um Patrimônio Natural Ameaçado. Invasões e Turismo sem Controle Ameaçam Lagoas Fluminenses. *Ciência Hoje*, v. 19, n. 110, 1995, p. 70-74.

BECKER, B.K. A Geopolítica na Virada do Milênio: Logística e Desenvolvimento Sustentável. In: CASTRO, I.E.; GOMES, P.C.C. & CORRÊA, R.L. *Geografia: Conceitos e Temas.* Rio de Janeiro: Bertrand Brasil, 1995. p. 271-307.

CLAVAL, P. A Geopolítica e o Desafio do Desenvolvimento Sustentável. In: BECKER, B.K. & MIRANDA, M. (Orgs.) *A Geografia Política do Desenvolvimento Sustentável.* Rio de Janeiro: Editora da UFRJ, 1997. p. 457-469.

CORNETT, Z.J. GIS as a Catalyst for Effective Public Involvement in Ecosystem Management Decision-Making. In: SAMPLE, V.A. (Ed.) *Remote Sensing and GIS in Ecosystem Management.* Washington D.C.: Island Press, 1994. p. 337-345.

CRESPO, S., ARRUDA, A., SERRÃO, M.A., MARINHO, P.E., LEITÃO, P. & LAYRARGUES, P.P. *O que o Brasileiro Pensa do Meio Ambiente, do Desenvolvimento e da Sustentabilidade.* Rio de Janeiro: MAST-CNPq/ISER/ MMA/MCT, 1998. 110 p.

DSG. *Folha Baía de Guanabara SF-23-Q-IV-4. Escala 1:50.000.* Rio de Janeiro: Diretoria do Serviço Geográfico do Ministério do Exército, 1960.

——————. *Folha Maricá SF-23-Z-B-V-3. Escala 1:50.000.* Rio de Janeiro: Diretoria do Serviço Geográfico do Ministério do Exército, 1964.

FUNDAÇÃO CIDE. *Mapeamento Digital e Convencional do Estado do Rio de Janeiro e da Bacia Hidrográfica do Rio Paraíba do Sul, Localizada nos Estados de São Paulo e Minas Gerais, Módulo I. Escala 1:50.000.* Rio de Janeiro: Centro de Informações e Dados do Rio de Janeiro, 1995 (CD-ROM).

GOES, M.H.B. & XAVIER DA SILVA. Uma Contribuição Metodológica para Diagnósticos Ambientais por Geoprocessamento. In: SEMINÁRIO DE PESQUISA PARQUE ESTADUAL DO IBITIPOCA, *Anais...* Juiz de Fora: UFJF, 1996. p. 13-23.

GREGG JR., W.P. Developing Landscape Scale Information to Meet Ecologic, Economic, and Social Needs. In: SAMPLE, V.A. (Ed.) *Remote Sensing and GIS in Ecosystem Management.* Washington DC: Island Press, 1994. p. 13-17.

GRESSLER, L.A. *Introdução à Pesquisa.* Projetos e Relatórios. São Paulo: Ed. Loyola, 2003. 295 p.

IBGE. *Folha Saquarema SF-23-Z-B-V-4. Escala 1:50.000*. Rio de Janeiro: Instituto Brasileiro de Geografia e Estatística, 1966.

—————. *Folha Araruama SF-23-Z-B-VI-3. Escala 1:50.000*. Rio de Janeiro: Instituto Brasileiro de Geografia e Estatística, 1966.

LEROY, J.-P. Da comunidade local às dinâmicas microrregionais na busca do Desenvolvimento Sustentável. In: BECKER, B.K. & MIRANDA, M. (Orgs.) *A Geografia Política do Desenvolvimento Sustentável*. Rio de Janeiro: Editora da UFRJ, 1997. p. 251-271.

LOPES DE SOUZA, M. Algumas notas sobre a importância do espaço para o desenvolvimento social. *Revista Território*, n. 3, 1997, p. 13-35.

—————. Os orçamentos participativos e sua espacialidade. Uma agenda de pesquisa. *Terra Livre*, n. 15, 2000, p. 39-58.

MCCLOY, K.R. *Resource Management Information Systems*. Process and Practice. Londres : Taylor & Francis, 1995. 415 p.

OGATA, M.G. *Macrozoneamento Costeiro: Aspectos Metodológicos*. Brasília: Programa Nacional de Meio Ambiente, Série Gerenciamento Costeiro, v. 5, 1996. 27 p.

OLIVEIRA, E.M. A crise ambiental e suas implicações na produção de conhecimento. In: QUINTAS, J.S. (Org.) *Pensando e Praticando a Educação Ambiental na Gestão do Meio Ambiente*. Brasília: Edições IBAMA, Coleção Meio Ambiente — Série Estudos: Educação Ambiental, n. 3, 1997. p. 77-92.

XAVIER DA SILVA, J. Matriz de Objetivos Conflitantes: Uma Participação da População nos Planos Diretores Municipais. In: MACIEL, T. (Org.) *O Ambiente Inteiro*. Rio de Janeiro: Editora da UFRJ, 1992. p. 123-134.

XAVIER DA SILVA et al. Análise Ambiental da APA de Cairuçu. *Revista Brasileira de Geografia*, v. 50, n. 3, 1988, p. 41-83.

—————. *Geoprocessamento para Análise Ambiental*. Rio de Janeiro: edição do Autor, 2001. 228 p.

XAVIER DA SILVA, J. & CARVALHO FILHO, L.M. Sistemas de Informação Geográfica: Uma Proposta Metodológica. In: IV CONFERÊNCIA SOBRE SISTEMAS DE INFORMAÇÃO GEOGRÁFICA. *Anais...* São Paulo: IGU, 1993. p. 609-628.

CAPÍTULO 4

GEOPROCESSAMENTO APLICADO À MELHORIA DE QUALIDADE DA ATIVIDADE PECUÁRIA NO MUNICÍPIO DE SEROPÉDICA (RJ)

Fábio Silva de Souza
Adevair Henrique da Fonseca
Jorge Xavier da Silva
Maria Julia Salim Pereira

1. INTRODUÇÃO

Dermatobia hominis (LINNAEUS JR., 1781) é um díptero, conhecido vulgarmente no Brasil como "mosca do berne" e está presente em várias regiões do país. Infesta um número relativamente grande de hospedeiros, sendo os bovinos os mais acometidos. A larva desta mosca, uma vez presente na pele destes animais, causa a chamada miíase furuncular ou dermatobiose, determinando perdas econômicas à indústria coureiro-calçadista pela depreciação do couro (OLIVEIRA, 1983).

Identificar e classificar fenômenos registráveis, juntamente com a investigação de possíveis associações entre variáveis constatadas como componentes do evento, em busca de relações causais, constituem passos fundamentais do procedimento científico. Segundo XAVIER DA SILVA (2001), na pesquisa ambiental merecem citação quatro proposições irretorquíveis, relativas à localização, extensão, correlação e evolução dos fenômenos registráveis:

- são passíveis de ser localizados por meio da criação de um referencial conveniente;
- têm sua extensão determinável, a partir de sua inserção no referencial escolhido;
- estão em constante alteração e
- apresentam-se com relacionamentos, não sendo registrável qualquer fenômeno totalmente isolado.

As proposições axiomáticas citadas fornecem uma base lógica sólida para a investigação de possíveis relações causais com apoio na ocorrência "simultânea" e territorialmente coincidente de entidades e eventos ambientais. Tal é o caso da ocorrência de berne na população bovina de um município, neste caso Seropédica (RJ).

As condições ambientais são fatores importantes para o desenvolvimento da *D. hominis*, o que explica as variações quanto ao seu aparecimento nas diferentes regiões (SARTOR, 1986). Logo, o estudo da variação sazonal do berne permite conhecer a época de maior intensidade parasitária, assim como correlacionar os fatores atuantes no crescimento populacional das larvas (BELLATO et al., 1986). Analisando-se o ecossistema da *Dermatobia* podem-se destacar alguns componentes abióticos que influenciam a sazonalidade de suas larvas, como fatores climáticos, a declividade e a altitude (fatores topográficos), solo e geomorfologia do local e uso e cobertura vegetal (fatores geo-ambientais).

Na Região Sudeste do Brasil, os meses de primavera e verão — período chuvoso — são os mais favoráveis à ocorrência de larvas de *Dermatobia* sobre os bovinos (SARTOR, 1986; MAGALHÃES e LIMA, 1988; MAIO et al., 1999) e as menores infestações, ocorrendo nos meses de outono e inverno — períodos de menor precipitação pluvial.

Sobre a altitude, CREIGHTON e NEEL (1952) e NEEL et al. (1955) relacionaram as variações altimétricas entre 400 e 1.500 metros como as mais favoráveis à dermatobiose. No Brasil, a ocorrência da *Dermatobia* tem sido registrada em altitudes inferiores a 400 metros (MAIA e GUIMARÃES, 1985; RIBEIRO et al., 1989; MAIO et al., 1999; CARVALHO, 2002). Uma forma de se estudar a correlação entre um evento em saúde e variáveis ambientais é por meio do desenvolvimento de modelos teóricos, utilizando-se dados e informações disponíveis sobre este.

A epidemiologia, ao estudar o processo saúde/doença, o faz por estudos observacionais, experimentais e teóricos. Os estudos teóricos têm por finalidade desenvolver modelos de representação da realidade tendo como base a Matemática e a Bioestatística, resultando na ampliação e geração de conhecimento. Atualmente a epidemiologia teórica conta com uma metodologia e tecnologia denominada Geoprocessamento, que se constitui no uso automatizado de dados gerando informação que de alguma forma está vinculada a um determinado lugar no espaço, seja por um simples endereço ou por coordenadas, permitindo o entendimento do contexto em que se verificam fatores determinantes de agravos à saúde (BARCELLOS e BASTOS, 1996). A aplicabilidade dos sistemas geográficos de informação (SGI) na epidemiologia tem sido bem-sucedida em estudos na área de saúde pública como os realizados por CRUZ MARQUES (1987) e BROOKER (2002) e em medicina veterinária como os de CRINGOLI et al. (2001) e DIERSMANN et al. (2001 e 2002) aplicando o Geoprocessamento no estudo de áreas de risco e prevalência de filariose em cães, na Itália, e na análise epidemiológica do carrapato *Boophilus microplus,* no Brasil, respectivamente.

Portanto, os SGI's podem ser utilizados para mostrar e analisar a territorialidade dos fenômenos neles representados, sendo de uso crescente para a representação de ambientes. Este crescente uso se deve, exatamente, à capacidade que possuem de considerar, de forma integrada, a variabilidade taxonômica, a expressão territorial e as alterações temporais verificáveis em uma base de dados georreferenciada (XAVIER DA SILVA, 2001).

Os objetivos deste trabalho foram estabelecer associações espaço-temporais relevantes entre os fatores envolvidos na distribuição sazonal das larvas da mosca *D. hominis* com sua consequente delimitação, quantificação e caracterização quanto à favorabilidade no espaço geográfico do município de Seropédica (RJ), em relação à ocorrência da dermatobiose, e validar a análise por Geoprocessamento, como apoio ao estudo epidemiológico da dermatobiose em bovinos, usando um procedimento de avaliação por multicritérios.

2. Metodologia

O presente estudo foi desenvolvido no Laboratório de Epidemiologia e Modelagem do Departamento de Parasitologia Animal, em parceria com o Laboratório de Geoprocessamento Aplicado (LGA) do Departamento de Geociências, ambos da Universidade Federal Rural do Rio de Janeiro. O sistema de informação utilizado foi o Sistema de Análise Geo-Ambiental (SAGA/UFRJ).

A área selecionada para o estudo foi o município de Seropédica, que abrange 48.600 hectares. Tem como limites os municípios do Rio de Janeiro, Nova Iguaçu, Itaguaí, Queimados, Japeri, Piraí e Paracambi, sendo as principais vias de acesso a BR-116 (Via Dutra), a BR-465 (antiga Rio—São Paulo) e a RJ-099. A escolha deste espaço geográfico foi pela disponibilidade de sua base de dados georreferenciada, elaborado por GOES (1994), e dados de sazonalidade das larvas de *Dermatobia,* observados por MAIO et al. (1999).

No SAGA/UFRJ foram utilizadas duas funções do módulo de análise ambiental: avaliação ambiental e assinatura. Inicialmente foi realizado um inventário das condições ambientais vigentes no município de Seropédica e dos fatores relevantes à ocorrência e atuantes na sazonalidade do díptero.

Os fatores selecionados pelo inventário foram acomodados em três grupos, fatores geoambientais, topográficos e climáticos, recebendo cada um o peso segundo sua importância na ocorrência do evento, sendo utilizados na elaboração da árvore de decisão (**Figura 1**). Cada fator componente destes grupos foi representado por um mapa temático digital.

Os fatores climáticos — precipitação pluvial, temperatura e umidade — foram agrupados e representados por valores uniformes atribuídos a quatro mapas temáticos, referentes a cada uma das quatro estações do ano: primavera, verão, outono e inverno. Os fatores geoambientais foram constituídos pelos fatores naturais e antrópico, este último constituído pelo tema Uso do Solo e Cobertura Vegetal. Os fatores naturais são provenientes de avaliações com os mapas temáticos de solo e de Geomorfologia. Os fatores topográficos foram oriundos de avaliações com os mapas temáticos de Declividade e de Altitude.

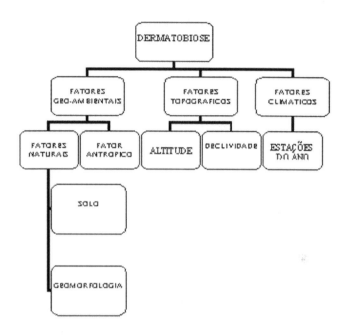

Figura 1 — Árvore de decisão representativa da integração dos fatores geoambientais, topográficos e climáticos relevantes na epidemiologia da *D. hominis*

As avaliações foram realizadas, sucessivamente, conforme indicado na árvore de decisão (**Figura 1**). Foi usado um procedimento de avaliação por multicritérios, denominado por XAVIER DA SILVA (2001) avaliação por médias ponderadas, segundo o qual foram atribuídos pesos a cada fator (cada mapa temático) (**Quadro 1**), a partir do julgamento multidisciplinar fundamentado na experiência profissional dos membros da equipe de trabalho, baseando-se nos conhecimentos disponíveis sobre a bioecologia da *D. hominis* nos diferentes níveis da árvore de decisão.

Os pesos atribuídos aos fatores geoambientais, topográficos e climáticos foram mantidos fixos para as quatro estações do ano (**Quadro 2**). As notas, para cada categoria dos fatores geo-ambientais e topográficos, foram repetidas para cada estação (**Quadro 3**), enquanto as notas de cada estação variaram (**Quadro 4**).

Quadro 1 — Pesos Atribuídos a Cada Fator (Mapa Temático) nas Avaliações Segundo a Combinação Proposta na Árvore de Decisão

MAPAS	PESOS em %
Solos	50
Geomorfologia	50
Altitude	40
Declividade	60
Uso do solo e cobertura vegetal	50
Fatores naturais	50

Quadro 2 — Pesos Atribuídos aos Fatores Geoambientais, Topográficos e Climáticos, Mantidos Fixos para as Quatro Estações do Ano, nas Avaliações Finais

MAPAS	PESO em %
Geo-ambientais	50
Topográficos	20
Climáticos	30

Quadro 3 — Notas Atribuídas às Categorias dos Fatores Geoambientais e Topográficos para a Avaliação que Gerou os Graus de Favorabilidade à Ocorrência de Dermatobiose para o Município de Seropédica (RJ) nas Estações do Ano

MAPAS			
GEO-AMBIENTAL		TOPOGRÁFICO	
CATEGORIAS	NOTAS	CATEGORIAS	NOTAS
Nota 2	4	Nota 6	6
Nota 3	4	Nota 7	8
Nota 4	4	Nota 8	8
Nota 5	6	Nota 9	10
Nota 6	6		
Nota 7	8		
Nota 8	8		
Nota 9	10		

Quadro 4 — Notas de Cada Estação do Ano que Participaram das Avaliações finais

MAPAS	NOTAS
Primavera	10
Verão	9
Outono	8
Inverno	6

Para as categorias de cada mapa temático foram atribuídas notas de 0 a 10 para a ocorrência da *D. hominis*, de acordo com a importância dada às categorias componentes da legenda do mapa (**quadros 5 a 9**). A nota 0 representa a menor participação da categoria no evento, porém esta não é excluída da análise. O intervalo de notas de 1 a 4 foi atribuído às categorias julgadas não favoráveis à ocorrência da *D. hominis*; as notas 5 e 6 às categorias pouco favoráveis; 7 e 8, às categorias favoráveis, 9 e 10, àquelas muito favoráveis. Notas de 11 a 23 foram atribuídas às categorias representadas nos mapas temáticos, mas não fizeram parte da análise (**Quadro 10**) (feições meramente identificadoras ou que não fazem parte do espaço geográfico do município).

Quadro 5 — Notas Atribuídas às Categorias do Fator Solo

MAPA DE SOLOS	
CATEGORIAS	NOTAS
Podzólico 1	10
Podzólico 2	10
Cambissolo 1	7
Cambissolo 2	7
Planossolo	5
Gley húmico	0
Gley pouco húmico	2
Gley indiscriminado	3
Solo Aluvial	4

Quadro 6 — Notas Atribuídas às Categorias do Fator Geomorfologia

MAPA DE GEOMORFOLOGIA	
CATEGORIAS	NOTAS
Borda dissecada de planalto estrutural	6
Patamar dissecado em colinas e vales estruturais.	8
Encostas de Talus	10
Colinas estruturais de piemonte	10
Colinas aplainadas/depressões assoreadas	5
Colinas isoladas/Ilhas estruturais	8
Rampas de colúvio	7
Planície colúvio-aluvionar	4
Planície aluvionar de cobertura	4
Planície flúvio-lacruste deltaica	4

Quadro 7 — Notas Atribuídas às Categorias do Fator Altitude

MAPA DE ALTIMETRIA	
CATEGORIAS	NOTAS
0-40m	10
0-20m	10
20-40m	10
40-80m	10
80-120m	10
120-160m	10
160-200m	10
200-320m	10
320-400m	10

Quadro 8 — Notas Atribuídas às Categorias do Fator Declividade

MAPA DE DECLIVIDADE	
CATEGORIAS	NOTAS
Classe entre 0-2,5%	4
Classe entre 2,5%-5%	5
Classe entre 5%-10%	10
Classe entre 10-20%	10
Classe entre 20-40%	8
Classe entre >40%	7

Quadro 9 — Notas Atribuídas às Categorias do Fator Uso do Solo e Cobertura Vegetal.

MAPA DE USO DO SOLO E COBERTURA VEGETAL	
CATEGORIAS	NOTAS
Mata de Altitude	10
Macega e Sítios Rurais	8
Veg. Herb. Higrófita	2
Reflorestamento	8
Pastagem	10
Cultivo	8
Sítio Urbano ou Industrial	0
Extrativismo Mineral	0
Afloramento de Rocha	0
Área Institucional	0

Quadro 10 — Notas Atribuídas às Categorias Representadas nos Mapas Temáticos, mas que Não Fizeram Parte da Análise

CATEGORIAS	NOTAS
Área fora de análise	11
Rede de drenagem	12
Auto estrada	13
Estrada pavimentada	14
Estrada não pavimentada – tráfego permanente	15
Estrada não pavimentada – tráfego periódico	16
Caminho	17
Ferrovia	18
Áreas urbanas	19
Dique	20
Toponímia	21
Rio Guandu	22
Limite municipal	23

Os quatro mapas, um para cada estação do ano, resultantes das avaliações a partir dos fatores topográficos, geo-ambientais e climáticos foram submetidos a assinaturas para quantificar o percentual dos diferentes graus de favorabilidade para a área total do município. Em sequência, foram realizadas assinaturas em cada uma destas áreas para se quantificar, em percentagem de área, as categorias dos mapas temáticos que as compõem, em cada estação do ano.

A validação da análise foi realizada por correlação, adotando-se o nível de 5% de significância. Foram correlacionadas a percentagem de áreas representativas do grau muito favorável, de cada estação do ano e as médias mensais de berne em bovinos do estudo de sazonalidade de MAIO et al. (1999), também agrupados por estações do ano (**Tabela 1**).

Tabela 1 — Médias do Número de Larvas de *Dermatobia hominis* em Bovinos no Município de Seropédica (RJ) por Estação do Ano, no Período de Outubro de 1996 a Setembro de 1998

Estações do ano	Número médio de bernes
Primavera	14,27
Verão	10,38
Outono	4,97
Inverno	3,17

Fonte: MAIO et al., 1999

3. RESULTADOS E DISCUSSÃO

Este estudo de análise ambiental mantém um paralelo com as experimentações controladas de laboratório. Nos tratamentos laboratoriais é usual manter-se constante todo um conjunto de características e promover uma variação controlada de uma variável para inferir sobre o efeito desta no resultado final da análise, em condições de sinergia, isto é, considerando o funcionamento integrado do experimento, funcionamento este no qual atuam imbricadamente todos os fatores envolvidos.

O fator que se fez alterar, no presente estudo, foi o climático, que oscilou entre um valor mínimo de 6 (nota atribuída) no inverno e máximo de 10 na primavera, com valores intermediários (8) para o outono (9) e para o verão. Os mapas relativos a cada estação, concernentes, portanto, a cada um destes valores numéricos, e que foram obtidos, mantidas as outras variáveis constantes, apresentaram significativas diferenças entre si. Foram notáveis, a variabilidade espacial dos valores para a primavera e o inverno. A princípio, esta variação é uma expressão complexa, porém obtida por critério reproduzível, da importância do clima para a ocorrência da dermatobiose na região.

Os resultados das associações espaço-temporais entre os fatores envolvidos na distribuição sazonal das larvas da mosca *D. hominis* são demonstrados em quatro mapas digitais (**figuras 2, 3, 4 e 5**), segundo as estações do ano e os graus de favorabilidade à ocorrência do evento. Na **Tabela 2**, encontram-se os resultados das assinaturas que quantificaram as áreas de ocorrência da dermatobiose por gradientes de favorabilidade no município de Seropédica. As assinaturas realizadas em cada um dos gradientes de favorabilidade, por estação do ano, permitiram a quantificação e caracterização das categorias dos mapas temáticos componentes. Verificou-se que para o município de Seropédica, onde a altitude varia de 0 a 400 metros, (considerando-se igual o risco de ocorrência do berne em toda esta faixa) em altitudes abaixo de 80 metros na primavera, verão, outono e inverno estão concentradas, respectivamente, 82%, 76%, 95% e 90% das áreas muito favoráveis, e em declividades inferiores a 10% estão 70%, 60%, 77% e 55% destas áreas. O solo podzólico predominou nas áreas de maior favorabilidade, nas quatro estações do ano. Este solo se caracteriza por ser de fácil drenagem, não hidromórfico, dando condições a uma fácil penetração de larvas de *Dermatobia* e seu consequente desenvolvimento. As feições geomorfológicas em que se concentram as áreas muito favoráveis coincidentes nas quatro estações são as colinas aplainadas com depressões assoreadas com 25%, 26%, 34% e 28% na primavera, verão, outono e inverno, respectivamente. Deve-se ressaltar a presença de 31% de áreas muito favoráveis na primavera e de 23% no outono, ocupadas por planícies colúvio-aluvionares, ainda, áreas de 22%, 31% e 45% com colinas estruturais de piemonte no verão, outono e inverno, na sequência.

As maiores áreas de ocorrência do grau muito favorável foram assinaladas para a primavera, com 49,93%, e para o verão, com 34,85%, períodos em que são registradas as maiores médias de temperatura, precipitação pluvial e umidade relativa. MAIO et al. (1999), em estudo observacional, consideraram estes fatores decisivos para a infestação de berne em bovinos no município de Seropédica (RJ). Nos estudos de MAIA e GUIMARÃES (1985) em Governador Valadares e de MAGALHÃES e LIMA (1988) em Pedro Leopoldo (MG), a precipitação pluvial e a umidade relativa foram indicadas como os principais responsáveis pela maior ocorrência do berne nos bovinos, uma vez que as temperaturas médias tiveram pequenas oscilações. Como observado neste trabalho, as menores infestações foram assinaladas nos meses de outono (22,49%) e inverno (11,45%).

Pode-se destacar a versatilidade deste díptero em se ajustar a diferentes características climáticas adaptando-se às condições mais favoráveis dentro de cada clima, como mencionado por CREIGHTON e NEEL (1952).

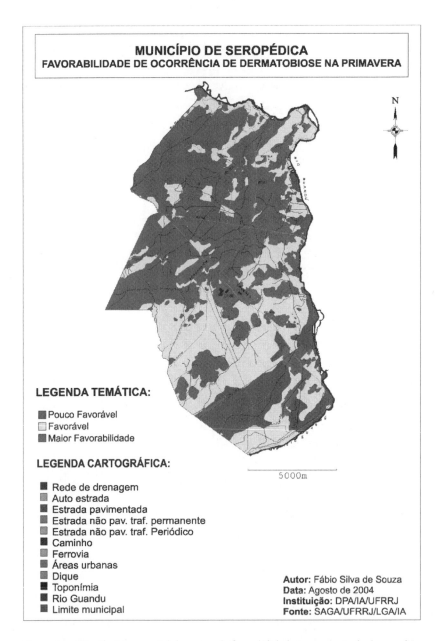

Figura 2 — Distribuição espacial dos graus de favorabilidade à ocorrência de dermatobiose para a estação do ano primavera no município de Seropédica (RJ)

GEOPROCESSAMENTO APLICADO À MELHORIA DE QUALIDADE... 161

Figura 3 — Distribuição espacial dos graus de favorabilidade à ocorrência de dermatobiose para a estação do ano verão no município de Seropédica (RJ)

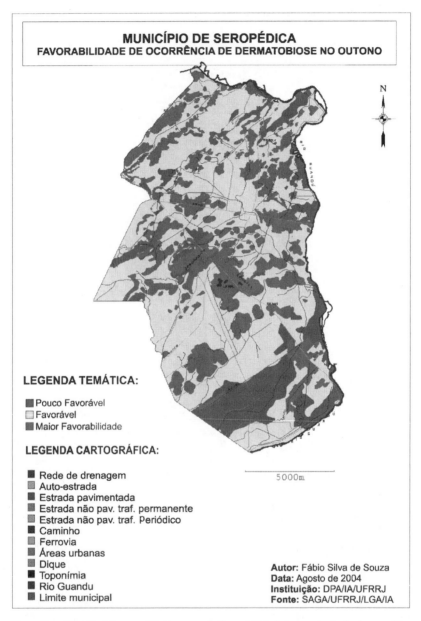

Figura 4 — Distribuição espacial dos graus de favorabilidade à ocorrência de dermatobiose para a estação do ano outono no município de Seropédica (RJ)

GEOPROCESSAMENTO APLICADO À MELHORIA DE QUALIDADE... 163

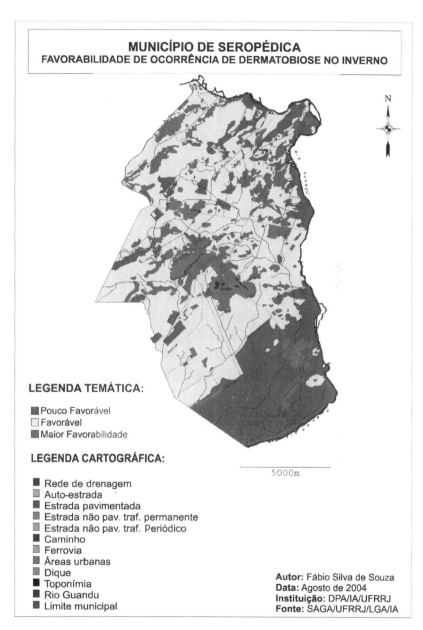

Figura 5 — Distribuição espacial dos graus de favorabilidade à ocorrência de dermatobiose para a estação do ano inverno no município de Seropédica (RJ)

164 GEOPROCESSAMENTO & MEIO AMBIENTE

Tabela 2 — Percentual de Áreas de Ocorrência da Dermatobiose, por Gradientes de Favorabilidade, Segundo as Estações do Ano, no Município de Seropédica (RJ)

Estações	Graus de favorabilidade em %		
	Muito favorável	Favorável	Pouco favorável
Primavera	49,93	37,75	12,32
Verão	34,85	51,62	13,53
Outono	22,49	60,48	17,03
Inverno	11,45	58,15	30,40

3.1. VALIDAÇÃO DA ANÁLISE

Os resultados deste estudo possuem correlação (r= 0,99) em nível de 5% entre as médias de berne por estações do ano, em bovinos do estudo de sazonalidade de MAIO et al. (1999) (valores observados) (**Tabela 1**) e os valores de maior probabilidade, de cada estação do ano (valores esperados) (**Tabela 2**), validando a análise por Geoprocessamento com o uso do programa SAGA/UFRJ para este tipo de estudo.

4. CONCLUSÃO

A análise realizada mostrou-se eficiente para o estudo epidemiológico da dermatobiose como um importante elemento de apoio à tomada de decisão, podendo ser utilizada como mais uma ferramenta para a elaboração de programas de controle integrado desta ectoparasitose. Permitiu também a associação de fatores de diferentes escalas de medição envolvidos na distribuição sazonal das larvas do díptero com sua consequente delimitação, quantificação, caracterização e visualização por meio de mapas digitais, constatando-se a importância do fator climático, documentada pelos percentuais de ocorrência das classes e sua distribuição territorial por estações e a validação da análise por Geoprocessamento como apoio ao estudo epidemiológico, considerando os múltiplos fatores envolvidos na dermatobiose em bovinos.

5. REFERÊNCIAS BIBLIOGRÁFICAS

BARCELLOS, C.; BASTOS, F. I. Geoprocessamento, ambiente e saúde: uma união possível? *Cadernos de Saúde Pública*, Rio de Janeiro, v. 12, n. 3, 1996, p. 389-397.

BELLATO, V. et al. Variação sazonal das larvas da mosca do berne em bovinos no Planalto Catarinense. *EMPASC — Comunicado Técnico* 101, 1986, 7 p.

BROOKER, S. Schistosomes, snails and satellites. *Acta Tropica*, v. 82, n. 2, 2002, p. 141-149.

CARVALHO, C. R. P. *Estudo da variação populacional de larvas de* Dermatobia hominis *(Linnaeus Jr., 1781) (Díptera*: Cuterebridae*) em bovinos e de dípteros veiculadores de seus ovos no município de Itaguaí, RJ*. 2002. 68 p. (Dissertação de Mestrado em Ciências Veterinárias — Parasitologia Veterinária), Universidade Federal Rural do Rio de Janeiro, Seropédica, 2002.

CREIGHTON, J. T.; NEEL, W. W. Biologia y combate del torsalo o nuche, *Dermatobia hominis* (L. Jr.): Reseña bibliográfica. Turrialba, v. 2, n. 2, 1952, p. 59-65.

CRINGOLI, G. et al. A prevalence survey and risk analysis of filariosis in dogs from the Mt. Vesuvius area of southern Italy. *Veterinary Parasitology*, v. 102, 2001, p. 243-252.

CRUZ MARQUES, A. Human migration and the spread of malaria in Brazil. *Parasitology Today*, v. 3, 1987, p. 166-170.

DIERSMANN, E. M.; FONSECA, A. H.; PEREIRA, M. J. Uso de sistema de informação geográfica na análise epidemiológica de *Boophilus microplus* — uma alternativa viável. In: JORNADA DE INICIAÇÃO CIENTÍFICA DA UFRRJ, *Anais*... UFRRJ, RJ, 2001, v. 11, n. 1, 2001, p. 259-260.

————. Análise espacial e temporal do *Boophilus microplus* (CANESTRINI, 1887) *(ACARI: IXODIDAE)* através de um SGI. In: XII Congresso Brasileiro de Parasitologia Veterinária. *Anais*... Rio de Janeiro, RJ, 2002. 1 CD-ROM.

GOES, M. H. B. *Diagnóstico ambiental por geoprocessamento do Município de Itaguaí (RJ)*. Rio Claro, SP. 1994. 744 p. (Tese de Doutorado em Geociência e Meio Ambiente) — UNESP, Rio Claro, 1994.

MAGALHÃES, F. E. P.; LIMA, J. D. Frequência de larvas de *Dermatobia hominis* (L. Jr.) em bovinos de Pedro Leopoldo, Minas Gerais. *Arquivo Brasileiro de Medicina Veterinária e Zootecnia*, v. 40, n. 5, 1988, p. 361-367.

MAIA, A. A. M.; GUIMARÃES, M. P. Distribuição sazonal de larvas de *Dermatobia hominis* (Linnaeus Jr., 1781) (Díptera: *Cuterebridae*) em bovinos de corte na região de Governador Valadares, Minas Gerais. *Arquivo Brasileiro de Medicina Veterinária e Zootecnia*, v. 37, n. 5, 1985, p. 469-475.

MAIO, F. G. et al. Distribuição sazonal das larvas de *Dermatobia hominis* (Linnaeus Jr, 1781) em bovinos leiteiros no município de Seropédica, Rio de Janeiro, Brasil. *Revista da Universidade Rural*, série Ciências da Vida, v. 21, n. 1/2, 1999, p. 25-36.

NEEL, W. W. et al. Ciclo biológico del torsalo (*Dermatobia hominis* L. Jr.) en Turrialba, Costa Rica. *Turrialba*, v. 5, n. 3, 1955, p. 91-104.

OLIVEIRA, G. P. Fatores que afetam economicamente a produção de couro de bovinos. *Arquivos de Biologia e Tecnologia*, v. 26, n. 3, 1983, p. 353-358.

RIBEIRO, P. B. et al. Flutuação populacional de *Dermatobia hominis* (Limaeus. Jr., 1781) sobre bovinos no município de Pelotas, RS. *Arquivo Brasileiro de Medicina Veterinária e Zootecnia*, v. 41, n. 3, 1989, p. 223-231.

SARTOR, A. A. Parasitismo por larvas de *Dermatobia hominis* (Linnaeus Jr., 1781), em bovinos no município de Lorena, estado de São Paulo. 1986. 76 p. (Dissertação de Mestrado em Medicina Veterinária — Parasitologia Veterinária), Universidade Federal Rural do Rio de Janeiro, Itaguaí, 1986.

XAVIER DA SILVA, J. *Geoprocessamento para Análise Ambiental*. Rio de Janeiro: Editora Bertrand, 2001. 228 p.

CAPÍTULO 5

GEOPROCESSAMENTO APLICADO AO
MAPEAMENTO E ANÁLISE GEOMORFOLÓGICA
DE ÁREAS URBANAS

Maria Hilde de Barros Goes
Ricardo Tavares Zaidan
Tiago Badre Marino
Jorge Xavier da Silva

1. INTRODUÇÃO

O uso do Geoprocessamento para atender à necessidade de conhecer a distribuição e o comportamento espacial das unidades geomorfológicas, bem como a utilização como base para ações e intervenções administrativas, é hoje fato notório. Hoje, torna-se fundamental ao estudo de questões ambientais, quer georreferenciando mapas temáticos, constituindo bases de dados digitais, quer como ferramenta básica nas análises de questões ambientais, contribuindo assim para uma maior eficácia no planejamento ambiental/territorial, cujos resultados diagnósticos e prognósticos vêm a somar substancialmente nos planos e intervenções político administrativos da gestão territorial.

Neste contexto, como vem a se posicionar o plano de informação da Geomorfologia? Deve ser usada uma abordagem convencional ou aplicada? O plano de informação Geomorfologia pode ser considerado o palco em que interagem entidades morfométricas, geológicas, pedológicas, florísticas, hidrológicas e antrópicas, com seus respectivos eventos, processos e entidades associadas. As suas feições morfológicas são embasadas pela geologia, constituídas no substrato imediato, que é o solo, ocupadas por fauna e flora e, principalmente, submetidas às ações antrópicas. A todo este conjunto interativo somam-se, ainda, os geoparâmetros morfométricos, como a declividade e altitude. Por outro lado, a distribuição e o comportamento espacial das feições geomorfológicas estão subordinados à geodinâmica ambiental atual, sendo também controladas por estruturas do passado geológico e, mais recentemente, esculpidas por fases climáticas mais úmidas e mais secas do Quaternário. Em síntese, todo este conjunto de contribuintes naturais e antrópicos aplicados à definição das feições geomorfológicas é aqui considerado um método de análise, sintetizado por meio dos seguintes geoparâmetros que irão definir a feição: a sua forma, através da morfologia e morfometria, a sua composição, através da constituição litológica e pedológica, os eventos geológicos e climáticos controladores e a geodinâmica traduzida por geoindicadores que refletem a ação dos processos atuais e subatuais. Como resultado, tem-se, por exemplo, a paisagem morfoestrutural do município de Juiz de Fora, em Minas Gerais, retratando todo este contexto geomorfológico integrado. Trata-se de um cenário em que ocorrem áreas de riscos de enchentes, de deslizamentos/desmoronamentos, erosão dos solos, contaminações da água e solos, favelizações e outros eventos negativos. São estes eventos os delimitadores das questões ou situações que vêm a caracterizar um perfil ambiental das cidades. Encaradas positivamente, permitem o uso racional da área urbana, através da definição das expansões de usos, como a criação de APAs, instalações industriais, locais para aterros sanitários e muitos outros aspectos de uma urbanização adequada.

Neste trabalho destacou-se a Geomorfologia Urbana, quer na forma de mapeamento convencional, quer na forma de mapeamento aplicado a temas ambientais (urbano, geotecnia, hidromorfologia, rural e outros), como o plano de informação-mestre nos procedimentos das avaliações das inúmeras questões ambientais. Em nossa experiência profissional foi constatado que o plano de informação Geomorfologia é geralmente o primeiro a ser avaliado em sua contribuição para estimar áreas de riscos e potenciais ambientais. Portanto, a Geomorfologia vem contribuir direta e significativamente na definição, avaliação e análise das inúmeras questões ambientais, traduzidas por áreas de risco ou problemáticas, áreas que dispõem ainda de recursos potenciais, além de outras áreas que necessitam ser diagnosticadas e prognosticadas. São exemplos as áreas propícias à urbanização, ou com estimativas de impactos ambientais negativos, áreas que apresentam incongruências de uso, como o exemplo de loteamentos, e também com potenciais conflitantes, no caso do ecoturismo e a expansão urbana, e ainda as áreas consideradas críticas por terem características especiais e serem sujeitas a riscos ambientais, como hospitais, manicômios e prisões em áreas de risco diversas.

Em síntese, duas linhas de ação, de caráter técnico-metodológico e político, vêm tornar fundamental a elaboração de mapas geomorfológicos segundo as metas a serem alcançadas: em primeiro lugar, a linha acadêmica, através dos mapas geomorfológicos convencionais, em que as categorias são registradas sob critérios estritamente apoiados em atributos não antrópicos, porém apoiados na interatividade dos elementos naturais que alicerçam, constituem e trabalham a paisagem. Sua contribuição é científica, dirigida ao ensino e às pesquisas básicas e experimentais. Em segundo lugar, a linha tecnológica de caráter não acadêmico, em que são criadas categorias geomorfológicas dirigidas à análise de questões ambientais por Geoprocessamento, o qual se volta para planos, projetos e programas de planejamento e gestão territorial.

Sendo assim, este texto apresenta como meta fundamental uma metodologia de cartografia temática aplicada à Geomorfologia, baseada no uso de geoparâmetros estabelecidos para análise das feições geomorfológicas quando se processam as interpretações integradas e concomitantes ao conjunto de registros disponíveis em meio digital, meio analógico e através de levantamentos de campo. Desta forma, neste mapeamento, dirigido às questões do perímetro urbano do município de Juiz de Fora e seu entorno, buscou-se contribuir para a criação de planos de ação e intervenção ambientais efetivados pela prefeitura municipal, mais detalhadamente pela Defesa Civil. Para tal desenvolvimento, utilizou-se o SAGA/UFRJ, Sistema de Análise Geo-Ambiental (XAVIER DA SILVA e CARVALHO FILHO, 1993a), cuja matriz física é o Laboratório de Geoprocessamento do Departamento de Geografia da UFRJ. Cumpre aqui destacar a rede de laboratórios de Geoprocessamento do SAGA/UFRJ, disseminada no Brasil, como o do Departamento de Geociências da UFJF, dentre outros.

Retornando ao mapeamento geomorfológico aplicado aos problemas e potencialidades da cidade de Juiz de Fora e seu entorno, o mesmo apresenta como produtos 76 categorias analisadas, registradas segundo os geoparâmetros anteriormente apresentados. Esta contribuição metodológica pode ser aplicada a outras unidades territoriais urbanas.

O que se pretende mostrar com bastante objetividade é o seguinte argumento metodológico: para se definir, avaliar e analisar questões ambientais urbanas ou de qualquer natureza aplicada, como as ligadas à geotecnia, áreas rurais, áreas de conservação, criação de planos diretores, RIMAs e perícias ambientais, enfim, temas voltados à gestão territorial e/ou ambiental, torna-se fundamental a criação de bases de dados temáticos digitais, representando o Inventário Ambiental da área objeto de análise, destacando-se o plano de informação de Geomorfologia.

2. *A Cartografia Geomorfológica Aplicada a Questões Urbanas — Procedimentos Metodológicos*

A definição, análise e mapeamento das feições geomorfológicas são baseados no uso de geoparâmetros, como diretriz básica para a aquisição dos dados e informações, adquiridos através de interpretações integradas de imagens orbitais, fotografias aéreas e mapas temáticos, e principalmente das investigações empíricas processadas em campo. Deste método integrado são gerados dois tipos de mapeamentos geomorfológicos: o básico e o aplicado. Este tipo é o tratado nesta contribuição como uma proposta metodológica de mapeamento aplicado a questões ambientais urbanas. Hoje, é fato notório a necessidade do uso das feições geomorfológicas no planejamento e controle ambientais. Como foi abordado anteriormente, a Geomorfologia, juntamente com os demais mapas temáticos, é primordial. No presente trabalho, os procedimentos avaliativos foram aplicados à definição e à análise de situações ambientais, através do uso da técnica de Apoio à Decisão do SAGA/UFRJ. Como produto, tem-se mapas classificatórios sobre questões urbanas, como o do presente caso. Convém aqui lembrar que o mapeamento geomorfológico faz parte de uma primeira etapa da metodologia de "Análise Ambiental por Geoprocessamento" do referido *software* (XAVIER DA SILVA e CARVALHO FILHO, 1993b), compondo, juntamente com os outros planos de informação — Solos, Geologia, Vegetação, Ocupação do Solo etc. —, a base de dados georreferenciada (BDG) ou o Inventário Ambiental. Este BDG irá por sua vez subsidiar o procedimento metodológico seguinte, que são as avaliações das questões ambientais.

Esta proposta metodológica é aqui apresentada em dois itens, cuja meta consiste em: como elaborar um mapeamento geomorfológico aplicado às questões urbanas em escala detalhada, dirigido a investigações científicas e ao uso político-administrativo, aplicando-se geoparâmetros específicos como norteadores às interpretações integradas de recursos materiais disponívies, como imagens orbitais, fotografias aéreas etc., e às observações e cotejos em campo.

2.1. MATERIAIS E MÉTODOS E O USO DE GEOPARÂMETROS

Para que uma feição geomorfológica seja analisada em detalhe, para fins científicos ou para a sua contribuição às questões administrativas ambientais, torna-se necessário considerar uma análise setorial e integrada de geoparâmetros específicos. Trata-se de uma análise realmente detalhada dos tipos, da distribuição e do comportamento espaço-temporal das feições geomorfológicas, e também de sua contribuição às inúmeras questões ambientais. Neste sentido foram determinados quatro tipos de geoparâmetros específicos ao contexto integrador do papel ou posicionamento teórico-conceitual de uma entidade ou feição geomorfológica: forma, composição, processos atuantes e macroeventos controladores. Mais detalhadamente, trata-se de um método aplicado à definição e análise para uma feição geomorfológica e consequentemente para situá-la no contexto ambiental, vista através da sua distribuição e comportamento espaço-temporal nos cenários original, pretérito, atual e tendencial. Cada um destes geoparâmetros não só contribui setorialmente como conjugado. Mais adiante, nas fases de elaboração do mapeamento, os mesmos serão desmembrados em seis níveis operacionais. São eles:

- forma — identificação da morfologia e morfometria (geometria) da feição geomorfológica;
- composição — tipo e análise da constituição litológica, pedológica e cobertura superficial do terreno;

- processos — identificação e análise de geoindicadores que traduzam a geodinâmica espaço-temporal mais recente, como os processos intempéricos, pedogenéticos, morfogenéticos e antrópicos;
- macroeventos — identificação e análise de geoindicadores que traduzam a gênese e evolução das feições, desde o seu estágio conceptivo, passando pelo seu desenvolvimento, até a sua primeira definição morfológica.

Como então aplicar estes conceitos de mapeamento geomorfológico? A resposta pode ser baseada na aplicação realizada na área municipal de Juiz de Fora, através de uma análise interativa entre documentos cartográficos, temáticos, de sensoriamento remoto, de investigações empíricas no campo, com a criação numa primeira instância de um mapeamento preliminar, alicerçado na carta topográfica do IBGE, na escala de 1:50.000, ampliada em dobro, ou seja, compatível à escala de 1:25.000, seguido de um controle de campo para tal ampliação.

Este procedimento foi adotado para facilitar a interpretação das feições geomorfológicas em função de ortofotos e imagens de satélite na escala de 1:25.000. Este ajuste é explicado pelo fato de a base cartográfica existente ser na escala de 1:50.000, podendo ser ajustada em função de documentos de última geração, como ortofotos, imagens Ikonos e LandSat, disponíveis em escala mais detalhada. Outras informações adquiridas de fotografias aéreas do "corredor" do Rio Paraibuna, na escala de 1:2.000, foram usadas, assim como os mapeamentos pedológicos, litológicos e estruturais correspondentes ao município de Juiz de Fora.

Deste elenco informativo foram definidos os critérios a serem usados para uma escala adequada, dirigida ao planejamento e à gestão ambientais. São baseados nos quatro grupos de geoparâmetros citados acima, que para fins de mapeamento geomorfológico detalhado foram desmembrados em seis níveis operacionais:

- Primeiro nível — morfologia da feição. Ex.: Encosta.
- Segundo nível — morfometria da feição. Ex.: Encosta Convexa.
- Terceiro nível — controle estrutural ou climático. Ex.: Encosta Convexa Estrutural.

- Quarto nível — processos atuantes. Ex.: Encosta Convexa Estrutural Ravinada.
- Quinto nível — constituição do terreno. Ex.: Encosta Convexa Estrutural Eluvial Ravinada.
- Sexto nível — ocupação do solo. Ex.: Encosta Convexa Estrutural Eluvial Ravinada e Favelizada.

Todos os níveis referidos têm que ser integrados, a fim de se definirem realmente as feições geomorfológicas dirigidas a questões ambientais. É preciso ressaltar que a definição da feição geomorfológica representada em mapa depende da análise integrada daqueles seis níveis acima referidos. Para facilitar o entendimento de imediato deste método de mapeamento geomorfológico, no final de cada descrição correspondente ao nível, apresentado abaixo, é exemplificada mais uma vez a feição derivada de sua aplicação. Ou seja, para cada geoparâmetro considerado, vão sendo acrescentados gradativamente à terminologia (morfologia) da feição, correspondente ao primeiro nível, os produtos aplicados dos demais critérios, até encerrar a consolidação definitiva da terminologia da feição geomorfológica. Neste sentido, observa-se que, após a descrição do primeiro nível, são exemplificadas duas feições geomorfológicas, nas quais vão ocorrendo adjetivações correspondentes aos demais níveis, que vão seguindo até se concluir o nome da feição.

2.1.1. MORFOLOGIA DAS FEIÇÕES

É a identificação nominal da feição, ou seja, interflúvio, encosta, terraços etc. São traçadas as macro e mesofeições, preliminarmente, no mapa topográfico (escala 1:50.000), ampliado para a escala correspondente a 1:25.000, com o devido controle de campo e seguindo a configuração das curvas de nível. Este primeiro contato abrange desde o grupo de interflúvios, passando pelo grupo das encostas e áreas de contato, até chegar às áreas mais deprimidas, do grupo dos terraços, várzeas e depressões associadas. Exemplo: encosta, colina e terraço aluvionar.

2.1.2. Morfometria das Feições

Identificado o nome da feição geomorfológica, esta passa a ser tratada pela sua geometria, através do levantamento dos parâmetros morfométricos, altitude e declividade. Este critério foi fundamentado na classificação de RUHE (1975): encostas retilíneas, retilíneas-convexas, retilíneas-côncavas, convexas e côncavas. A soma da morfologia com a morfometria permite definir, realmente, a forma da feição geomorfológica, contribuindo, por exemplo, para o campo da Geotecnia. Exemplos: encosta retilínea, colina convexa, terraço aluvionar etc.

2.1.3. Controle Estrutural ou Climático

Definida a forma da feição, ela é interpretada segundo seus geoindicadores estruturais e climáticos, definidos pela ação pretérita dos eventos geológicos e dos ciclos climáticos. As imagens orbitais e fotos aéreas, o mapeamento litoestrutural e as observações no campo, todos conjugados, permitem compor o cenário morfoestrutural ou morfoclimático. Tem-se então geoindicadores, como os paredões de falhas mostrados pelas íngremes escarpas rochosas e a rede de lineamentos estruturais controlando a drenagem; quanto ao controle climático, outro leque de geoindicadores mostra os efeitos cíclicos de fases mais úmidas ou mais secas, como, por exemplo, o nivelamento dos topos colinosos aplainados e a sequência de terraços fluviais. Uma aplicação que merece ser lembrada quanto a questões urbanas é a contribuição para avaliação ambiental de áreas que apresentam potencial para mananciais hídricos. Este recurso é avaliado na área urbana e no seu entorno como em área rural, quer contaminado ou ainda conservado. São exemplos associados a mananciais hídricos: encosta retilínea de falha, colina convexa aplainada, terraço aluvionar subatual etc.

2.1.4. CONSTITUIÇÃO DO TERRENO

A forma, a geometria das entidades geomorfológicas, juntamente com seus eventos controladores, podem ser somadas com as suas constituições litológica e pedológica. A feição é agora vista, segundo o seu embasamento rochoso e/ou sedimentológico, bem como a sua cobertura pedológica. Este critério permite um maior detalhamento na análise do cenário geomorfológico, vindo a ser associado aos níveis anteriores. Mais detalhadamente: o tipo da estrutura corresponde ao tipo litológico e/ou pedológico; o geoindicador morfoclimático está vinculado ao tipo da constituição litológica sedimentar e pedológica. Este nível também permite contribuir para as questões urbanas, do tipo controle das enchentes, sobressaindo-se a impermeabilidade do terreno. Exemplo: encosta retilínea de falha rochosa, colina convexa aplainada eluvial, terraço aluvionar subatual arenosiltoso etc.

2.1.5. OCUPAÇÃO DO SOLO

Somado ao anterior, vem a definir a composição de superfície da feição geomorfológica, através da cobertura vegetal e do uso atual do solo. Este critério foi determinado pela sua significância à ocupação específica do terreno com relação a riscos ambientais, do tipo enchentes e deslizamentos/desmoronamentos. As ortofotos e observações em campo responderam à complementação da terminologia da feição geomorfológica. Exemplo: encostas retilíneas de falhas com afloramento rochoso, encosta convexa aplainada eluvial degradada, terraço aluvionar arenossiltoso cultivado etc.

2.1.6. PROCESSO OU GEODINÂMICA ATUAL E SUBATUAL

A geodinâmica espaço-temporal é vista através de geoindicadores componentes das feições, desenvolvidos e definidos pela ação conjunta de processos intempéricos, pedogenéticos, morfogenéticos e antrópicos pretéritos e atuais. São as ravinas, alinhamentos de seixos, esfoliação esferoidal, regolito, diáclases, assoreamento e muitos outros geoindicadores. Este nível permite que a feição geomorfológica seja vista através de sua dinâmica constante, dia a dia, desenvolvida e manipulada pelos citados processos, construindo e destruindo feições e/ou retrabalhando-as. As investigações sobre a geodinâmica dos processos expostos nas feições geomorfológicas e a elas associadas requerem estudos básicos, experimentais e aplicados. Para se definir o mapa temático "Processos" é preciso salientar que se mapeiam áreas onde atuam os processos e não a dinâmica dos fluxos de massa e energia. GOES (1994) mapeou a geodinâmica dos atuais municípios de Itaguaí e Seropédica, no estado do Rio de Janeiro, representado pelo mapa temático "Áreas de Processos Dominantes", constituinte da base de dados georreferenciada destes municípios, ou seja, de seu Inventário Ambiental. Exemplo: encosta retilínea de falhas com afloramento rochoso diaclasado, encosta convexa aplainada eluvial degradada e ravinada, terraço aluvionar areno-siltoso cultivado e irrigado etc.

2.2. PROCEDIMENTOS PRECONIZADOS

Os seis níveis acima apresentados permitem registrar a assinatura ou a caracterização, ou mesmo a singularidade da entidade geomorfológica. Para se consolidar a definição da feição e o seu mapeamento foi necessário seguir uma sequência de etapas metodológicas e técnicas, dispostas a seguir:

2.2.1. ELABORAÇÃO DO MAPA GEOMORFOLÓGICO

2.2.1.1. MAPEAMENTO PRELIMINAR: MAPA MORFOTOPOGRÁFICO

Trata-se da identificação preliminar das feições geomorfológicas com base na carta topográfica na escala de 1:50.000, possivelmente ampliada para uma escala correspondente a 1:25.000. Têm-se como elemento referencial para a identificação das feições a distribuição e a configuração das curvas de nível, desde a calha principal até o interflúvio. Para tal procedimento torna-se necessário o cuidado em observar os tipos de configurações das curvas de nível e associá-las à feição correspondente: simétrica, assimétrica, coalescente e espaçada, entre outras. Numa primeira instância são registrados os principais compartimentos geomorfológicos, como os grupos de interflúvios das encostas, das áreas de contato e das baixadas. Abaixo é apresentada uma síntese dessa associação morfotopográfica e exemplos de feições correspondentes.

- Curvas de nível fechadas e alinhadas ao longo de divisores de águas. Ex.: interflúvios estruturais.
- Curvas de nível fechadas e não alinhadas ao longo de divisores de águas. Ex.: interflúvios aplainados.
- Curvas de nível fechadas em baixadas. Ex.: colinas.
- Curvas simétricas coalescentes bem juntas. Ex.: escarpas de falhas.
- Curvas simétricas espaçadas. Ex.: encostas eluviais.
- Curvas assimétricas em encostas baixas. Ex.: encostas de tálus.
- Curvas assimétricas espaçadas em sopé. Ex.: rampa de colúvio.
- Curvas simétricas ou raras em baixadas. Ex.: terraços.

2.2.1.2. *Mapeamento Interativo*

Estando as pré-feições registradas no mapa preliminar, elas serão interpretadas com o apoio integrado e interativo de documentos de sensoriamento remoto, aerofotogrametria e de fotos convencionais e de investigações de campo. No caso da área de Juiz de Fora e seu entorno, na escala de 1:25.000. Para tal procedimento, as interpretações são processadas por observações e análises concomitantes entre os documentos.

2.2.1.2.1. *Sensoriamento Remoto*

- Ortofotos — Contribuem de maneira relevante para a identificação das feições no seu aspecto físico e antrópico, principalmente pela ocupação urbana. Foram usadas para o mapeamento geomorfológico aplicado para Juiz de Fora, na escala de 1:25.000.

- Imagens Landsat 7 — Podem ser analisadas em meio tanto analógico como digital. Pela variação da textura, facilitam a análise mais depurada das feições morfoestruturais e morfoclimática, e também a complexa distribuição dos multiusos.
- Imagens IKONOS — Facilitam a análise das feições principalmente na identificação de feições no seu aspecto natural.
- Fotos Aéreas — Quanto mais antigas, melhor a sua contribuição para a análise da realidade terrestre, ou seja, o aspecto ainda natural daquela feição de outrora, antes de sua ocupação antrópica. No caso de Juiz de Fora, foram selecionadas fotografias aéreas, na escala de 1:5.000, correspondentes ao corredor do Rio Paraibuna. Com este apoio, as recentes feições fluviais, fluviolacustres e colúvio-aluvionares foram identificadas com mais segurança e repassadas para a escala de 1:25.000.

2.2.1.2.2. SENSORIAMENTO REMOTO E GEOPROCESSAMENTO

Atualmente estão disponíveis imagens em 3D da NASA, Google-Earth e Wikimapia, as quais não foram usadas para o mapeamento geomorfológico aplicado de Juiz de Fora.

2.2.1.2.3. FOTOGRAFIAS CONVENCIONAIS

As feições geomorfológicas são analisadas através de seu momento atual, ou seja, registradas em fotos convencionais tiradas durante as investigações de campo.

2.2.1.2.4. INVESTIGAÇÕES DE CAMPO

Os resultados das campanhas de trabalho de campo dividem-se em quatro tipos de investigações:

- Rastreamento geral da área — Toda a área é observada com o apoio dos recursos de sensoriamento remoto.
- Cotejos de áreas duvidosas — Essas áreas são registradas no mapeamento preliminar morfotopográfico.
- Verificação dos mapeamentos temáticos — São mapas que irão complementar a integração dos registros acima apresentados e das investigações, como Litologia, Intensidade de Lineamentos Estruturais, Solos e Ocupação do Solo.
- Assinaturas ambientais — São assinaturas das áreas correspondentes a questões ambientais selecionadas, como, por exemplo, as enchentes, registradas no mapa básico topográfico por meio de planimetrias.

Estes procedimentos operacionais são necessários para a consolidação das categorias, quanto à sua estrutura e ocupação do terreno, como as estruturas geológicas, os contatos deposicionais e os tipos de ocupação.

2.2.1.3. MAPEAMENTO FINAL: MAPA GEOMORFOLÓGICO

É a fase da conclusão do registro das feições geomorfológicas, após a sua análise interativa com elementos técnicos de apoio baseados na aplicação dos quatro geoparâmetros morfológicos desmembrados em seis níveis, conforme descritos acima. Desta integração tem-se como resultado:

2.2.1.3.1. QUANTO AO REGISTRO DAS FEIÇÕES GEOMORFOLÓGICAS

Foram registradas 63 categorias na escala de 1:25.000 e resolução espacial de 10 metros.

2.2.1.3.2. QUANTO À APLICAÇÃO DOS GEOPARÂMETROS GEOMORFOLÓGICOS

Foram consolidados os seguintes grupos de feições:

- Quanto à morfologia:
  - Interflúvios
  - Topos
  - Encostas Serranas e de Colinas
  - Rampas
  - Terraços
  - Várzeas
  - Depressões
- Quanto à morfometria:
  - Retilíneas
  - Convexas
  - Côncavas
- Quanto ao controle geológico ou climático:
  - Encostas e Colinas Estruturais
  - Colinas Aplainadas
- Quanto à constituição geológica ou pedológica
  - Afloramento Rochoso
  - Tálus
  - Elúvio
- Quanto à cobertura vegetal:
  - Floresta Ombrófila Densa
  - Capoeira-Macega
  - Vegetação Herbácea
- Quanto à ocupação do solo:
  - Conservada — protegida pela cobertura florestal

Antropizada, representada por tipos de ocupações que podem induzir a riscos de deslizamentos/desmoronamentos e enchentes. São as feições ocupadas por: urbanização, instituições, indústrias, turismo, pastagens, cobertura vegetal (tipo Macega, Herbácea etc.), afloramento de rocha e solo degradado.

Exemplos: Encosta Convexa Urbanizada — Encosta Falhada com Afloramento do Solo — Terraço Colúvio — Aluvionar com Pastagem.

2.2.2. ASSINATURA GEOMORFOLÓGICA

Trata-se da caracterização das entidades geomorfológicas. No caso de Juiz de Fora, foram registradas 76 classes (**Quadro 1**). Pelo elevado número, estas unidades foram agrupadas em oito macrocompartimentos, como o grupo dos Interflúvios, por exemplo. Este abrange 16 tipos de Interflúvios, após a sua definição. Isto vai depender do uso gradativo dos geoparâmetros desmembrados nos seis níveis anteriormente mencionados. Portanto, as oito macroentidades geomorfológicas são assinadas quanto à planimetria, descrição da forma e constituição, geodinâmica, registros geológico ou climático dominantes e a situação antrópica, ou seja, obedecendo a sequência dos geoparâmetros.

Quadro 1 — Unidades Geomorfológicas

Unidades Geomorfológicas Mapeadas		
Classes de Geomorfologia Urbana e Periferia Rural Juiz de Fora - MG		
Interflúvio Estrutural Conservado	Topo de Colina Estrutural Conservado	Terraço Rampa de Colúvio Degradado em Vale Estrutural
Interflúvio Estrutural Rebaixado	Topo de Colina Antropizada	Cabeceira de Vale Estrutural
Interflúvio Estrutural Urbanizado	Encosta Estrutural Retilínea Conservada	Rampa de Colúvio Conservada
Interflúvio Estrutural com Indústria	Encosta Retilínea Degradada	Rampa de Colúvio Urbanizada
Interflúvio Estrutural Institucional	Encosta Retilínea com Vegetação	Terraço Colúvio Aluvionar Conservado
Interflúvio Estrutural com Pastagem	Encosta Retilínea com Pastagem	Terraço Colúvio Aluvionar Urbanizado
Interflúvio Estrutural com Vegetação	Encosta Estrutural Convexa Conservada	Terraço Colúvio Aluvionar com Pastagem
Interflúvio Estrutural Turístico	Encosta Convexa Urbanizada	Terraço Colúvio Aluvionar com Vegetação
Interflúvio Estrutural Degradado	Encosta Convexa com Indústria	Terraço Colúvio Lacustre
Interflúvio Aplanado Conservado	Encosta Convexa Degradada	Terraço Aluvionar Conservado
Interflúvio Aplanado Urbanizado	Encosta Convexa com Pastagem	Terraço Aluvionar com Pastagem
Interflúvio Aplanado com Indústria	Encosta Convexa com Vegetação	Terraço Aluvionar Urbanizado
Interflúvio Aplanado Institucional	Encosta Estrutural Côncava Conservada	Terraço Aluvionar com Indústria
Interflúvio Aplanado com Pastagem	Encosta Côncava Urbanizada	Terraço Aluvionar com Pastagem
Interflúvio Aplanado com Vegetação	Encosta Côncava com Indústria	Terraço Aluvionar com Vegetação
Interflúvio Aplanado Degradado	Encosta Côncava Degradada	Várzea Fluvial Conservada
Espigão Interfluvial Conservado	Encosta Côncava com Pastagem	Várzea Urbanizada
Espigão Interfluvial Urbanizado	Encosta Côncava com Vegetação	Várzea com Indústria
Espigão Interfluvial com Pastagem	Encosta de Talus Conservada	Várzea com Pastagem
Espigão Interfluvial com Vegetação	Encosta de Talus Urbanizada	Várzea com Vegetação
Espigão de Encosta Degradada	Colina Estrutural Isolada	Depressão Fluvio - Lacustre em Assoreamento
Espigão de Encosta Conservado	Colina Aplanada Urbanizada	Lago em Vale Fluvial
Espigão de Encosta Urbanizado	Colina Aplanada Degradada	Represa
Espigão de Encosta com Pastagem	Colina Aplanada com Pastagem	
Espigão de Encosta com Vegetação	Terraço Rampa de Colúvio em Vale Estrutural Conservado	

OBS: As classes se encontram dispostas em ordem morfoaltimétrica: dos interflúvios/topos à calha.

3. Caracterização Geomorfológica de Juiz de Fora e sua Área de Influência Imediata

O município de Juiz de Fora, no estado de Minas Gerais, ocupa uma área de 1.424km², em que o distrito-sede abrange uma área de 720,1km². De acordo com a Lei Municipal 6910/86, o distrito é dividido em Área Urbana, com 56% da área total, e Área Rural, e está localizado na Unidade Serrana da Zona da Mata, pertencente à região setentrional da Serra da Mantiqueira.

Juiz de Fora acha-se assentada sobre uma paisagem predominantemente morfoestrutural, refletida por alinhamentos de altos Interflúvios Estruturais, com altitude em torno de 1.100 metros, transitando para as Colinas Estruturais com um nível médio de 800 metros, até a baixada do Vale do Rio Paraibuna, com seus Terraços e Várzeas, em torno de 670 a 720 metros. Trata-se de um compartimento de altiplano dissecado, no qual há preservação de uma Superfície de Erosão original, testemunhada pelos topos coincidentes de Colinas Aplainadas. Pequenas desigualdades (100m²) altimétricas são constatadas entre blocos controlados por direções estruturais (NE/SW e N/S) ao longo das quais são registrados movimentos crustais associados a paredões rochosos (Escarpas de Falhas). Este quadro morfoestrutural configura uma situação preocupante para a ocupação urbana. Juiz de Fora, que foi inicialmente desenvolvida ao longo da baixada do Rio Paraibuna (cujos paleomeandros foram aterrados) e arredores, acha-se, portanto, situada em plano deposicional ajustado ao *graben* local/regional relativamente tranquilo quanto a deslizamentos e desmoronamentos, porém vulnerável com relação às inundações. Uma vez esgotadas a capacidade de absorção de edificações, houve a expansão da urbanização para as colinas e vales adjacentes, o que se verifica até hoje. Esta expansão tem que respeitar as condicionantes geomorfológicas estruturais para prosseguir sem maiores problemas.

4. Mapa Geomorfológico da Cidade de Juiz de Fora e seu Entorno

A proposta metodológica aqui lançada trata de uma contribuição a mapeamentos geomorfológicos em escala de semidetalhe a detalhada, de 1:25.000, com resolução de 10 metros, apresentando rica taxonomia registrada por 76 categorias geomorfológicas. Tem-se como produtos o Mapa Temático de Geomorfologia Urbana (**figuras 1a e 1b**), constituinte de uma base de dados criada para o município de Juiz de Fora (MG) e seu respectivo relatório, mostrado através de um quadro-síntese, correspondendo à Assinatura Geomorfológica das 76 categorias, que devido ao elevado número de classes são mostradas agregadas no próximo tópico, seguindo o padrão dos geoparâmetros definidores.

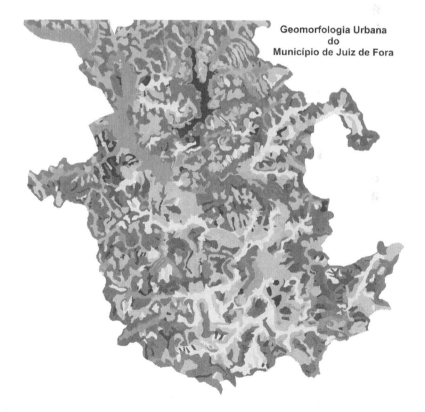

Figura 1a — Representação do Mapa de Geomorfologia Urbana de Juiz de Fora

Figura 1b — Representação da legenda do Mapa de Geomorfologia Urbana de Juiz de Fora. (Figura 1a)

5. ASSINATURA DAS ENTIDADES GEOMORFOLÓGICAS AGRUPADAS

A assinatura geomorfológica corresponde ao relatório científico gerado a partir da varredura dos dados geomorfológicos representados pelas 76 unidades ou categorias geomorfológicas registradas no mapa digital classificatório. Trata-se de um produto vinculado ao mapa básico ou aplicado, obedecendo aos seguintes itens, que serão aplicados a cada categoria: planimetria, descrição da forma, a sua constituição litológica/pedológica, eventos controladores, geodinâmica e finalmente a situação antrópica atual. Devido ao elevado número de categorias registradas, estas foram agrupadas em oito compartimentos geomorfológicos dominantes, a fim de se apresentar a assinatura. Convém lembrar que esta assinatura trata, no caso de Juiz de Fora, da caracterização geomorfológica voltada para as questões urbanas, em particular em relação às áreas de riscos de deslizamentos/desmoronamentos e enchentes. As referidas classes são apresentadas em função da conjugação gradativa dos seis níveis operacionais estabelecidos, ou seja, dos geoparâmetros apresentados anteriormente e utilizados para a investigação e mapeamento geomorfológico: morfologia, morfometria, controle geológico ou climático, constituição geológica ou pedológica, processos, cobertura vegetal e ocupação do solo. Convém lembrar que os mesmos foram desmembrados dos originais quatro grupos de geoparâmetros, ou seja: forma, composição, macroeventos e processos.

5.1. ASSINATURA DA MORFOLOGIA

A morfologia é a primeira apresentação nominal da feição geomorfológica. Nove tipos de morfologias foram definidos, apoiando-se a descrição de cada grupo de unidade geomorfológica no conceito do geoparâmetro morfologia. São elas: Interflúvios, Espigões Interfluviais ou de Encostas, Topos Serranos ou de Colinas, Encostas Serranas ou de Colinas, Colinas, Rampas, Terraços, Várzea e Depressões.

5.1.1. INTERFLÚVIOS

São as feições geomorfológicas consideradas divisores da drenagem de superfície, estando posicionadas em superfície de cimeira de serras e colinas. Ora são apresentadas como cristas estruturais alongadas e topos sequenciais, ora como formas mais aplainadas, produtos de processos erosivos. Pelo seu posicionamento geográfico com relação às demais feições distribuídas a jusante, apresentam-se como fonte receptora do fluxo pluvial. É aí, que se desencadeia todo o fluxo de água subsuperficial, por processo de infiltração, favorecido e condicionado pela presença florestal, considerada zona de recarga. No entanto, aqueles interflúvios não protegidos por uma cobertura vegetal densa irão acarretar um encadeamento descontrolado de fluxos superficiais de água e sedimentos. Este fato vem a interferir negativamente, logo adiante, em setores contíguos das encostas convexas ou retilinizadas, riscos de deslizamentos/desmoronamentos, intensificados pelo tipo de ocupação.

5.1.2. Espigões Serranos ou Colinosos

São prolongamentos interfluviais ao longo das encostas serranas e colinosas, derivados do "cinturão" dos interflúvios principais. Apresentam a mesma geodinâmica dos interflúvios.

5.1.3. Encostas Serranas ou Colinosas

Entidades morfológicas distribuídas desde seu limite com o domínio interfluvial até o sopé da encosta, podendo ser segmentadas como alta, média e baixa encosta. Devido ao seu posicionamento, são também fornecedoras ou receptoras de fluxos de água e de sedimentos. As encostas componentes das colinas apresentam uma significativa expressão territorial na área urbana de Juiz de Fora.

5.1.4. Colinas

Unidades morfológicas distribuídas em nível topográfico, inferior ao conjunto morfofotográfico serrano, associadas ou não, soldadas, contíguas ou isoladas. Destacam-se pela sua dominância na cidade de Juiz de Fora.

5.1.5. Calha de Vale

São curtas feições lineares associadas à configuração da calha fluvial e da cabeceira do vale. Vista pelo seu aspecto natural, a cidade de Juiz de Fora é bastante rica quanto à distribuição desta feição morfológica, equivalendo à drenagem de primeira ordem, desembocando praticamente na cidade. Isto pode representar uma área com estimativa de potencial hídrico, se ainda em estado conservado ou preservado. Hoje, a expansão da cidade nas encostas colinosas minimizou este fato, que será analisado nas categorias de ocupação do solo.

5.1.6. RAMPAS

São entidades morfológicas distribuídas em área de contato entre a encosta e a baixada, ao longo do sopé ou em áreas mais abrigadas.

Caracterizam-se por apresentar uma constituição coluvial proveniente do elúvio da encosta-fonte. São receptoras e armazenadoras do fluxo de água por escoamento ou por infiltração nos interflúvios e encostas.

5.1.7. TERRAÇOS

Este grupo está distribuído ao largo de baixadas, em que se destaca a baixada do Paraibuna, e ao longo dos vales, "espremidos" entre o sopé e a calha, como nos vales estruturais. Classificam-se nominalmente pela sua constituição e posicionamento com relação à encosta limitante.

5.1.8. VÁRZEAS

Áreas mais deprimidas, associadas à configuração original de baixadas significantes, como a da calha do Vale do Paraibuna. O posicionamento das várzeas está geralmente associado à drenagem atual e subatual, podendo se apresentar como largas áreas ocupadas ou assoreadas, como ao longo do corredor do Paraibuna, ou em pequenos trechos mais deprimidos nos vales baixos e médios.

5.1.9. Depressões em Assoreamento

Sua distribuição é também associada à original drenagem do Rio Paraibuna, correspondente aos meandros abandonados devido à dinâmica fluvial e à retilinização de parte da calha do rio, principalmente no perímetro urbano de Juiz de Fora. Em virtude deste fato, hoje os poucos locais com esta feição estão sempre em processo de assoreamento.

5.2. Assinaturas dos Geoindicadores Morfoestruturais e Morfoclimáticos

Aqui, as feições geomorfológicas são tratadas sob a perspectiva geológica e climática. Ou seja, isso significa que a sua concepção, origem e evolução estão aqui analisadas em função dos eventos estruturais e dos ciclos climáticos. Os eventos estruturais concebem o alicerce, em que vem a ser construído o embrião da feição geomorfológica, seguido do esculpimento gradativo da ação cíclica das fases mais secas e mais úmidas do clima, principalmente a partir do Pleistoceno. A origem e evolução são mostradas por geoindicadores, hoje expostos nas atuais feições geomorfológicas, somadas à atuação dos constantes processos naturais e antrópicos. Uma série de geoindicadores estruturais e climáticos monta o cenário morfoestrutural e morfoclimático, com suas feições especificamente dominantes.

Neste nível, os grupos de feições geomorfológicas apresentam o adicional estrutural ou climático ao geoparâmetro morfológico, que primeiro nomeou a feição. É o caso das seguintes feições: Interflúvios Estruturais ou Aplainados, Espigões Interfluviais Estruturais, Calha de Vale Estrutural, Encostas Estruturais, Colinas Estruturais ou Aplainadas e Terraços.

5.2.1. Estruturais

São feições morfoestruturais que apresentam geoindicadores que refletem a dominância do controle geológico, como falhamentos, dobramentos e a rede de lineamentos estruturais. A Geologia mostra o alicerce estrutural, e a Geomorfologia, seus geoindicadores, como as encostas íngremes, dominantemente rochosas, os padrões retilinizados da drenagem, controlando seus longos Vales Estruturais, a sucessão de altas colinas orientadas, refletindo dobramentos remobilizados, e as cristas serranas. A cidade de Juiz de Fora e sua área de influência, por exemplo, estão assentadas sob uma morfoestrutura dominantemente traduzida por escarpas adaptadas a falhamentos, colinas orientadas, vales estruturais alicerçados por *grabens* e lineamentos de falhas. Exemplo disso são as seguintes feições: Interflúvios Estruturais, Espigões Estruturais, Encostas Estruturais (adaptadas a falhas), Calhas de Vales Estruturais e Colinas Estruturais.

5.2.2. Climático

São feições morfoclimáticas que apresentam geoindicadores que refletem a dominância do controle climático. Como exemplo temos as seguintes feições: Interflúvios Aplainados, Colinas Aplainadas, Encostas de Tálus, Leques Aluviais e Terraços.

5.3. Morfometria

A forma da feição passa a ser analisada por parâmetros geométricos, como a declividade e a altitude. Seguindo o padrão estabelecido, é acrescentada à morfologia e ao tipo de controle a morfometria, como: Encosta Estrutural Retilínea, Encosta Estrutural Convexa e Encosta Estrutural Côncava.

Seguindo a sequência dos critérios determinados, estes são acrescentados às encostas das feições serranas e colinosas, estruturais ou aplainadas.

5.3.1. Retilínea

Corresponde a encostas com declive entre 70 e 90°, cujos traçados no plano horizontal podem estar associados a falhamentos, diaclasamentos e à forte resistência litológica. Estes três geoindicadores, estruturais, litológicos e processos intempéricos físicos são os principais elementos que integram a retilinidade das encostas. São feições que merecem atenção quanto à sua susceptibilidade e a riscos de movimentos de massa, devido à forte declividade, somada à sua constituição dominantemente rochosa.

A escarpa retilinizada ainda pode ser vista conforme a sua orientação frontal a fatores climáticos, principalmente a umidade, facilitando principalmente a atuação de processos intempéricos (diaclasamento e esfoliação esferoidal). A constituição rochosa, quando muito diaclasada, pode acarretar desmoronamentos de blocos e lascas. Acresce ainda que o tipo de ocupação a montante poderá minimizar ou maximizar os riscos de movimentos de massa.

Em Juiz de Fora tem-se vários exemplos pontuais, destacando-se entre eles a encosta serrana da vista do Morro do Cristo. Residuais destas ocorrências são registrados no sopé desta feição retilinizada, bem como mais a jusante, na área de contato entre a baixada do Paraibuna e a escarpa.

5.3.2. CONVEXA

Com maior expressão territorial, a convexidade domina nas encostas serranas ou colinosas. Um conjunto de geoparâmetros vem se somar à caracterização da morfometria convexa, como a constituição e cobertura vegetal, os processos dominantes que aí atuam, a estrutura geológica e o tipo de ocupação, influenciando negativamente na relativa estabilidade da encosta. Em geral são constituídas por elúvio, apresentando menor espessura do solo que as côncavas, podendo estar embasadas em subsuperfície por fraturamentos e diáclases, e em superfície por diferentes tipos de ocupação, principalmente pelo "alpinismo urbano". Processos morfogenéticos aí dominam, divergindo os fluxos de água e sedimentos para as abrigadas concavidades ao longo dos vales e suas cabeceiras, acarretando erosão do solo, ravinamentos e voçorocamentos ao largo e ao longo da encosta convexa. Se, no entanto, acha-se constituída pelos caóticos tálus e por maciços afloramentos rochosos diaclasados, a encosta convexa apresenta um estado apropriado para a ocorrência de movimentos de massa. No entanto, são menos agressivas que as encostas retilíneas.

A cidade de Juiz de Fora está espraiada dominantemente nas Encostas Convexas Eluviais, desde o Centro — área comercial e institucional —, passando pela área residencial de médio a alto poder aquisitivo, até culminar-se com o "alpinismo" das favelas, atingindo muitas vezes até o topo ou os interflúvios pontuais.

5.3.3. CÔNCAVA

Semelhante às anteriores, esta geometria apresenta um conjunto de geoparâmetros e geoindicadores que a caracterizam. Deste conjunto, no entanto, sobressai sua constituição eluvial. Essas áreas mais abrigadas pela circunvizinhança das encostas convexas ou retilinizadas são compartimentos receptores e convergentes do fluxo de massa e energia, que chegam permitindo a subida do nível de base local. Ou seja, os sedimentos aí aportados vão-se acomodando e aumentando a espessura do solo. A concavidade define a geometria de setores da encosta, como as cabeceiras ou nascentes de drenagem, e os altos e médios vales, podendo ser preservadas ou não em função do tipo de ocupação.

Na cidade de Juiz de Fora estes setores, infelizmente em sua maioria, já se encontram tomados pela ocupação urbana, a ponto de prejudicarem significativamente as nascentes dos curtos vales estruturais, correspondentes à drenagem de primeira ordem que desemboca, praticamente, na baixada do Vale do Rio Paraibuna, ou seja, na cidade.

5.4. ASSINATURA DAS CONSTITUIÇÕES LITOLÓGICA E PEDOLÓGICA

A constituição é considerada o geoparâmetro em que se assenta a vegetação e os multiusos antrópicos, como também em função da presença ou não destas "máscaras naturais e/ou antrópicas", da ação de processos intempéricos, pedogenéticos e morfogenéticos, através de seus geoindicadores.

5.4.1. *Constituição Litológica*

A constituição litológica rochosa ou sedimentar apresenta um conjunto de elementos estruturais e mineralógicos que irão definir cada tipo de rocha, dura ou mole. Desde as lineações e composição dos minerais, passando pela textura, morfometria, granulometria e outros litoparâmetros, até a sua apresentação em macroescala, como a dureza e o grau de cisalhamento, por exemplo. Todos estes elementos, somados, vão contribuir para a definição do tipo de constituição litológica. Em Juiz de Fora, convém lembrar, a variedade de formações deposicionais que se acomodaram no *graben* do Paraibuna desenvolvendo-se estratos diferenciados que foram subordinados e esculpidos durante as subatuais alternâncias climáticas. Hoje, as feições geomorfológicas do sistema de baixadas são embasadas por sedimentos, desde a fração arenosa até os finos, processadas e retrabalhadas por processos aluviais, lacustres e coluviais. São as expressivas várzeas, os descontínuos terraços registrando as migrações meandrantes e as pontuais depressões em assoreamento flúvio-lacustres. Com relação à constituição rochosa, esta se faz presente nos afloramentos rochosos integrantes principalmente das íngremes escarpas retilinizadas e também por tálus derivados dos primeiros, por movimentos gravitacionais. São áreas consideradas em permanente estado de alerta, devido à sua realidade ocupacional, ou seja, inserida ou próxima a fastos impactantes da expansão urbana.

5.4.2. *Constituição Pedológica*

Quanto à constituição pedológica, ou se trata de um produto derivado da rocha *in situ*, originando o elúvio, ou de um material transportado, o colúvio. Neste contexto, o perfil pedológico contribuinte para a definição da feição geomorfológica abrange os horizontes conhecidos, ou seja, corresponde à rocha matriz, a rocha apodrecida (saprólito, elúvio ou rochas alteradas), e ao material transportado, do tipo tálus e colúvio. Este perfil caracteriza solos específicos, como os neossolos (correspondente a rochas maciças, como os cambissolos, as rochas intemperizadas, como os latossolos, e os podizolissolos, derivados da rocha alterada *in situ*, diferenciados por geoindicadores pedogenéticos, como os planossolos e gleisso-

GEOPROCESSAMENTO APLICADO AO MAPEAMENTO E... 193

los, constituintes dos terraços aluvionares, do grupo dos *gleys*, dos orgânicos, derivados de estratos sedimentares finos e outros tipos de constituintes pedológicos.

5.5. *Ocupação do Solo*

Este último geoparâmetro aqui apresentado é o responsável pela consolidação da terminologia da categoria geomorfológica. Representa a cobertura vegetal e os multiusos do solo. As feições aplicadas a questões urbanas são aqui realmente definidas. Os critérios de ocupação do solo vêm preencher os requisitos relativos à vulnerabilidade da paisagem urbana, a problemas de riscos (enchentes e movimentos de massa), suas "ilhas" de proteção (reservas) e conservação e seus ainda existentes recursos potenciais (mananciais hídricos). De acordo com o perfil ambiental urbano ou rural, ou mais ainda, em função do tipo de aplicação voltada para a gestão territorial, são estabelecidas as classes de ocupação do solo. Convém aqui lembrar que os tipos de ocupação do solo podem ser analisados individualmente por geoprocessamento, mapeando-se e definindo-se portanto a sua localização, onde ocorre, as correlações espaciais, a sua situação pretérita, atual e tendencial (monitoramento), as condições ambientais levantadas pela assinatura dos planos de informação ou mapas temáticos que constituem a base de dados georreferanciada. São as avaliações de áreas com potencial para ecoturismo, por exemplo.

No caso da cidade de Juiz de Fora e sua área de influência imediata, foram definidas oito categorias, posicionadas a partir das classes antes definidas pela conjugação gradativa dos geoparâmetros morfológicos, morfoestruturais ou morfoclimáticos, processos morfométricos e constituição do terreno. Neste sentido, é apresentada a conjugação final das feições geomorfológicas aplicadas a questões urbanas, destacando-se exemplos daquelas mais relevantes, como, por exemplo: conservadas, urbanizadas, com indústria, com turismo, institucionais, com pastagem e solo degradado.

5.5.1. Conservadas

Quando a feição geomorfológica é protegida por densa cobertura vegetal conservada, como as matas, reservas, parques e fragmentos florísticos distribuídos na área rural de influência sem expressão territorial. São as Matas do Krambeck, da Fazenda da Floresta e do Distrito Industrial, as Reservas Biológicas Poços Dantas e Santa Cândida e o Parque Municipal da Lajinha. Devido ao elevado número de categorias o geoparâmetro "ocupação do solo" foram alocadas as suas respectivas feições geomorfológicas básicas.

Feições associadas: Interflúvios, Espigões Estruturais, Calha de Vale Estrutural (maior concentração), Encostas Estruturais Convexas e Côncavas, Encostas de Tálus e Terraços Colúvio — Aluvionar de Vale Estrutural (menor concentração).

5.5.2. Urbanizadas

As áreas urbanizadas, se ordenadas ou planejadas, ocupam geralmente os topos aplainados, as encostas eluviais, as rampas e os terraços. Caso contrário, espraiam-se em quase todos os tipos de morfologia com seus diferentes tipos de associações geoparamétricas. É o caso da cidade de Juiz de Fora, cujas áreas urbanas e/ou em urbanização ocupam a maior área entre as categorias do uso do solo. Espraiam-se nas altas encostas eluviais, nas significantes encostas côncavas por serem cabeceiras do rico adensamento de microbacias hidrográficas, "barrando" ou minimizando o natural fluxo de água ou baixando o lençol freático e também no largo corredor do Paraibuna e também nos estreitos Vales Estruturais. As feições associadas são: Encostas Convexas e Côncavas, Encostas de Tálus, Rampa de Colúvio e Terraços Colúvio — Aluvionar e Aluvionar.

5.5.3. Com Indústria

A maior concentração contínua está localizada na área periférica urbana Norte e Noroeste, próximo à BR-040. As feições associadas são: Encostas Convexas e Côncavas e Terraços Aluvionares.

5.5.4. Com Turismo

O turismo convencional ou ecológico exige um tipo peculiar de morfologia antropizada ou conservada. Dirigido à questão urbana, tem-se que observar os tipos de turismo que serão adaptados ao tipo da feição geomorfológica, conjugação esta bastante variada. Ora analisando-se a distribuição e o comportamento das feições geomorfológicas componentes da paisagem antrópica ou ecológica, através de seus elementos integradores, ou seja, seus geoparâmetros caracterizadores, associam-se ao tipo de turismo.

No caso de Juiz de Fora, o ecoturismo pode ser explorado nos locais de cotas altimétricas estrategicamente "debruçadas" para a cidade de Juiz de Fora ou para cenários cênicos ainda naturais. Como exemplo, convém citar o Morro do Cristo e a torre da EMBRATEL. As feições associadas são: Interflúvios Estruturais Serranos e Colinosos.

5.5.5. Institucionais

Destaca-se a Universidade Federal de Juiz de Fora, localizada na área propriamente urbana da cidade. Foi aproveitado principalmente o aplainamento natural de um interflúvio posicionado em área urbana. As feições associadas são: Interflúvio Aplainado (maior extensão) e Estrutural.

5.5.6. Com Pastagem

Ocupação que domina principalmente as Encostas Convexas e Côncavas, mais afastadas do meio urbano, caracterizadas por pastagens efetivas ou em degeneração, cedendo lugar à expansão de focos suburbanos ou substituídas pela Macega. No entanto, abrange setores distribuídos em quase todas as feições componente do ambiente de encostas. As feições associadas são: Interflúvios e Espigões Estruturais, Encostas Estruturais Convexas e Côncavas, Colina Aplainada, Terraços Colúvio — Aluvionar e Aluvionar e Várzea.

5.5.7. Solo Degradado

São feições que foram bastante usadas e abusadas em uso, principalmente para pastagem, extração mineral, áreas densamente urbanizadas e retirada de elúvio para aterro. Isto veio a facilitar os riscos de deslizamentos de terra. Estas áreas são registradas em mapa constituinte do Plano Diretor de Juiz de Fora. As feições associadas são: Interflúvios e Espigões Estruturais, Encostas Convexas e Côncavas.

5.6. Cobertura Vegetal

Trata-se de uma categoria de extrema importância pelas suas contribuições positivas e negativas, com relação à proteção do solo ou o desgaste. Contribui neste sentido para os estudos de geotecnia, por exemplo. Este plano de informação é somado ao de Geomorfologia, principalmente pelos seguintes fitoparâmetros: densidade e tipo da cobertura vegetal, e também profundidade das raízes. Da variedade de entidades ou feições florísticas devem ser registradas unidades desde a Floresta Ombrófila Densa, passando pela Macega, até a baixa Vegetação Herbácea.

No caso do mapeamento geomorfológico de Juiz de Fora, aplicado às questões urbanas, as feições florísticas surgem em quase todas as entidades geomorfológicas, principalmente reservas florestais ou como fragmentos florísticos. Apresentam-se com diferentes adensamentos de espécies, dos tipos Floresta Ombrófila Densa, Macega ou Vegetação Herbácea, por exemplo. Esta última pode indicar áreas de paleomeandros abandonados. Devido ao elevado número de entidades florísticas, a cobertura vegetal não foi detalhada para o mapeamento da Geomorfologia Urbana de Juiz de Fora, sendo nomeado o termo "com vegetação". As feições associadas são: Interflúvios e Espigões Estruturais, Encostas Estruturais Convexas e Côncavas, Encostas de Tálus, Colina Aplainada, Terraço Colúvio — Aluvionar ou Aluvionar, Várzea e Depressão em Assoreamento.

Para Juiz de Fora foram observadas as seguintes feições florísticas: Floresta Ombrófila Densa, Vegetação Arbórea — Arbustiva ou Macega, Vegetação Arbustiva — Herbácea e Vegetação Herbácea ou Hidrófita.

6. Conclusões

O mapeamento geomorfológico dirigido às questões ambientais atualmente está sendo bastante utilizado nos meios político-administrativo e acadêmico. Atende à Geologia e à Pedologia, à Hidrografia, entre outros ramos das Geociências, como também à Geotecnia, à Agronomia, à Engenharia Ambiental, à Botânica, entre outras. Acresce a este fato a sua contribuição, principalmente como um suporte para orientar os planos de ação e intervenção de uma gestão territorial. É o caso deste trabalho, que mostra toda uma metodologia de mapeamento geomorfológico aplicado à questão ambiental de caráter urbano, voltado para estimar as áreas de riscos de enchentes e desmoronamentos. No caso aplicado à cidade de Juiz de Fora e seu entorno foram registradas 76 entidades geomorfológicas.

A criação dos quatro grupos de geoparâmetros — forma, composição, macroeventos dominantes e processos — aplicados para mapeamentos geomorfológicos, básico ou aplicado dirigido a qualquer questão ambiental, torna-se fundamental para a definição e consolidação segura de feições geomorfológicas. Mais detalhadamente, a desmembração dos mesmos em seis níveis operacionais (morfologia, morfometria, constituições litológica e pedológica, geoindicadores morfoestruturais e morfoclimáticos, geoindicadores de processos naturais e antrópicos, cobertura vegetal e uso do solo), somados ao multiuso dos recursos, hoje facilmente disponíveis, como os de sensoriamento remoto, e também o controle em campo, permite mais segurança e eficiência para os procedimentos operacionais durante a elaboração de um mapa ou planos de informação geomorfológicos.

Por outro lado, o uso da técnica de Geoprocessamento como ferramenta de análise ambiental vem culminar neste contexto conceitual-metodológico. O plano de informação Geomorfologia Urbana, apresentado como exemplo, aplicado à cidade de Juiz de Fora e seu entorno, mostra apenas um módulo operacional do uso desta técnica. Este mapa temático, com suas 76 categorias ou entidades nominais, contribui diretamente para a avaliação de situações ambientais urbanas, como risco de enchentes, de movimentos de massa, áreas com potencial para expansão urbana e para mananciais hídricos, e muitas outras questões que necessitem ser definidas, avaliadas, monitoradas e controladas. Juntamente com os demais mapas temáticos de uma base de dados georreferenciada (BDG) criada para a área em estudo, no caso a BDG — Juiz de Fora.

O procedimento para a elaboração deste tipo de mapeamento merece atenção quanto ao uso concomitante dos quatro geoparâmetros estabelecidos e seus níveis operacionais com o uso recursos de sensoriamento remoto, de campo, culminando com a aplicação da técnica de Geoprocessamento, chegando-se a um produto de mapeamento final. Deste modo torna-se mais objetivo e seguro o uso do mapa temático digital Geomorfologia quando for necessário para fins dos procedimentos avaliativos para definir questões ambientais estratégicas e pertinentes, através de técnicas de apoio à decisão, associadas a métodos de Avaliação Ambiental, como o do SAGA/UFRJ.

7. Referências Bibliográficas

ARONOFF, S. Geographic information systems: a management perspective, 2. ed. Ottawa: WDL Publications, 1991. 294 p.

BONHAM-CARTER, G. F. Geografic information system for geoscientists: modelling with GIS. Ottawa: Pergamon (Computer Methods in the Geosciences, 13), 1993. 98 p.

DIAS, J. E.; GOMES, O.V.O.; COSTA, M.S.G.; GARCIA, J.M.P.; GOES, M.H.B. Impacto Ambiental de Enchentes sobre Áreas de Expansão Urbana no Município de Volta Redonda/Rio de Janeiro. *Revista Biociências*, v. 8, n.º 2, 2002, p. 19-26.

DIAS, J.E.; GOMES, O.V.O.; GOES, M.H.B. Áreas de Riscos de Enchentes no Município de Volta Redonda: Uma Aplicação por Geoprocessamento. *Revista Caminhos de Geografia*, v. 10, n.º 2, 2003, p. 13-25.

GOES, M.H.B. *Diagnóstico Ambiental por Geoprocessamento do Município de Itaguaí*. São Paulo: Instituto de Geociências e Ciências Exatas/Universidade Estadual Paulista Julio de Mesquita Filho, 1994. 529 p. (Tese.)

GOES, M. H. B. & XAVIER DA SILVA. Uma Contribuição Metodológica para Diagnósticos Ambientais por Geoprocessamento. In: X Seminário de Pesquisa sobre o Parque Estadual de Ibitipoca, Juiz de Fora. Juiz de Fora: Núcleo de Pesquisa e Zoneamento Ambiental da UFJF, 1996,. p. 13-23.

—————. *Diagnóstico Ambiental por Geoprocessamento do Município de Itaguaí (RJ)*. (Tese de Doutorado). Curso de Pós-Graduação em Geografia do

Instituto de Geociências e Ciências Exatas da UNESP, Rio Claro, 1994. 529 p.

GOES, M. H. D. B.; XAVIER DA SILVA, J.; RODRIGUES, A. F. e DIAS, J. E. *A Geomorfologia Urbana do Município de Juiz de Fora — MG — como apoio às avaliações de riscos ambientais*. V Simpósio Brasileiro de Cartografia Geotécnica e Geoambiental: Conhecimento do Meio Físico — Base para a Sustentabilidade. São Carlos: Suprema Gráfica Editora, 2004. 123-129 p.

RUHE, R.V. *Geomorphology*. Boston: Houghton Miffin, 1975.

XAVIER DA SILVA, J. Geomorfologia, Análise Ambiental e Geoprocessamento. *Revista Brasileira de Geomorfologia*, v. 1, n.1, 2000. p. 48-58.

—————. Geoprocessamento para Análise Ambiental. Rio de Janeiro: Edição do Autor, 2001. 228 p.

XAVIER DA SILVA, J. e CARVALHO FILHO, L. M. Sistema de Informação Geográfica: uma proposta metodológica. *Análise Ambiental: Estratégias e Ações — CEAD — UNESP*, 1993a, p. 329-346.

—————. *Sistema de Informação Geográfica: uma proposta metodológica*. IV Conferência Latinoamericana sobre Sistemas de Informação Geográfica e II Simpósio Brasileiro de Geoprocessamento. São Paulo: EDUSP, 1993b. p. 609-628.

CAPÍTULO 6

GEOPROCESSAMENTO APLICADO À DEFINIÇÃO DE ÁREAS PARA A INSTALAÇÃO DE USINAS TERMELÉTRICAS E SEUS PRINCIPAIS IMPACTOS E RISCOS AMBIENTAIS

Ivanilson de Carvalho Moreira
Jorge Xavier da Silva
Helena Polivanov
Maria Hilde de Barros Goes
Ricardo Tavares Zaidan

1. INTRODUÇÃO

Estudos formulados pela ELETROBRÁS (1993) no âmbito do Plano Decenal 1999-2008 apontam para um *deficit* crescente de demanda de energia elétrica no país. Este *deficit*, considerando-se apenas a região suprida pelo sistema interligado, Sul/Sudeste/Centro-Oeste, já era calculado em 11% no biênio 1998/99 e projetado para acima de 6% até o ano de 2006.

Frente a este quadro, o investimento em termelétricas urge como uma das principais alternativas para suprir a demanda do sistema energético brasileiro, associada a uma maior adequação da precária rede de transmissão do país. SANTOS (1999) afirma que além de representar um investimento de retorno rápido, a termeletricidade é uma tecnologia bastante difundida no âmbito internacional, o que a torna atraente para os investidores independentes de produção de energia elétrica.

O gás natural no Brasil está em grande ascensão como combustível para geração de energia elétrica. O que viabiliza tal crescimento é o gasoduto Brasil—Bolívia e as recentes descobertas de potenciais jazilíferos de gás na bacia de Santos-RJ e no litoral do Espírito Santo pela PETROBRAS.

Segundo o relatório apresentado por MINERAL e AGRAR (2000), o estado do Rio de Janeiro, ao mesmo tempo que é o maior produtor nacional de energia primária (petróleo e gás natural) e constitui a segunda economia (em termos de PIB e mercado consumidor) do Brasil, produz menos da metade da energia elétrica que consome. Por este e vários outros motivos, a instalação de um empreendimento termelétrico vem ao encontro dos interesses estratégicos do mesmo.

Segundo JÚNIOR e MOREIRA (1994), paralelamente às considerações técnicas e econômicas já usuais no planejamento do Setor Elétrico, são identificadas as potencialidades ambientais da região em estudo. Tal procedimento visa avaliar o nível de geração de energia elétrica possível a ser instalado diante das tecnologias de controle ambientais correspondentes. A identificação de potencialidades ambientais pode propiciar um menor impacto ambiental e tornar possível selecionar as áreas mais promissoras para a geração de energia elétrica.

O presente trabalho objetivou analisar os potenciais para a instalação de uma usina termelétrica no município de Seropédica (RJ), localizado na região sul fluminense, com a aplicação de um método de análise ambiental por Geoprocessamento, associado às suas condições de contorno, e buscou-se criar mecanismos que permitam obter maior consistência dos dados a serem utilizados e meios de validar as informações geradas através dos mesmos. Por fim, é também discutida a viabilidade do método e tecnologia aqui adotados como instrumento de apoio à tomada de decisão no planejamento energético.

2. *Aspectos Gerais*

2.1. *Localização de Indústrias: Um Enfoque em Termelétricas*

Tal discussão se faz tema de um amplo, complexo e evolutivo debate, que dentro de um contexto geral é análoga às levantadas em qualquer análise quanto à definição de uma localização industrial. PINTO (1997) diz que os primeiros estudos quanto aos fatores e critérios definidores dos locais mais propícios à localização industrial datam do século XIX, em que eram privilegiados o papel do transporte e a influência da disponibilidade de matérias-primas, do mercado, do capital e dos fatores físicos.

Ainda segundo PINTO (1997), atualmente fatores novos intervêm cada vez mais na localização das indústrias, por isso convém pesquisar os sistemas atuais de relações entre o espaço geográfico (o espaço povoado e previamente equipado) e as tendências ou possibilidades de localização reais.

O processo de definição da localização de indústrias e/ou usinas envolve uma série de fatores industriais e a oferta destes fatores pela região. Nesta etapa são normalmente realizadas análises ambientais, técnicas e econômicas das principais áreas propícias à localização industrial.

MAGRINI (1999), na realização de diagnósticos das zonas industriais da região metropolitana do Rio de Janeiro, levantou a hipótese de que os principais condicionantes para a expansão industrial da região seriam muito mais que os tradicionais fatores locacionais, como disponibilidade de mão de obra ou de matérias-primas e os aspectos ambientais e urbanísticos.

De acordo com FADIGAS (1999), o planejamento da instalação de termelétricas, além das análises referentes ao seu comportamento operativo quando integradas ao parque hidráulico, deverá também avaliar o desempenho, a localização e a atratividade econômica de tais usinas frente às condições do local, tais como: altitude, temperatura, umidade, disponibilidade de água; infraestrutura (oferta e meios de transporte de combustíveis, acesso às linhas de transmissão); emissões de poluentes (nível permitido de emissão de CO_2, SO).

GALVÃO et al. (1999) destacam que a análise convencional na definição do recurso energético a ser adotado não representa mais a melhor opção, pois atualmente o fator social e principalmente o ambiental estão recebendo muita importância, tanto por parte de governantes como da população em geral. Ainda segundo esse autor, há um novo paradigma do desenvolvimento sustentável, pelo qual devemos agora buscar uma abordagem que pondere adequadamente os diversos aspectos técnicos, ambientais, sociais e econômicos envolvidos, o qual é chamado de Planejamento Integrado de Recursos (PIR).

JÚNIOR e MOREIRA (1994) afirmam que os aspectos locacionais devem ser avaliados, bem como os efeitos térmicos e químicos da poluição sobre os recursos hídricos da região, verificando-se se a vazão do rio, mesmo em condições de estiagem, é suficiente para diluir os efluentes lançados, de forma a obedecer aos padrões de qualidade estabelecidos para a classe na qual o rio está enquadrado.

Como verificado por FADIGAS (1999), as variações no custo de investimento na instalação de uma termelétrica ocorrem devido à influência da temperatura e altitude do local visto que os demais parâmetros são mantidos constantes. Neste referencial, a potência total fornecida por tecnologias que usam turbina a gás, diminui com o aumento da altitude e temperatura do local.

2.2. Dos Principais Impactos e Riscos Ambientais Associados a Usinas Termelétricas

ROSA e SCHECHIMAN (1996) afirmam que no caso da instalação de termelétricas estão intrínsecos alguns riscos e impactos dos quais iremos citar e discutir alguns casos que ocorrem com maior frequência em usinas termelétricas de grande porte. Estes são de diversas ordens e magnitude, envolvendo várias fases dos respectivos processos industriais. Os principais riscos e impactos geralmente relacionados a tais termelétricas são:

- A liberação para a atmosfera de produtos da combustão CO_x e NO_x;
- A liberação de calor para a atmosfera devido às emissões de gases quentes, e, para o ambiente aquático, devido ao sistema de resfriamento do vapor d'água.
- As alterações na paisagem local e no relevo devido à instalação das torres de prospecção, do gasoduto, dos equipamentos de geração de energia e dos sistemas de controle.
- A possibilidade de ocorrência de vazamentos e acidentes no sistema de transporte, ocasionando a liberação de gases para a atmosfera.

As termelétricas independentes do tipo de combustível usado necessitam da água tratada em grau variável para sua operação, sendo que a água utilizada para a produção de vapor é desmineralizada. As impurezas concentradas e retiradas da água durante o tratamento também são objeto de atenção, bem como os produtos que intervêm no processo regenerativo dos trocadores iônicos da desmineralização.

Segundo JÚNIOR e MOREIRA (1994), o volume de água utilizado nos sistemas de resfriamento com circuito aberto é bastante grande, da ordem de milhares de metros cúbicos/hora, e a água é devolvida ao curso d'água aquecida de 3ºC a 8ºC, ocasionando um grau de poluição térmica que deve ser estudado. Já para o circuito fechado estes volumes são bem menos expressivos.

No caso da torre refrigeradora úmida, a água dos condensadores da usina a vapor é recirculada pelos tubos trocadores de calor instalados no interior de torres de resfriamento. Já para a torre seca são empregados bancos de ventiladores de tiragem para aumentar a velocidade do ar, aumentando a capacidade de refrigeração da torre e eliminando a utilização de água (ROSA e SCHECHIMAN, 1996).

Há certo volume de efluentes líquidos normalmente produzidos nestes sistemas, os quais são normalmente oriundos de descarga do sistema de tratamento da água, descarga da limpeza da caldeira, purga de equipamentos e drenagem em geral, descarga do sistema de água de resfriamento, entre outros.

As usinas termelétricas de grande porte que consomem gás natural em seus processos de geração geralmente têm acesso a tal combustível por meio de gasodutos. Estas estruturas de transporte geralmente atravessam regiões com diferentes características físicas e socioeconômicas. Evidencia-se assim a preocupação com as áreas urbanas caracterizadas pela alta densidade demográfica, inspirando cuidados especiais.

Em relação ao processo de instalação de termelétricas, normalmente são relacionados alguns riscos de contaminação do solo, da água ou da área no manuseio de determinados combustíveis. Também são comuns neste processo segundo JÚNIOR e MOREIRA (1994), alguns impactos socioeconômicos e culturais, como, por exemplo, a demanda de serviços públicos durante a construção, expectativa social e mobilização comunitária, insegurança da população na faixa de domínio do traçado do gasoduto, entre outros.

Outro fato importante quanto à instalação e operação de UTEs são os registros de ruídos e efeitos estéticos perceptíveis na área em que se instalou tal indústria. Estes são geralmente acarretados pela instalação e operação de uma termelétrica, mas apresentam-se como problemas de menor importância ambiental. No caso das térmicas a gás natural há um menor impacto estético, já que não se faz necessário estoque de combustíveis para a operação da usina.

Normalmente são caracterizados os impactos causados em operações industriais normais e em casos de acidentes. De acordo com BRIASSOULIS (1995), estas análises são realizadas geralmente em função da fisiologia, idade, ocupação ambiental, modelo de atividade e os hábitos do receptor humano. Os primeiros são difíceis de ser quantificados, são geralmente incertos, ao contrário dos impactos provocados por acidentes que, normalmente, são quantificados com certa facilidade, aplicando-se equações já definidas e que se baseiam em um padrão de aceitabilidade.

Contudo, vale destacar que as termelétricas que utilizam o gás natural possuem um risco de acidente normalmente bem menor em relação às demais.

2.3. Das Usinas Termelétricas RioGen e RioGen-Merchant

O início da pesquisa que resultou numa dissertação de mestrado de que foi retirado material para o corrente trabalho se deu em 1999. Logo no final do ano seguinte ocorreu um fato de alta relevância e estímulo à sua conclusão. O Departamento Comercial da Enron iniciou o desenvolvimento do projeto de instalação de uma termelétrica em Seropédica, a RioGen. Com a capacidade inicial prevista de 1.000 megawatts e programação para ser construída até outubro de 2003, já na ocasião recebia destaque por ser considerada de grande peso na matriz energética do estado do Rio de Janeiro. Na mesma área em que se propunha tal instalação foi aprovada a instalação de uma outra, de menor porte. Trata-se da RioGen-Merchant, com uma produção de 350 megawatts e que iniciou sua operação em setembro de 2001.

Os critérios definidos para a investigação de alternativas locacionais destas usinas termelétricas citados em seus EIA/RIMAs são principalmente:

• Disponibilidade durante todo o ano de água em quantidade suficiente e qualidade aceitável.

- A existência de padrões de qualidade do ar e preocupação ambiental.
- Distância para linhas de transmissão existentes e subestações, com rotas que sejam aceitas pelo licenciamento ambiental.
- Possibilidade de as linhas de transmissão e subestações existentes aceitarem e distribuírem a carga elétrica a ser adicionada.
- Facilidade de recebimento de combustível.
- Baixa probabilidade de inundação da área, baseada em informações históricas e dados topográficos.
- Condições geotécnicas favoráveis.
- Localização de residências e outras áreas sensíveis, tais como sítios históricos, instalações militares, sítios arqueológicos, espécies ameaçadas de extinção ou áreas protegidas e parques em relação ao sítio selecionado.
- Zoneamento industrial da área selecionada, ou disponibilidade de reclassificação do zoneamento, se a área não for de uso industrial.
- Facilidade de acesso ao local, sem causar distúrbios desnecessários aos centros populacionais durante as atividades de construção e o transporte de grandes equipamentos.
- Disponibilidade e proximidade do terreno com as necessidades operacionais e de suporte requeridas, tais como combustível, aterros, manutenção especializada etc.
- Infraestrutura requerida externamente ao local do projeto.

O projeto da UTE RioGen (MINERAL e AGRAR, 2000) previu que esta viria a ser de ciclo combinado utilizando dois grupos geradores com turbinas a gás do tipo industrial, equipamentos com resfriadores evaporativos, grupos geradores com turbinas a vapor e caldeiras de recuperação com queima suplementar, totalizando uma capacidade instalada de aproximadamente 1.000 megawatts. Esta seria instalada em um ambiente em que a temperatura varia de 9ºC a 43ºC. As turbinas a gás foram projetadas para utilizar gás natural como combustível principal e capacidade de queima de óleo diesel em emergências.

Também fora estimado que a usina operasse apenas $1^{1/2}$ dia/ano com óleo diesel. A emissão de NO_x pela usina RioGen foi considerada equacionada pelo fato de ela utilizar como combustível o gás natural e também pela utilização de um sistema de combustores Low-NO_x. Esta usina necessita de aproximadamente 1.600m³/h de água a ser captada do Rio Guandu, dos quais cerca de 320m³/h são devolvidos ao rio após tratamento adequado.

Consta ainda no relatório acima referido que a RioGen-Merchant apresentaria potência nominal de 355 megawatts, usando oito geradores de alto rendimento de turbina a gás (GTG) configurados em operação de ciclo simples. O combustível primário é o gás natural. Não apresenta provisões para combustível secundário. Cada unidade seria equipada com um sistema de entrada de ar mecanicamente refrigerado para aumento de energia e um sistema de injeção de água para redução de NO_x. Um sistema de desmineralização produziria água para injeção de retirada de NO_x na turbina (~108m³/h).

Tal projeto inclui um resfriador e torre de refrigeração para cada turbina. Os refrigeradores de óleo lubrificante da turbina são esfriados por meio de um circuito fechado de refrigeração e ventiladores para dispersão do calor. Há, também, um suprimento adicional de água para a torre de resfriamento, porém com nível de exigência de pureza menos rigoroso (~138m³/h). Deste, a quantidade de água oriunda de purga que vai para o Rio Guandu é de 22,7m³/h.

Também segundo este relatório, o gás seria fornecido a ambas UTEs por meio de um novo traçado de gasoduto que ligará a *city gate* de Japeri à área correspondente. O combustível principal da usina seria o gás natural, sendo este entregue nos limites da bateria da usina em alta pressão (35 bar). A RioGen teria um consumo de 4,68 milhões de m³/dia de gás natural. Todavia, esta utiliza ainda combustível para emergências, neste caso óleo diesel, que seria armazenado na usina em tanques apropriados. Já a RioGen-Merchant, com menor porte e ciclo simples de combustão, consumiria um volume de gás da ordem de 2,82 milhões de m³/dia.

O óleo diesel a ser utilizado pela RioGen seria levado até a usina em caminhões-tanque e descarregado nos tanques de armazenamento por meio de conexões localizadas na estação de descarga e bombeamento. A usina contaria com três tanques para estocagem de óleo diesel, sendo dois com capacidade de 3.220m³ cada para armazenagem de óleo bruto e um com capacidade de 760m³ para o óleo filtrado. O consumo de óleo para funcionamento a plena carga é de 200m³/h, sendo a estocagem acima apresentada suficiente para três dias na fase I (500 megawatts) e 1 1/2 dia na fase II (1.000 megawatts).

Logo ao limite do referido terreno passam linhas de transmissão da LIGHT (138kv) e FURNAS (500kv), sendo, assim, outra vantagem sob os pontos de vista técnico, ambiental e econômico. Para a RioGen foi definido que sua energia produzida seria distribuída através de ambas as linhas em um ponto em que seria construída uma rede de ligação entre a usina e as duas linhas de transmissão de energia elétrica. Já a RioGen-Merchant utiliza apenas a linha de transmissão da LIGHT.

3. *METODOLOGIA*

3.1. *LEVANTAMENTO AMBIENTAL: BASE DE DADOS*

Foram coletados dados que constituem uma série de mapeamentos temáticos, base de dados. Estes dados são produtos de etapas de campo e laboratoriais para a atualização dos dados e/ou compilação e conversão para o formato empregado pelo sistema de análise SAGA.

O levantamento de todos os dados se deu por etapas, que incluíram a transcrição em poliéster e posterior entrada de dados por geoprocessamento. Para alguns dados e modelos existentes foi adotada uma sequência de procedimentos computacionais que permitiu chegar a um formato compatível ao sistema adotado. Uma etapa de cotejo destes dados para levantar sua consistência e mínima precisão cartográfica foi realizada através de novos levantamentos de campo.

Também foram realizados levantamentos de campo para atualizar o mapa de uso do solo e cobertura vegetal, realizar assinaturas ambientais e definir para quais condições ambientais deveria ser realizado o procedimento de monitoria. A realização destes levantamentos de campo foi precedida de interpretações utilizando imagens por satélite e cartas topográficas do IBGE (*folhas Paracambi, Piraí, Itaguaí* e *Santa Cruz*).

Alguns parâmetros de proximidade (p. ex.: proximidade do Rio Guandu, linhas de transmissão, entre outros) foram gerados através da delimitação de áreas de influência, *buffers*, ao entorno de determinadas entidades. Estas proximidades foram definidas em função da importância das respectivas variáveis aos fenômenos avaliados. Foi traçada uma sequência de polígonos da menor à maior proximidade de forma a destacar seu raio de influência. Para a edição destes dados foi aplicada a técnica de vetorização semiautomática, pela qual foram criadas áreas de *buffers* através do vetor correspondente a cada classe anteriormente criada.

Todas as etapas de Geoprocessamento (entrada de dados) foram realizadas utilizando-se os módulos operacionais do SAGA/UFRJ (XAVIER DA SILVA, 1993 e 2001), os quais são baseados em procedimentos computacionais que permitem o processamento dos dados convencionais para a forma digital em formato *raster*.

A base de dados foi composta pelos parâmetros: uso do solo e cobertura vegetal de 1993 e 2001, altitude, declividade, geomorfologia, geologia, solos, isoietas 1935-1970, sensibilidade hídrica, topoclimático, proximidade de áreas urbanas, expansão urbana, institucionais e recreação (AUEUIR), autoestradas, estradas não pavimentadas de tráfego permanente, outras estradas pavimentadas, ferrovia, linha de transmissão de energia elétrica, estradas não pavimentadas de tráfego periódico, gasoduto, Rio Guandu, fonte de combustível e rede de drenagem.

Alguns dados foram criados por meio de simulações da existência de certas entidades com o intuito de criar condições fictícias para melhor analisar a influência de uma possível realidade na definição do potencial para a instalação de uma usina termoelétrica. Assim foi simulada a existência de traçados de gasodutos, novas áreas de fonte de gás e linhas de transmissão.

Para avaliar o potencial para a instalação da termelétrica foram realizadas duas assinaturas. A primeira, da área da termelétrica RioGen-Merchant (ciclo simples), a qual encontra-se instalada em uma área de aproximadamente 5ha. A segunda trata-se da área indicada para a instalação da termelétrica RioGen (ciclo composto), com aproximadamente 17ha. Na **Figura 1** é apresentado um cartograma com estas assinaturas e todas as demais realizadas para a avaliação de fenômenos importantes na demarcação das áreas para a instalação de UTEs.

Com a realização das referidas assinaturas das UTEs verificou-se que tais áreas se dispõem em locais com pastagem, planície aluvionar de cobertura e próximas a antigas áreas de extração de areia. São distribuídas por áreas com solo do tipo gleissolo discriminado associadas a locais planos de baixíssima altitude e declividade. Estão situadas a até 1.000 metros das

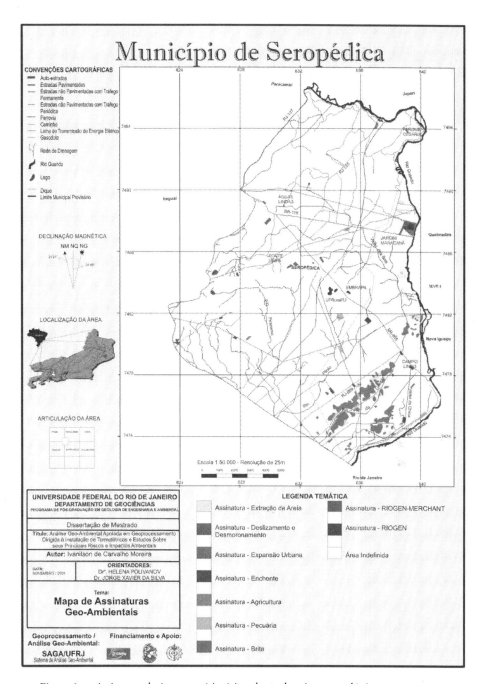

Figura 1 — Assinatura de áreas propícias à instalação de usinas termelétricas

áreas urbanas e de autoestradas, assim como a uma distância superior a 5km das estradas pavimentadas e não pavimentadas de tráfego permanente. Localizam-se também até no máximo 1.000 metros do Rio Guandu e até 2.000 metros das principais redes de drenagem. Estão no máximo a 1.000 metros das linhas de transmissão de energia elétrica e 2.000 metros dos gasodutos, sendo que a fonte de gás está a 10.000 metros. Tais áreas são tidas como de baixa sensibilidade hídrica e como pertencentes a uma zona de dispersão moderada-alta, segundo os modelos de sensibilidade hídrica e topoclimático.

Em benefício das avaliações ambientais, foram desenvolvidas monitorias de entidades que sugerem maior correlação com sua origem e/ou evolução. Estas possíveis correlações foram inicialmente observadas em campo e, assim, definidas as entidades que viriam a realizar monitorias por geoprocessamento da sua evolução no período de 1993 a 2001. Algumas informações obtidas e utilizadas nesta pesquisa serão aqui apresentadas, contudo, para se obter maiores detalhes sobre cada monitoria realizada e suas correlações a determinadas avaliações, poderão ser obtidas em MOREIRA (2002).

Por fim, há de se afirmar que a base de dados empregada não é considerada totalmente completa para a definição de áreas para a instalação de usinas termelétricas. Sabe-se que para isso, o quadro avaliativo normalmente envolve maior complexidade, relevando também fatores de ordem socioeconômica e política. No entanto, este inventário mostrou-se bastante plausível para estimar a potencialidade deste município para a instalação de UTEs sob o ponto de vista geo-ambiental e apresentar indicadores de viabilidade técnica, ambiental e econômica.

3.2. A ANÁLISE AMBIENTAL POR GEOPROCESSAMENTO

Segundo XAVIER DA SILVA (1999), a análise ambiental sob uma perspectiva sistêmica se dá quando qualquer entidade percebida pode ter seus limites de ocorrência examinados e eventualmente definidos, ser decomposta em partes componentes, ter investigadas as relações funcionais que interligam suas partes componentes e consideradas, também, suas relações com outras entidades e eventos externos. Esta análise, para investigações, constitui a base para o entendimento da entidade ambiental, em termos de sua constituição, funcionamento e possível inserção em estruturas que a contenham.

Alguns conceitos indispensáveis ao entendimento do método de análise por Geoprocessamento são aqui apresentados. O primeiro, a planimetria, é uma técnica de Geoprocessamento que permite identificar a extensão territorial de ocorrências. Na presente pesquisa esta técnica é utilizada na fase inicial de levantamento de dados para obter informações sobre a distribuição espacial, para obter informações sobre assinaturas e monitorias ambientais e, por fim, na análise das condições e situações ambientais das áreas definidas como de maior potencial para a instalação de UTEs.

Uma assinatura ambiental consiste na demarcação de pequenos polígonos em uma carta topográfica, registrando em campo amostras do fenômeno ambiental a ser avaliado. Estes registros foram pontualmente demarcados com auxílio de um GPS e demarcados num mapa topográfico. Através destes registros são então realizadas consultas ao inventário ambiental (base de dados) sobre as características ambientais onde os mesmos foram demarcados. Tal procedimento foi executado através do módulo de assinatura ambiental do SAGA/UFRJ.

De acordo com XAVIER DA SILVA op. cit, o apoio à decisão sobre problemas ambientais não se pode basear apenas na informação sobre ocorrências territoriais; esta é a dimensão espacial do fenômeno ambiental. É preciso obter conhecimento sobre a evolução, ou seja, sobre a variação, no tempo, dos fenômenos territorialmente expressos. Registros sucessivos de fenômenos ambientais, utilizando taxonomias correspondentes, podem ser usados para o acompanhamento da evolução territorial de processos e ocorrências de interesse.

Neste sentido, foram desenvolvidas monitorias das entidades que, se entendia, tinham maior correlação com os fenômenos avaliados, tendo estas sido definidas em pesquisa de campo. Tais informações foram obtidas por meio de monitorias específicas de classes oriundas do parâmetro Uso do Solo e Cobertura Vegetal no período de 1993 a 2001. Para a realização deste procedimento foi utilizado o módulo de monitoria do SAGA/UFRJ.

Um conjunto de investigações foi realizado sobre vários fenômenos que se julgava serem importantes no trato da definição dos potenciais para a instalação de UTEs. Tais dados e informações poderão ser obtidos mais detalhamente em MOREIRA (2002).

3.3. Avaliações Ambientais

O mapeamento de uma avaliação é uma expressão territorial da estimativa feita, prevendo, portanto, o que ocorrerá, onde, em que extensão e próximo a que (XAVIER DA SILVA, 1990).

Para a realização das avaliações propostas foi adotada uma estrutura integradora e classificatória em que os dados ambientais obtidos em escala ordinal, nominal, intervalo e razão são convertidos em uma escala ordinal. Para isto, foi empregado o módulo SAD — Sistema de Apoio à Decisão, SAGA/UFRJ (XAVIER DA SILVA, 1993 e 2001). Através deste módulo são estimados por meio da definição de valores avaliativos dando pesos de 0 a 100 aos parâmetros ou planos de informação e notas de 0 a 100 às respectivas classes ou legendas dos parâmetros relevados em cada avaliação.

O algoritmo aplicado pelo SAGA em uma estrutura matricial é:

$$\text{Aij} = \sum_{K=i}^{\eta} (PK\chi NK), \text{ onde:} \qquad (1)$$

Aij = Célula qualquer da matriz;

K   = parâmetro envolvido;

η = Número de parâmetros envolvidos;

P   = Peso atribuído ao parâmetro, transposto o percentual para a escala de 0 a 100;

N   = Nota na escala de 0 a 100, atribuída à categoria encontrada na célula.

Para XAVIER DA SILVA (1992), a integração numérica entre os "pesos" e "notas" dados aos parâmetros e classes pode ser feita a partir das categorias de cada parâmetro singularmente registrado em cada unidade territorial de integração dos dados, unidade esta que compõem a base de dados sob análise. Disto resulta, uma vez adotado um algoritmo conveniente, que a contribuição máxima para a ocorrência do evento ambiental estimada para as categorias com nota máxima será limitada pelo uso do peso relativo ao parâmetro correspondente.

Utilizou-se para realização das avaliações a base de dados acima apresentado. Para cada parâmetro que a compunha foram atribuídos pesos e notas sob três perspectivas: analítica, empírica e analítica *versus* empírica.

A primeira, fruto do conhecimento analítico e teórico; a segunda, baseada em correlações diretas das planimetrias, assinaturas e monitorias, e a última, por correlação dos pesos e notas atribuídos nas anteriores. Os detalhes de cada processo de definição dos pesos e notas nas diferentes avaliações realizadas são detalhadamente descritos e analisados quanto a seu grau de aplicabilidade em MOREIRA (2002). No corrente trabalho daremos enfoque às investigações, hipóteses levantadas, argumentos técnicos e ambientais na avaliação dos potenciais para instalação de UTEs.

Contudo, há de se enfatizar que por ser inviável executar uma só avaliação com todos os dados tidos como importantes a cada avaliação, optou-se por desenvolver primeiro uma avaliação com os dados naturais e, posteriormente, com os antrópicos. Em posse dos resultados de cada avaliação realizou-se uma nova, convergindo tais informações na definição de um resultado final. As respectivas notas foram mantidas e a ordem, estabelecida na avaliação precedente, de forma a não interferir na mesma ordenação.

O principal interesse de tais procedimentos é buscar maior amparo na definição dos níveis de possibilidade de ocorrência do fato e fenômenos em foco, apontando critérios que permitam amenizar o grau de subjetividade geralmente comum em pesquisas deste âmbito. Busca-se assim levantar a importância de cada parâmetro em determinada avaliação por meio da relevância direta das suas entidades para cada fenômeno avaliado. Não há uma definição da importância de um ou outro parâmetro sem se atentar para sua realidade na área pesquisada.

Outro critério adotado na corrente pesquisa foi o de determinar níveis de consistência para os resultados finais obtidos em cada avaliação. Para isso foram realizadas coletas de ocorrência mais recentes e em locais diferentes das assinaturas anteriormente realizadas para os fenômenos avaliados, permitindo definir um grau de consistência (validação) dos resultados obtidos pelas respectivas avaliações. Foi considerado resultado aceitável as avaliações que apresentaram pelo menos 70% das respostas obtidas com níveis iguais ou superiores a 7 nestes novos registros.

Com o desenvolvimento das avaliações, foram obtidos cartogramas classificatórios constituídos por até 101 classes ordenadas. Tais resultados compreendem uma faixa ordinal bastante extensa e de difícil manuseio prático, sendo esta então simplificada para 10 níveis. Tais níveis foram

216 GEOPROCESSAMENTO & MEIO AMBIENTE

definidos segundo intervalos de acordo com o ordenamento já estabelecido pelo processo de avaliação (**Figura 2**). Tal procedimento se mostrou
mais eficiente entre os experimentados, permitindo definir, sem interferência de percepções viciadas, as distintas situações ambientais, possibilitando assim hierarquizá-las segundo seu grau de relevância.

Nota	Nível	Nota	Nível
0-10	1	51-60	6
11-20	2	61-70	7
21-30	3	71-80	8
31-40	4	81-90	9
41-50	5	91-100	10

Figura 2 — Quadro demonstrativo das relações definidas entre notas obtidas pelas avaliações e os níveis admitidos para intervalos distintos

4. RESULTADOS

São aqui apresentados os argumentos para defesa de cada avaliação do
potencial para instalação de uma usina termelétrica de grande porte.
Foram realizadas cinco avaliações quanto ao potencial do município de
Seropédica para a instalação de UTEs. Nas **figura 3a e b** apresenta-se uma
síntese de todos os dados e respectivos pesos e notas dessas avaliações.

4.1. AVALIAÇÃO ANALÍTICA — RIO GUANDU

O parâmetro Proximidade do Rio Guandu foi um dado de crucial
relevância para definição dos potenciais para tal ocupação. Tal fato é advo-
gado uma vez que este dado representa a fonte de água indispensável para
a instalação de tal empreendimento. Este rio, dentre os que passam por
este município, possui as melhores condições para manter tais UTEs, tanto sob o ponto de vista qualitativo como quantitativo. Desta forma, dentre os dados naturais, este foi o parâmetro que recebeu maior destaque.
Suas classes de menor proximidade receberam as maiores notas, exceto as
pertencentes às faixas ambientalmente protegidas.

		Levantamento Ambienta			Prospecção Ambiental								
					Avaliação do Potencial para Instalação de Termelétrica no Município de Seropédica – RJ / 2001								
Parâmetro	Classes %	Assinatura Geo-Ambiental (Natural)			Analítica A		Analítica B		Analítica C		Empírica		Axé	
		1	2		P	N	P	N	P	N	P	N	P	N
Uso do Solo e Cobertura Vegetal Atual – 2001	Vegetação de Padrão Ecológico de Mata Atlântica	2,7	-	-	8	01	8	01	8	01	1	01	5	01
	Vegetação Herbácea e Sítios Rurais	16,0	-	-		30		30		30		01		17
	Vegetação Herbácea Hidrófila	1,6	-	-		10		10		10		01		06
	Reflorestamento	2,9	-	-		01		01		01		01		11
	Afloramento de Rocha	3,7	-	-		01		01		01		01		01
	Solo Exposto	0,1	-	-		01		01		01		01		01
	FLONA	1,8	-	-		01		01		01		01		01
Uso do Solo e Cobertura Vegetal -1993	Vegetação de Padrão Ecológico de Mata Atlântica	3,3	-	-		-		-		-		-		-
	Vegetação Herbácea e Sítios Rurais	18,3	-	-		-		-		-		-		-
	Vegetação Herbácea Hidrófila	1,9	-	-		-		-		-		-		-
	Reflorestamento	2,5	-	-		-		-		-		-		-
	Afloramento de Rocha	3,7	-	-		-		-		-		-		-
Geomorfologia	Borda Dissecada de Planalto Estrutural	13,4	-	-	18	01	18	01	18	01	8	01	13	01
	Patamar Dissecado em Colinas e Vales Estruturais	0,8	-	-		01		01		01		01		01
	Encostas de Tabus	0,8	-	-		01		01		01		01		01
	Colinas Estruturais de Piemonte	7,2	-	-		01		01		01		01		01
	Colinas Aplainadas/Depressões Assoreadas	17,2	18	-		65		65		65		25		53
	Colinas Isoladas / Ilhas Estruturais	0,6	02	-		50		50		50		25		42
	Rampas de Colúvio	6,3	-	-		60		60		60		01		36
	Planície Colúvio-Aluvionar	31,8	-	-		70		70		70		01		44
	Planície Aluvionar de Cobertura	21,4	80	100		55		55		55		100		91
	Planície Fluvio Lacustre Deltaica	0,6	-	-		50		50		50		01		30
Geologia	Migmatito	25,3	-	-	6	60	6	60	6	60	4	01	5	37
	Granito	16,4	02	-		70		70		70		25		56
	Granitoide Acizentado Granatífero	1,3	-	-		40		40		40		01		23
	Granitoide Acizentado com Migmatito	0,3	-	-		50		50		50		01		30
	Biotita Ganaisse Porfimblastico	1,3	-	-		01		01		01		01		01
	Biotita Anfibolito Granada Granito	0,4	-	-		01		01		01		01		01
	Depósito Colúvio-Aluvionar	34,4	14	-		60		60		60		25		47
	Depósito Aluvio-coluvionar e Aluv. subatual	17,3	-	-		50		50		50		01		30
	Depósito Orgânico	2,4	-	-		01		01		01		01		01
	Depósito Aluvionar	0,9	84	100		30		30		30		100		81
Solos	Podzólico 1	26,1	06	-	15	75	15	75	15	75	3	25	9	59
	Podzólico 2	2,5	-	-		30		30		30		01		17
	Cambissolo 1	6,9	-	-		01		01		01		01		01
	Cambissolo 2	6,1	-	-		01		01		01		01		01
	Litossolo	0,3	-	-		01		01		01		01		01
	Planossolo	41,8	23	09		65		65		65		50		61
	Gley Húmico	6,7	-	-		01		01		01		01		01
	Gley Pouco Húmico	3,0	-	-		01		01		01		01		01
	Gley Indiscriminado	5,8	71	91		01		01		01		100		67
	Solo Semi-orgânico	0,2	-	-		01		01		01		01		01
	Solo Aluvial	0,9	-	-		10		10		10		01		06
Altitude	0 a 40 m	67,6	100	100	10	100	10	100	10	100	21	100	15	100
	40 a 80 m	19,0	-	-		80		80		80		01		51
	80 a 120 m	4,5	-	-		60		60		60		01		36
	120 a 160 m	2,6	-	-		40		40		40		01		23
	160 a 200 m	2,2	-	-		20		20		20		01		11
	200 a 320 m	3,3	-	-		10		10		10		01		07
	320 a 400 m	0,7	-	-		01		01		01		01		01
	400 a 520 m	0,1	-	-		01		01		01		01		01
Declividade	Declividade >40%	0,8	-	-	9	01	9	01	9	01	16	01	12	01
	Declividade 20-40%	12,2	-	-		10		10		10		01		06
	Declividade 10-20%	6,4	-	-		40		40		40		01		23
	Declividade 5-10%	10,0	-	-		60		60		60		01		36
	Declividade 2,5-5%	18,0	-	-		80		80		80		01		51
	Declividade 0-2,5%	52,6	100	100		100		100		100		100		100
Sensibilidade Hídrica	Média Sensibilidade Hídrica	44,2	-	-	7	60	7	60	7	60	17	01	12	36
	Baixa Sensibilidade Hídrica	55,8	100	100		90		90		90		100		100
Topoclimático	Linhas Estruturais de Barramento do Vento	1,6	-	-	7	05	7	05	7	05	21	01	14	03
	Zona Dispersão Intermediária – Barlavento S/SO e Sotavento N/NE	1,7	-	-		60		60		60		01		36
	Zona Calmaria e Baixa Dispersão	17,4	-	-		10		10		10		01		06
	Zona Dispersão Intermediária – Barlavento N/NE e Sotavento N/NE	7,7	-	-		60		60		60		01		36
	Zona Dispersão Moderada Alta	71,6	100	100		90		90		90		100		100
Proximidade do Rio Guandu	Proximidade do Rio Guandu <50m	0,7	06	-	20	01	-	-	20	01	3	25	12	14
	Proximidade do Rio Guandu 50 a 100m	0,7	06	-		10		-		10		25		18
	Proximidade do Rio Guandu 100 a 250m	2,3	20	-		90		-		90		25		72
	Proximidade do Rio Guandu 250 a 500m	3,8	32	22		80		-		80		75		80
	Proximidade do Rio Guandu 500 a 1000m	6,4	36	78		70		-		70		100		94
	Proximidade do Rio Guandu 1000 a 2000m	11,3	-	-		60		-		60		01		38
	Proximidade do Rio Guandu 2000 a 5000m	29,2	-	-		40		-		40		01		23
	Proximidade do Rio Guandu 5000 a 10000m	32,2	-	-		20		-		20		01		11
	Proximidade do Rio Guandu >10000m	13,3	-	-		01		-		01		01		01
Proximidade da Rede de Drenagem	Proximidade da Rede de Drenagem <50m	7,0	-	-	-	-	20	01	-	-	5	01	12	01
	Proximidade da Rede de Drenagem 50 a 100m	7,3	-	-		-		10		-		01		06
	Proximidade da Rede de Drenagem 100 a 250m	20,8	-	-		-		80		-		01		56
	Proximidade da Rede de Drenagem 250 a 500m	24,8	-	-		-		70		-		01		44
	Proximidade da Rede de Drenagem 500 a 1000m	24,0	07	-		-		60		-		25		47
	Proximidade da Rede de Drenagem 1000 a 2000m	9,7	93	100		-		50		-		100		88
	Proximidade da Rede de Drenagem 2000 a 5000m	6,4	-	-		-		40		-		01		23

Figura 3a — Quadro-síntese com pesos e notas das avaliações do potencial para a instalação de usinas termelétricas

			Levantamento Ambiental		Prospecção Ambiental									
			Assinatura Geoambiental (Antrópica)		Avaliação do Potencial para Instalação de Termelétrica no Município de Seropédica – RJ /2001									
Parâmetro	Classes	%			Analítica A		Analítica B		Analítica C		Empírica		AxE	
					P	N	P	N	P	N	P	N	P	N
Uso do Solo – 2001	Pastagem	42,0	100	100	20	50	20	50	20	50	21	100	20	38
	Cultivo	11,0	-	-		01		01		01		01		01
	Sítios Urbanos	4,5	-	-		01		01		01		01		01
	Recreação	0,3	-	-		01		01		01		01		01
	Extrativismo Mineral	6,8	-	-		20		20		20		01		11
	Área Institucional	1,5	-	-		01		01		01		01		01
	Expansão Urbana	2,9	-	-		01		01		01		01		01
	Lixão Municipal	0,0	-	-		01		01		01		01		01
Uso do Solo - 1993	Pastagem	46,0	-	-		-		-		-		-		-
	Cultivo	9,2	-	-		-		-		-		-		-
	Sítio Urbano	3,8	-	-		-		-		-		-		-
	Recreação	0,3	-	-		-		-		-		-		-
	Extrativismo Mineral	9,1	-	-		-		-		-		-		-
	Área Institucional	1,8	-	-		-		-		-		-		-
Proximidade de Áreas Urbanas e Expansão Urbana ou Institucional	Sítios Urbanos	4,5	-	-	19	01	19	01	19	01	16	01	17	01
	Expansão Urbana	3,0	-	-		01		01		01		01		01
	Recreação	0,3	-	-		01		01		01		01		01
	Institucional	1,5	-	-		01		01		01		01		01
	Proximidade Área Urbana ou Institucional e Expansão Urb. <50m	1,5	-	-		01		01		01		01		01
	Proximidade Área Urb ou Inst e Exp.Urb. 50 a 100m	1,7	01	-		10		10		10		25		18
	Proximidade Área Urb ou Inst e Exp.Urb. 100 a 250m	5,7	02	-		20		20		20		25		24
	Proximidade Área Urb ou Inst e Exp.Urb. 250 a 500m	9,9	08	-		40		40		40		25		34
	Proximidade Área Urb ou Inst e Exp.Urb. 500 a1000m	19,1	85	100		60		60		60		100		94
	Proximidade Área Urb ou Inst e Exp.Urb. 1000 a 2000m	29,9	04	-		70		70		70		25		56
	Proximidade Área Urb ou Inst e Exp.Urb. 2000 a 5000m	22,9	-	-		80		80		80		01		51
	Proximidade Área Urb ou Inst e Exp.Urb. >5000m	0,1	-	-		90		90		90		01		61
Proximidade de Auto Estradas	Proximidade de Auto Estrada <50m	0,9	01	-	15	01	15	01	15	01	7	25	11	14
	Proximidade de Auto Estrada 50 a 100m	1,0	02	-		85		85		85		25		69
	Proximidade de Auto Estrada 100 a 250m	3,1	11	-		80		80		80		25		62
	Proximidade de Auto Estrada 250 a 500m	4,8	30	-		75		75		75		50		69
	Proximidade de Auto Estrada 500 a 1000m	9,1	56	100		70		70		70		100		94
	Proximidade de Auto Estrada 1000 a 2000m	16,3	-	-		60		60		60		01		36
	Proximidade de Auto Estrada 2000 a 5000m	32,6	-	-		40		40		40		01		23
	Proximidade de Auto Estrada >5000m	32,2	-	-		20		20		20		01		11
Proximidade de Estradas Não Pavimentadas de Tráfego Permanente	Proximidade de Estrada Não Pavimentada Tráfego Permanente <50m	1,7	-	-	9	01	9	01	9	01	10	01	10	01
	Proximidade de Est.Não Pav.Tráf.Perm. 50 a 100m	1,9	-	-		10		10		10		01		06
	Proximidade de Est.Não Pav.Tráf.Perm. 100 a 250m	6,0	-	-		30		30		30		01		17
	Proximidade de Est.Não Pav.Tráf.Perm. 250 a 500m	8,7	-	-		50		50		50		01		30
	Proximidade de Est.Não Pav.Tráf.Perm. 500 a 1000m	12,9	-	-		60		60		60		01		36
	Proximidade de Est.Não Pav.Tráf.Perm. 1000 a 2000m	16,7	-	-		70		70		70		01		44
	Proximidade de Est.Não Pav.Tráf.Perm. 2000 a 5000m	32,9	-	-		80		80		80		01		51
	Proximidade de Est.Não Pav.Tráf.Perm. >5000m	19,1	100	100		90		90		90		100		100
Proximidade de Estradas Pavimentadas	Proximidade de Estradas Pavimentadas <50m	0,6	-	-	12	01	12	01	12	01	13	01	13	01
	Proximidade de Estradas Pavimentadas 50 a100m	0,7	-	-		50		50		50		01		30
	Proximidade de Estradas Pavimentadas 100 a 250m	2,1	-	-		80		80		80		01		51
	Proximidade de Estradas Pavimentadas 250 500m	3,5	-	-		70		70		70		01		44
	Proximidade de Estradas Pavimentadas 500 a 1000m	7,4	-	-		60		60		60		01		36
	Proximidade de Estradas Pavimentadas 1000 a 2000m	17,1	-	-		50		50		50		01		30
	Proximidade de Estradas Pavimentadas 2000 a 5000m	42,9	-	-		40		40		40		01		23
	Proximidade de Estradas Pavimentadas >5000m	25,6	100	100		30		30		30		100		81
Proximidade de Linha de Transmissão de Energia Elétrica	Proximidade de Linha de Transmissão de Energia Elétrica <50m	1,6	07	-	10	01	10	01	10	01	10	25	10	14
	Proximidade Linha de Trans.Energia Elétrica 50 a 100m	1,6	07	13		90		90		90		50		82
	Proximidade Linha de Trans.Energia Elétrica 100 a 250m	4,9	19	68		80		80		80		100		95
	Proximidade Linha de Trans.Energia Elétrica 250 a 500m	7,7	33	19		70		70		70		75		75
	Proximidade Linha de Trans.Energia Elétrica 500 a 1000m	14,7	34	-		60		60		60		01		73
	Proximidade Linha de Trans.Energia Elétrica 1000 a 2000m	25,7	-	-		50		50		50		01		30
	Proximidade Linha de Trans.Energia Elétrica 2000 a 5000m	34,4	-	-		40		40		40		01		23
	Proximidade Linha de Trans.Energia Elétrica >5000m	19,4	-	-		30		30		30		01		17
Proximidade de Gasodutos	Proximidade de Gasoduto <50m	0,7	-	-	5	01	5	01	15	01	9	01	7	01
	Proximidade de Gasoduto 50 a 100m	0,8	-	-		90		90		90		01		61
	Proximidade de Gasoduto 100 a 250m	2,5	-	-		80		80		80		01		51
	Proximidade de Gasoduto 250 500m	4,0	-	-		70		70		70		01		44
	Proximidade de Gasoduto 500 a 1000m	7,7	02	-		60		60		60		25		47
	Proximidade de Gasoduto 1000 a 2000m	14,6	98	100		50		50		50		100		88
	Proximidade de Gasoduto 2000 a 5000m	36,0	-	-		30		30		30		01		23
	Proximidade de Gasoduto >5000m	33,6	-	-		20		20		20		01		11
Proximidade de Fonte de Combustível	Proximidade de Fonte de Combustível – GN < 5000m	1,1	-	-	10	90	10	90	-	-	14	01	12	61
	Proximidade de Fonte de Combustível – GN 5000 a 10000m	12,8	95	100		80		80		-		100		95
	Proximidade de Fonte de Combustível – GN 10000 a 20000m	55,5	05	-		70		70		-		25		56
	Proximidade de Fonte de Combustível – GN >20000m	30,6	-	-		60		60		-		01		36

Figura 3b — Quadro-síntese com pesos e notas das avaliações do potencial para instalação de usinas termelétricas

O parâmetro Geomorfologia também apresenta grande relevância, tendo as classes planície colúvio-aluvionar e colinas aplainadas maiores notas. A primeira recebeu uma nota menor por possuir algumas restrições, como baixa capacidade de drenagem e associação a solos com baixa capacidade de carga. Peso um pouco menor em relação aos anteriores foi definido ao parâmetro Solos, com destaque entre as categorias para o argissolo (podzólico), que sugere maior capacidade de carga e drenagem e com nota um pouco inferior à do planossolo. Este último normalmente apresenta variado comportamento mecânico em função das argilas que compõem seu horizonte B plânico e grande oscilação do lençol freático.

Para o parâmetro Altitude, as categorias com menores amplitudes (cotas) são definidas como as mais importantes, já que podem vir a acarretar menor custo na geração de energia elétrica por UTEs. A declividade foi considerada com semelhante importância, sendo estabelecida uma relação de quanto menor a declividade, melhor a condição para a instalação de tal empreendimento. Para o dado Cobertura Vegetal, foram alocadas notas de grande expressão, tanto positiva como negativa, quando da presença de classes de maior sensibilidade ambiental.

Em seguida são definidos os parâmetros de Sensibilidade Hídrica e Topoclimático com menor expressão e idênticos pesos diante de suas semelhantes contribuições neste município à definição do potencial para a instalação de UTEs. Os destaques são dados para suas classes de baixa sensibilidade hídrica e zona de dispersão moderada a alta.

Com menor importância em relação aos anteriores e fechando este grupo de dados naturais se tem o parâmetro Geologia, que, apesar de menor peso, é tido como relevante à presente avaliação. Neste parâmetro a classe que contém melhor condição para tal ocupação é a granito, seguida pela migmatito e depósitos colúvio-aluvionares. De uma forma geral as notas atribuídas às suas distintas categorias foram mais conservadoras, buscando assegurar as melhores condições de esta área para tal ocupação. Tal fato decorre particularmente do fato de estas litologias se apresentarem em determinados locais com intenso grau de fraturamento, necessitando assim de uma melhor avaliação das suas condições mecânicas por meio de testes geotécnicos específicos.

Na pré-avaliação que utilizou os dados antrópicos, o parâmetro Uso do Solo foi o que recebeu maior peso e apresentou como mais importante categoria a de pastagem. As demais notas foram bem mais baixas para servir como fator inibidor do potencial avaliado. Com peso um pouco menor aparece o dado de proximidade de AUEUIR, no qual se estabeleceu uma relação de quanto menor a proximidade, menor a nota atribuída, visando minimizar possíveis riscos industriais.

O parâmetro Proximidade de Autoestradas possui significativa expressão para esta avaliação. As variáveis de maior destaque neste dado foram as de menor proximidade. Com peso um pouco abaixo do anterior está o parâmetro Proximidade de Estradas Pavimentadas. As suas categorias foram ordenadas seguindo o procedimento adotado no caso anterior.

Outros dois dados relevantes atrelados a tal avaliação e com mesmo peso são os parâmetros Proximidade de Fonte de Combustível e Linhas de Transmissão de Energia Elétrica. Para estes, quanto menor a proximidade, maior a nota definida para suas respectivas classes.

O parâmetro Proximidade de Estradas Não Pavimentadas de Tráfego Permanente recebeu peso menor em relação ao anterior e notas maiores para as menores classes. Contudo, tal entidade não oferece condições suficientes para suportar o fluxo automotivo necessário à instalação e operação de uma UTE, necessitando assim de uma reestruturação viária caso venha a ser considerada no processo de instalação de uma usina.

O parâmetro Proximidade dos Gasodutos Existentes é disposto em último grau de relevância, com um peso baixo, mas com suas classes de menor proximidade com notas elevadas. Este foi considerado para agregar locais potenciais à possível instalação de novos gasodutos através de sua faixa de domínio.

Na avaliação que convergiu as informações geradas pelas acima apresentadas foi definido o peso 60 para o produto da pré-avaliação com os dados naturais e o peso 40 para os dados antrópicos. Ao primeiro foi definido um peso mais expressivo uma vez que constitui um grupo de dados de grande relevância para a operação de uma termelétrica, com a já destacada proximidade de fonte de água necessária para a manutenção do sistema de refrigeração e baixa altitude para seu melhor desempenho. Para o grupo de dados antrópicos foi atribuído menor peso, já que estes poderiam ser modificados com certa facilidade.

Na **Figura 4** é apresentado o resultado da avaliação dos potenciais para instalação de UTEs, tendo seus níveis variado de 3 a 7.

GEOPROCESSAMENTO APLICADO À DEFINIÇÃO DE ÁREAS... 221

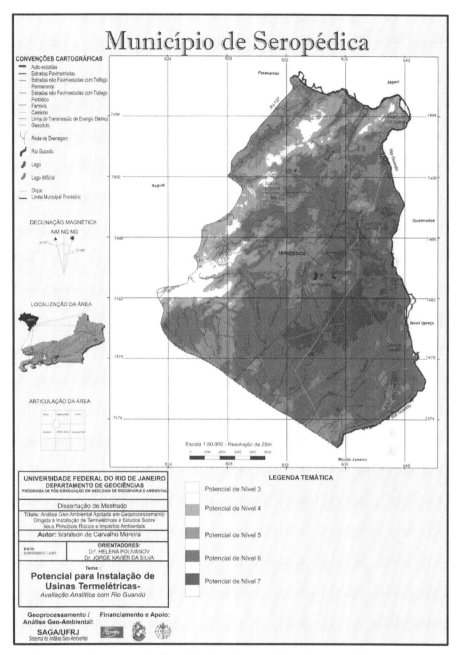

Figura 4 — Cartograma classificatório da avaliação analítica do potencial do Rio Guandu para instalação de usinas termelétricas

4.2. Avaliação Analítica com Rede de Drenagem

São consideradas as mesmas perspectivas levantadas na avaliação anterior, acrescida da hipótese de não se considerar o Rio Guandu fonte de água para manter uma usina. Para esta avaliação são consideradas as proximidades da rede de drenagem deste município, incluindo assim importantes afluentes do Guandu que dentro de certos limites poderão ser utilizados por tal indústria.

É ainda considerada a hipótese de que o volume e a vazão de água necessária à manutenção destas UTEs podem ser obtidos através dos grandes volumes armazenados em diversos lagos artificiais encontrados nesta região, associados ao bombeamento de água subterrânea através de poços a serem perfurados. Há ainda a possibilidade de se utilizar a rede de drenagem como via de deposição dos afluentes produzidos pelo processo de refrigeração após serem tratados. Contudo, à luz de uma real consideração deste caso, tais hipóteses terão que ser mais bem avaliadas através de levantamentos mais detalhados sobre as condições destes recursos hídricos.

Nesta avaliação há a substituição do parâmetro Proximidade do Rio Guandu pela proximidade da rede de drenagem. As mesmas justificativas apresentadas para a definição dos pesos e notas do parâmetro de Proximidade do Rio Guandu são adotadas para o parâmetro Proximidade da Rede de Drenagem, bem como os demais dados são tratados como no caso anterior.

A avaliação que convergiu as informações geradas pelas pré-avaliações também é semelhante à do primeiro caso. O produto desta avaliação é um cartograma classificatório com níveis variando de 3 a 7 (**Figura 5**).

GEOPROCESSAMENTO APLICADO À DEFINIÇÃO DE ÁREAS... 223

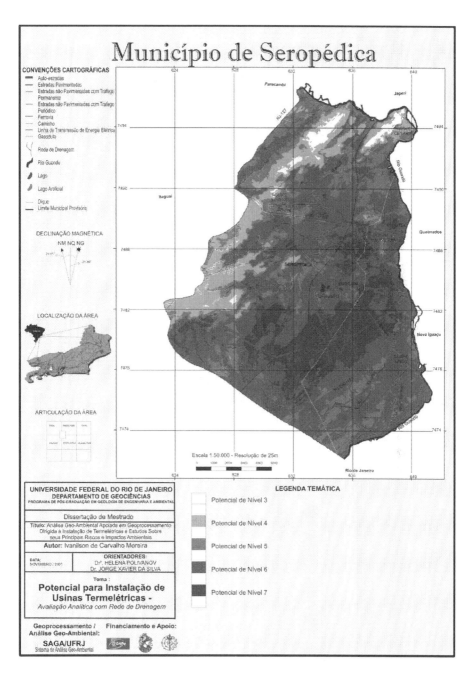

Figura 5 — Cartograma classificatório da avaliação analítica com rede de drenagem para potencial de instalação de usinas termelétricas

4.3. Avaliação Analítica com Gasoduto Simulado

Para o presente caso foi simulada a instalação de um novo traçado de gasoduto associado à viabilização do existente ao fornecimento de gás natural para operação das UTEs. Através deste procedimento foi possível analisar a sensibilidade deste potencial no município à hipótese desta intervenção técnica.

Nesta avaliação foi definido maior peso para o parâmetro Proximidade de Gasoduto, não utilizando o parâmetro Proximidade de Fontes de Combustível, como nas avaliações anteriores. Nos casos anteriores, a proximidade de gasoduto foi considerada apenas como via de instalação de novos traçados. Já na corrente avaliação este é tido como possível fonte de gás natural, já que grande parte do traçado possuirá estrutura e vazão de gás suficiente para manter uma usina. A única pendência para tal consumação seria a construção de uma estação de controle de pressão para adequação das condições necessárias ao fornecimento de gás a uma UTE.

Os pesos e notas definidos para a avaliação foram semelhantes aos definidos para a primeira avaliação, salvo a não utilização da proximidade de fonte de combustível e a agregação do seu peso ao parâmetro Proximidade de Gasoduto simulado. Foram definidas para as menores proximidades desta entidade as maiores notas.

A avaliação que convergiu as informações geradas pelas pré-avaliações foi semelhante à do primeiro caso. O cartograma classificatório desta avaliação apresenta potenciais de níveis variando de 2 a 7 (**Figura 6**).

GEOPROCESSAMENTO APLICADO À DEFINIÇÃO DE ÁREAS... 225

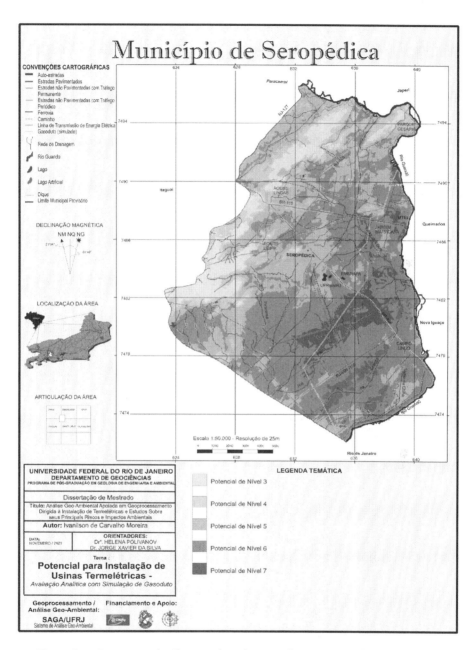

Figura 6 — Cartograma classificatório da avaliação analítica com gasoduto simulado do potencial para instalação de usinas termelétricas

4.4. Avaliação Empírica com Base nas Assinaturas

Para esta avaliação foram utilizadas as informações obtidas pelas assinaturas das duas áreas específicas em que foram instaladas as termelétricas RioGen-Merchant e RioGen. Desta forma foi possível avaliar outros potenciais com características semelhantes no município, correlacionando de forma direta os dados de planimetrias e assinaturas ambientais.

Dentre os dados naturais foi registrada grande importância dos parâmetros altitude e topoclimático, obtendo estes um mesmo peso. Algumas de suas classes receberam maior destaque, como altitudes inferiores a 40 metros e zona de dispersão moderada-alta. Logo após vem o dado sensibilidade hídrica, com destaque para a categoria de baixa sensibilidade com nota máxima. Em seguida temos o parâmetro declividade, cuja classe declividade inferior a 2,5% foi a de maior relevância. Ao dado geomorfologia registrou-se menor peso, mas com destaque para a categoria planície aluvionar de cobertura.

No parâmetro proximidade de rede de drenagem se destaca a classe de proximidade, de 1.000 a 2.000 metros, e no parâmetro geologia, a classe depósito aluvionar. Com peso um pouco menor está o parâmetro solos e proximidade do Rio Guandu. As classes gleissolo indiscriminado e proximidade 500 a 1.000 metros foram as que obtiveram maiores notas. O último dado natural é o de cobertura vegetal, com baixa influência de acordo com as assinaturas realizadas para esta avaliação.

Na avaliação com os dados antrópicos o parâmetro que obteve maior peso foi o de uso do solo, tendo a categoria pastagem maior destaque. Tem-se logo após o dado de proximidade de AUEUIR com a classe 500 a 1.000 metros se sobrepondo às demais. Também com pesos bastante expressivos estão os dados de proximidade de fonte de combustível e estradas pavimentadas. As classes de proximidade 5.000 a 10.000 metros no primeiro e superior a 5.000 metros no segundo obtiveram as maiores notas.

Com pesos menos expressivos, os dados de proximidade de linha de transmissão e estradas não pavimentadas de tráfego permanente aparecem logo em seguida. As categorias que se destacaram foram de 100 a 500 metros no primeiro e superiores a 5.000 metros no segundo. Por fim, os parâmetros de proximidade de gasodutos e autoestradas são os de menor peso. Seus destaques foram classes 1.000 a 2.000 e 500 a 1.000 metros respectivamente.

A avaliação que correlacionou as pré-avaliações com dados naturais e antrópicos obteve pesos 68 e 32 para as mesmas, respectivamente. O cartograma classificatório desta avaliação é apresentado na **Figura 7** com seus níveis perfazendo um intervalo de 1 a 10.

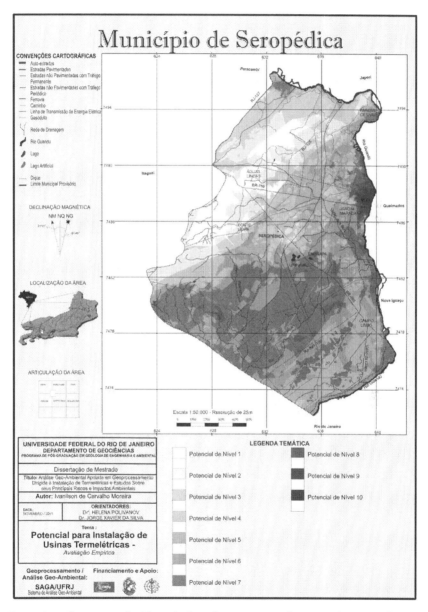

Figura 7 — Cartograma classificatório da avaliação empírica do potencial para instalação de usinas termelétricas

4.5. Avaliação Analítica Versus Empírica

Nesta etapa concluíram-se duas avaliações, a analítica, que considera a proximidade do Rio Guandu, e a empírica.

Na avaliação com dados naturais, o parâmetro Altitude obteve maior importância para definição das áreas potenciais à instalação de termelétricas, tendo suas menores classes as maiores notas. Logo após aparece o parâmetro Topoclimático, com maior peso, sendo que a classe zona de dispersão moderada-alta alcançou maior nota. O dado Geomorfologia vem em seguida, com a classe planície aluvionar de cobertura como a mais importante.

Subsequentemente aparece com menor peso o parâmetro Declividade, sensibilidade hídrica, proximidade da rede de drenagem e proximidade do Rio Guandu. As classes que obtiveram maiores notas desses parâmetros foram: declividade inferior a 2,5%, baixa sensibilidade hídrica, proximidade do Rio Guandu entre 100 e 1.000 metros e entre 1.000 e 2.000 metros da rede de drenagem. Com pesos menos representativos se têm os parâmetros, solos, uso do solo e geologia. Dentre estes parâmetros, destacam-se as classes de planossolos e argissolos (podzólicos), a categoria de depósito aluvionar no último e não há maiores distinções entre as classes do parâmetro uso do solo.

Na avaliação com dados antrópicos, o parâmetro uso do solo obteve maior peso, com uma nota distinta para a classe pastagem. Peso um pouco menor foi determinado ao parâmetro proximidade de AUEUIR, com destaque para as proximidades acima de 1.000 metros. Em seguida tem-se o de proximidade de estradas pavimentadas, com as categorias superiores a 5.000 metros com maior nota. Aparece logo após o parâmetro proximidade da fonte de gás, com as classes inferiores a 10.000m obtendo maiores notas. O dado proximidade de autoestradas aparece com boa expressão nesta avaliação, com as classes pertencentes ao intervalo de 100 a 1.000 metros agregando maiores notas.

Com idêntico peso, aparecem os dados proximidade de linhas de transmissão e estradas não pavimentadas de tráfego permanente. As classes que mais se destacaram foram as de 50 a 1.000 metros e as superiores a 2.000 metros, respectivamente. Por fim, temos o dado proximidade de gasodutos, com um peso bem menos expressivo e classe com maior nota, a de proximidade de 1.000 a 2.000 metros.

Na avaliação final foi obtido peso 64 para o potencial com dados naturais e 36 para os que relevaram os dados antrópicos. O produto desta avaliação é exposto na **Figura 8** em suas respectivas classes variando de 2 a 9.

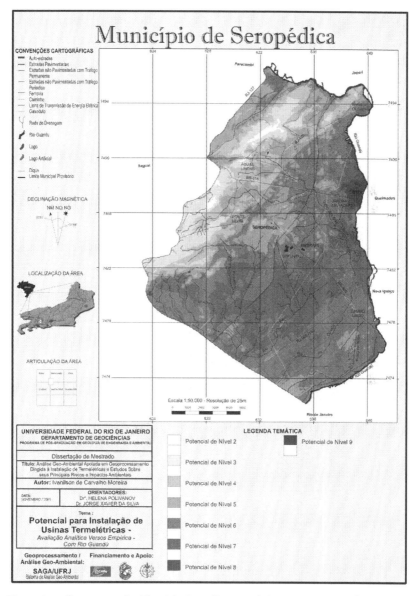

Figura 8 — Cartograma classificatório da avaliação analítica *versus* empírica do potencial para instalação de usinas termelétricas

4.6. Estimativas de Consistência e Principais Tendências

Para cada avaliação realizada foi desenvolvida uma estimativa da sua validade frente a novos registros em alguns locais pertencentes às áreas em que estavam sendo instaladas as usinas RioGen-Merchant e RioGen. Embora haja certa tendência de ocorrer maior relação da avaliação empírica com estes locais, tal procedimento ainda assim se demonstrou válido para discussão dos resultados.

No caso da avaliação dos potenciais para instalação de UTEs, as avaliações empíricas se mostram bem mais representativas em termos espaciais diante das consultas realizadas. Contudo foi a avaliação analítica *versus* empírica que demonstrou melhor resposta diante destas consultas. Estes dois casos obtiveram tais respostas por possuir condição geoambiental semelhante à da área das UTEs RioGen e RioGen-Merchant. Nas demais avaliações realizadas, os melhores potenciais estimados são de nível 7 e encontram-se em maioria na parte sudeste deste município. As **figuras 9a, b e c** apresentam a distribuição destes potenciais segundo os registros realizados:

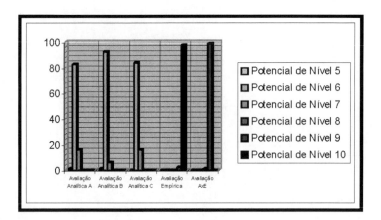

Figura 9a — Estimativas de consistência das avaliações do potencial para instalação de UTEs segundo a area da UTE RioGen

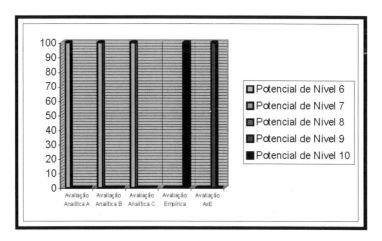

Figura 9b — Estimativas de consistência das avaliações do potencial para instalação de UTEs segundo as áreas da UTE RioGen-Merchant

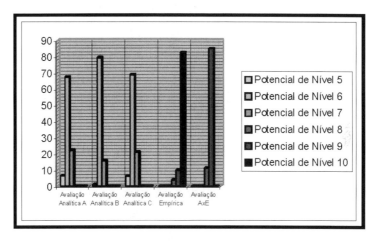

Figura 9c — Estimativas de consistência das avaliações do potencial para instalação de UTEs segundo as áreas de entorno das UTEs RioGen e RioGen-Merchant

8. Discussões dos Resultados

Com base nas avaliações aqui expostas, foram definidas quatro áreas para serem analisadas quanto a seus principais potenciais e limitações para a instalação de UTEs. Foram apontadas suas condições e situações ambientais, prováveis riscos e impactos ambientais, alguns indicadores de viabilidade econômica e hipóteses atreladas a cada caso. No corrente trabalho serão apresentados de forma detalhada apenas dois casos. Outros dois são abaixo apresentados de forma sucinta. Informações mais detalhadas sobre estes casos poderão ser obtidas em MOREIRA (2002).

8.1. Área Indicada "A"

Esta corresponde ao local em que foram instaladas as usinas RioGen e RioGen-Merchant. Considera-se de suma relevância sua análise como forma de viabilizar a validade do método adotado.

A área se localiza à margem do Rio Guandu, aproximadamente a 600 metros da Rodovia Presidente Dutra e cerca de 50km do município do Rio de Janeiro (**figuras 10a e b**). Está a montante do núcleo urbano do Jardim Maracanã, a uma distância de 500 a 1.000 metros. Existem ainda

Figura 10a — Foto parcial da Área Indicada "A"

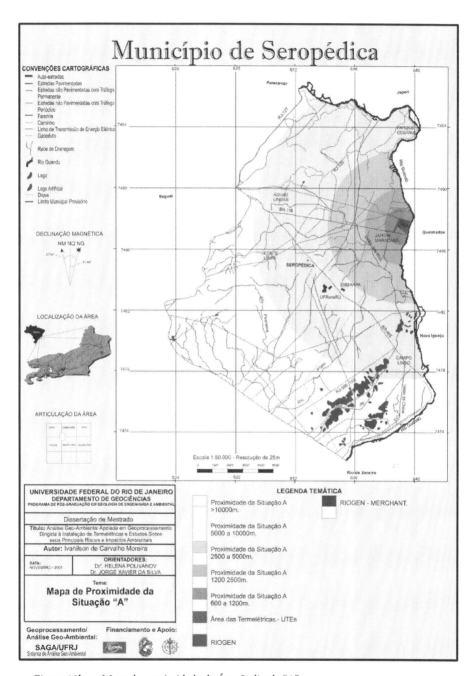

Figura 10b — Mapa de proximidade da Área Indicada "A"

algumas ocupações de baixa intensidade urbana localizadas ao norte desta área, a uma distância que pode chegar a 100 metros.

Para esta área, a fonte de água necessária às usinas é captada do Rio Guandu, em quantidade e qualidade necessárias para manutenção das mesmas, conforme MINERAL e AGRAR (2001). Eles destacam que os volumes a serem captados e os efluentes a serem dispostos no mesmo rio não lhe condicionam maiores impactos.

Para acesso à fonte de combustível foi recomendada pelos referidos EIA/RIMAs MINERAL e AGRAR (2001) a construção de um novo ramal de gasoduto ligando o *city gate* de Japeri a esta área. O traçado deste ramal foi definido em função das áreas de domínio dos gasodutos existentes e das linhas de transmissão dispostas próximo desta área. A mencionada fonte de combustível está a uma distância de 5.000 a 10.000 metros da corrente área analisada.

Ainda em MINERAL e AGRAR (2001) foi admitido que as linhas de transmissão da LIGHT (138kv) e de FURNAS (500kv), no limite do terreno considerado, possuem boas condições para distribuir a carga elétrica a ser adicionada. Estas estão dispostas a uma distância de 50 a 500 metros dos locais onde estão as referidas UTEs. Essa condição acarretará um menor gasto para a implantação da infraestrutura básica para tal empreendimento.

Outro fator relevante e que acarreta economia no processo de instalação como de operação das termelétricas nesta área é o fato de esta se localizar numa região de fácil acesso. Os EIA/RIMAs MINERAL e AGRAR (2001) destacam que isto permite a instalação e operação destas usinas sem causar distúrbios desnecessários aos centros populacionais. Tal área está situada em grande parte a uma distância de 500 a 1.000 metros das autoestradas e de 2.000 a 5.000 metros dos demais elementos que compõem o sistema viário do município de Seropédica.

8.1.1. RECOMENDAÇÕES

Esta área apresenta condições e situações ambientais pertinentes à instalação das UTEs enfocadas. No entanto, como sugerido em MINERAL e AGRAR op. cit., são necessárias algumas medidas, como, por exemplo, a adoção de tecnologias para minimização da produção de NO_x, adoção de um sistema de refrigeração em cada usina, controle e tratamento dos efluentes líquidos, controle das emissões atmosféricas e de ruídos, plano de ação de emergência local e regional, e obras de manutenção do gasoduto.

Uma recomendação que aqui se faz é a de se desenvolver um plano de controle e/ou monitoramento das áreas de expansão urbana, particularmente em locais ao norte desta área, onde são registrados alguns núcleos urbanos. A área do Jardim Maracanã necessitará de maior acompanhamento de sua dinâmica evolutiva uma vez que se encontra relativamente próxima ao local da instalação das UTEs, e sugere expansão na sua direção, conforme MOREIRA (2002).

Segundo MINERAL e AGRAR, op. cit., tal núcleo está inserido numa faixa de baixo risco de exposição a acidentes simulados para a instalação das termelétricas em foco. Entretanto, uma expansão urbana indiscriminada poderia alterar tal classificação. Desta forma, ressalta-se a necessidade de monitorar e controlar sua evolução.

Nos EIA/RIMAs referidos foram determinadas algumas medidas para prevenir eventuais enchentes, entre elas a definição de obras de terraplenagem que elevaram os locais de instalação das UTEs em até 1,70m. Algumas obras de drenagem foram sugeridas próximo ao local de implantação do empreendimento. Segundo as avaliações realizadas pela presente pesquisa, esta área se encontra numa região de alto risco de enchentes.

Quanto ao potencial para extração de brita, este poderá ser utilizado em locais no entorno desta área. São estimados altos potenciais em colinas estruturais de piemonte constituídas por granito e cobertas por argissolos (podzólico) localizadas a aproximadamente 1.000 metros de distância. Em um destes locais encontra-se uma pedreira, próximo do município de Seropédica. Há ainda locais próximos à junção da BR-116 com a BR-465 que podem ser explorados. Um bom potencial de extração de areia é avaliado para o sul deste município, localizados na faixa de 1.000 a 5.000 metros de proximidade desta área.

São estimados potenciais de nível 7 e 8 para agricultura e pecuária, respectivamente. Caso necessário, estas áreas podem ser deslocadas para locais um pouco mais ao norte, pois apresentam semelhantes potenciais. Isto se guardada sua viabilidade técnico-econômica.

Os riscos e impactos ambientais causados pela linha do gasoduto são amenizados com a definição do seu possível traçado passando por faixas de domínio de linhas já existentes e da linha de transmissão. Contudo, tal traçado deveria ser mais bem sinalizado e monitorado buscando diminuir os riscos de acidentes, como sugerido por MINERAL e AGRAR, op. cit.

Os impactos e riscos ambientais decorrentes da instalação do sistema de transmissão de energia foram considerados pelos referidos relatórios de baixa magnitude. No entanto, próximo destas linhas são registradas áreas urbanizadas, que apesar da baixa densidade populacional podem expandir-se em direção às linhas de transmissão. Esse fato aumentaria os riscos para esse grupo populacional, portanto sugere-se o controle de tais expansões.

As áreas de disposição dos resíduos produzidos pelo sistema de tratamento de água devem ser bem estudadas, pois no seu entorno há a presença de gleissolos, que são altamente vulneráveis à poluição. Assim, se sugere a construção de aterros para a disposição deste material nas colinas aplainadas formadas por argissolos (podzólicos) que se situam a oeste da área.

Contudo, mesmo os locais acima sugeridos para construção de aterros necessitam de certos cuidados como, por exemplo, levantamento das condições geotécnicas, dimensionamento em função do volume de resíduo a ser produzido, impermeabilização do solo e um sistema de drenagem dos resíduos líquidos originados destes depósitos.

Sugere-se também a instalação de poços de monitoramento de água subterrânea e que seja criado um banco de dados acrescidos aos dados das águas do Rio Guandu em locais da área das termelétricas.

Os impactos causados à paisagem e os ruídos gerados nas fases de construção e operação destas UTEs estimados para esta área são tidos como de baixa magnitude por MINERAL e AGRAR, op. cit. No entanto, são sugeridas algumas intervenções paisagísticas, como a recuperação de áreas que sofreram processo erosivo durante a construção ou que venha a diminuir o impacto visual causado por tal estrutura.

Em relação aos níveis de ruído, além das tecnologias preconizadas por MINERAL E AGRAR op. cit. para minimizar tal impacto, é também sugerida a implementação de uma barreira vegetal. Pode-se indicar uma faixa de eucaliptos, já que a espécie é amplamente encontrada neste município e se adapta em solos de baixa fertilidade, desde que profundos e com bons níveis de água, como é o caso de grande parte desta área.

8.2. Área Indicada "B"

Para este caso foi considerada a possibilidade da instalação de duas usinas com iguais características às das anteriores. Esta área está localizada numa região ao sul do núcleo urbano de Jardim Maracanã, entre o Rio Guandu e o Valão dos Bois, na parte leste deste município (**figuras 11a e b**). O centro desta área é definido pelas UTMs 7486850 e 639075.

A água necessária para a manutenção destas usinas é oriunda do Rio Guandu. Nesta hipótese, os custos com o acesso a esta fonte são semelhantes aos do caso anterior, já que a mesma também se encontra próxima deste corpo hídrico.

Quanto às redes de transmissão, esta área se coloca a uma distância de até 2km das mesmas linhas consideradas no caso anterior, necessitando contudo da construção de um novo traçado a ser avaliado.

A fonte de combustível relevada é a mesma do caso anterior. Para isto, seria necessária a construção de aproximadamente 2km a mais de gasodutos. Entretanto, se considerado o projeto de ampliação da rede de gasoduto existente para a região, esta área viria a ser diretamente beneficiada.

Figura 11a — Foto parcial da Área Indicada "B"

238 GEOPROCESSAMENTO & MEIO AMBIENTE

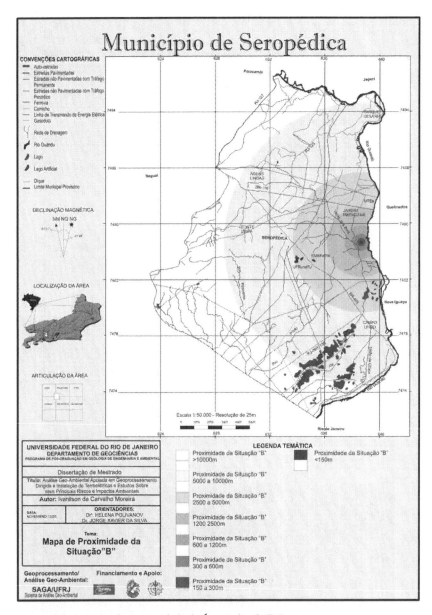

Figura 11b — Mapa de proximidade da Área Indicada "B"

Para esta área há a necessidade de construção de outra via de pelo menos 2,5km que a ligaria à Rodovia BR-116 e/ou 465.

8.2.1. *RECOMENDAÇÕES*

Esta área é tida como detentora de condições e situações técnicas e ambientais compatíveis à instalação das duas UTEs em questão. Isto se mantidas as devidas precauções, como no caso anterior: adoção de tecnologias para minimização da produção de NO_x, adoção de um sistema de refrigeração em cada usina, controle e tratamento dos efluentes líquidos, controle das emissões atmosféricas e de ruídos, plano de ação de emergência local e regional, obras de manutenção do gasoduto.

Há também neste caso a necessidade de uma maior atenção quanto à dinâmica evolutiva do núcleo urbano do Jardim Maracanã, uma vez que este sugere expandir-se em direção a esta área. Tal fato poderia inibir o potencial em foco, aumentando o risco de exposição desta população a acidentes industriais. São necessárias análises dos riscos de eventos que possam ocasionar a dispersão de poluentes e/ou explosões e o desenvolvimento de um plano de contingência compatível com tais cenários. As condições da bacia aérea nesta área contribuem de forma a minimizar tais riscos uma vez que a direção dos ventos é contrária a esta área urbanizada e/ou em urbanização.

A presente área é a que menor risco de enchente apresenta, no entanto ainda com níveis que requerem certos cuidados. Neste sentido, para se instalar uma UTE neste local seriam necessárias obras de terraplenagem e de drenagem, especialmente onde existirem os gleissolos húmicos e os planossolos.

As fontes de brita mais próximas são as das pedreiras circunvizinhas ao núcleo urbano de Seropédica e a localizada ao lado da junção da Rodovia BR-116 com a BR-465. Todavia, se o mesmo tratar de um volume menos expressivo, poderá ser obtido tal material em algumas colinas aplainadas compostas por granito, localizadas a aproximadamente 1.000 metros na direção noroeste desta área. Já quanto à areia, se necessário, poderá ser obtida em locais na faixa de proximidade a partir de 1.000 metros ou em áreas ao sul deste município situadas nas faixas de proximidade acima de 3.000 metros.

Esta área apresenta potenciais de níveis 8 e 9 para agricultura e pecuária, respectivamente. Contudo, existem áreas a jusante em locais em que tais potenciais foram estimados com níveis semelhantes.

A fonte de água e de descarte dos efluentes líquidos tratados das UTEs é o Rio Guandu. Contudo, destaca-se que há a necessidade de se avaliar e monitorar não apenas os locais de intervenção direta de uma possível usina, mas também coletar dados da bacia hidrológica e hidrogeológica na qual se encontra inserida. Tais informações poderão contribuir para se ter um balanço hídrico da região e melhor entendimento do sistema hidrodinâmico. Isto poderá ajudar na prevenção ou remediação de possíveis acidentes que contaminem a área por resíduos, como óleo combustível, água de purgas ou resíduos da unidade de tratamento. Tal fato se torna ainda mais relevante uma vez que esta região possui um aquífero livre altamente vulnerável por suas características de alta permeabilidade.

Os impactos e riscos ambientais ocasionados pelos gasodutos deverão ser reavaliados em função do traçado a ser definido. Entretanto, sugere-se uma alternativa segundo a qual seu trecho inicial se colocaria paralelamente ao Rio Valão dos Bois, a uma distância acima de 50 metros, até o ramal do gasoduto existente. Depois, seguindo paralelamente a faixa de domínio deste gasoduto até a fonte de combustível em Japeri. Para confirmação da viabilidade deste traçado seriam necessárias novas análises quanto aos riscos, principalmente em locais por onde este traçado se colocaria mais próximo de sítios urbanos, como, por exemplo, do núcleo urbano Jardim Maracanã e a área institucional da EMBRAPA.

Outro possível traçado de gasoduto poderia ser definido a partir da presente área em direção quase perpendicular à área de domínio do gasoduto existente, passando por planossolos e argissolos (podzólicos). Entretanto, esta possui limitação por se tratar de uma área institucional pertencente à EMBRAPA.

A presente área poderá ser beneficiada com a ampliação da rede de gasodutos desta região, particularmente com a estação de controle de pressão a ser instalada numa área próxima à interseção entre o traçado do gasoduto existente e a rodovia BR-465, da qual a presente área se encontra a aproximadamente 3km.

O acesso à linha de transmissão mais propícia seria através da construção de um traçado que ligaria a presente área à linha de FURNAS, localizada ao sul da mesma, numa faixa disposta entre os rios Guandu e Valão dos Bois. No entanto, tal traçado poderia acarretar alguns impactos ambientais, particularmente pelo registro de alguns focos de atividade agrícola. Este percurso possui supostamente boas condições geotécnicas uma vez que esta faixa passaria em argissolos (podzólicos) e planossolos. Todavia, seriam necessárias medidas de controle de erosão no processo de instalação e vistorias periódicas nos locais em que fossem instaladas as torres de transmissão.

O acesso a esta área é sugerido pela construção de outra via com pelo menos 2,5km. Esta poderia ser construída ao longo de uma pequena estrada não pavimentada existente (não registrada no mapa em função da escala adotada) próximo do Rio Guandu, ligando esta área à Rodovia BR-116. Há ainda a possibilidade de se interligar tal área à Rodovia BR-465, localizada a aproximadamente 3km. Em ambos os casos há necessidade de maior atenção quanto aos processos erosivos que poderiam ser acarretados com a construção destes trechos, principalmente por se dispor, na maioria, em argissolos (podzólicos) e planossolos.

Sugere-se que possíveis áreas de aterro sanitário para deposição dos resíduos oriundos da estação de tratamento sejam definidas em locais mais a oeste deste local. Estes são constituídos por colinas aplainadas, com migmatitos sobrepostos por argissolos (podzólico). Entretanto, para a confirmação destes locais serão necessárias algumas medidas, como maior detalhamento geotécnico, cálculo de área em função do volume de resíduo estimado, impermeabilização do solo, terraplenagem, definição de um sistema de dreno, entre outras medidas, como no caso anterior.

Os impactos causados à paisagem desta área, tal como o acréscimo de ruído, provavelmente seria de baixa magnitude. Algumas medidas, como o plantio de faixas arbóreas no entorno desta área, viriam contribuir para amenizar tais impactos. Esta medida também poderia contribuir para uma maior proteção das áreas urbanizadas, uma vez que formaria uma espécie de corredor protetor de tais áreas. Quanto às nuvens de vapor oriundas das chaminés das UTEs, estas poderão ser minimizadas com a adoção de tecnologias limpas e/ou até grandes ventiladores normalmente utilizados para a dispersão deste tipo de material.

Além das áreas A e B acima apresentadas, foram também definidas outras duas áreas para a instalação de UTE neste município. A primeira (área C) está localizada ao sul deste município, em uma região próxima a um dos principais polígonos areieiros desta região (**figuras 12a e b**). Esta apresenta condições técnicas e ambientais para a instalação de uma UTE

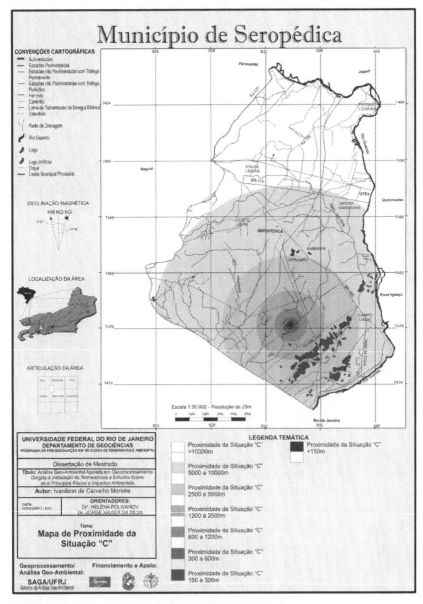

Figura 12a — Mapa de proximidade da Área Indicada "C"

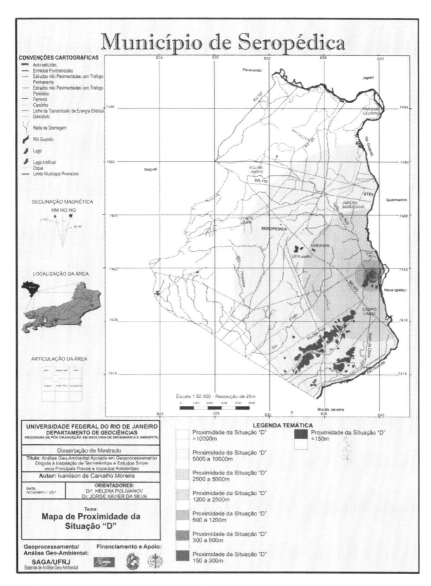

Figura 12b — Mapa de proximidade da Área Indicada "D"

com semelhantes condições da RioGen-Merchant. Dispõe-se ao lado de um local em que estava prevista a instalação de um novo areal, o qual já se planejava tratar e monitorar as águas de seus lagos para serem utilizadas por possíveis usinas termelétricas (TERRA BYTE, 2000). Esta área não possui uma fonte de água confiável e meio para disposição dos efluentes líquidos necessários à instalação de uma usina com as características da RioGen.

Já a outra área (Área D) encontra-se mais a sudeste deste município, circundada por alguns lagos artificiais oriundos da extração de areia. Está próxima da divisa com o município de Nova Iguaçu, logo acima do núcleo urbano de Campo Lindo, contígua à BR-465. Tal área é compatível à instalação de uma UTE com as características da RioGen, embora os riscos e impactos ambientais envolvidos sejam os mais expressivos entre as áreas analisadas. Por isto é sugerida a instalação apenas de uma usina com as características da RioGen nesta área.

Abaixo é apresentado um resumo das principais situações, riscos e impactos ambientais, relevadas nas quatro áreas indicadas para instalação de UTEs (**Figura 13**).

Principais Situações Ambientais	Áreas Investigadas Quanto à Possibilidade de Instalação de UTEs			
	Área Investigada "A"	Área Investigada "B"	Área Investigada "C"	Área Investigada "D"
Limitações Devidas ao Risco de Enchente	B/M	M	M/A	A
Limitações Devidas ao Risco de Desliz. e Desmoronamento	B	B/M	B	B
Limitações Devidas aos Possíveis Riscos de acidentes	M	M	B	M
Limitações Devidas aos Possíveis Impactos ambientais devidos à Emissões NO_x	B	B	B	B
Limitações Devidas aos Possíveis Impactos ambientais devidos à Emissões térmicas	B/M	B/M	B/M	B/M
Limitações Devidas aos Possíveis Impactos a Fonte de água	B	B	B	B
Limitações Devidas aos Possíveis Impactos causados por efluentes	B	B	B	B
Limitações Devidas aos Possíveis Impactos e Riscos do gasoduto	M/A	M/A	M	M/A
Limitações Devidas aos Possíveis Impactos e Riscos Linhas de transmissão	B	B/M	B	B
Limitações Devidas aos Possíveis Impactos e Riscos do sistema de transporte	B	B/M	B	B
Limitações Devidas aos Possíveis Impactos causados a paisagem	B	B	B	B/M
Limitações Devidas aos Possíveis Impactos causados ruídos gerados	B	B	B	B
Limitações Devidas ao Potencial para Extração de Areia	M	M	M/A	M/A
Limitações Devidas ao Potencial para Extração de Brita	B	B	B	B
Limitações Devidas ao Potencial para Agricultura	B/M	M	B/M	B/M
Limitações Devidas ao Potencial para Expansão Urbana	B/M	B/M	B	B/M
Limitações Devidas ao Potencial para Pecuária	M	M	M/A	M

B — baixa B/M — baixa/média M — média M/A — média/alta A — alta

Figura 13 — Resumo das principais situações relevadas nas quatro áreas analisadas em função das condições relevadas para as UTEs RioGen e RioGen-Merchant

9. CONCLUSÕES

As análises ambientais desenvolvidas por Geoprocessamento sugerem que a área indicada "A" possui as melhores condições e situações técnicas, ambientais e supostamente econômicas para a instalação das duas usinas termelétricas enfocadas.

A área investigada "B" possui condições técnicas semelhantes à primeira e é detentora de pontos com melhores condições ambientais. No entanto, tal alternativa necessita de avaliações mais detalhadas sobre os custos agregados à sua ocupação por tais UTEs.

A área investigada "C" foi definida com capacidade de suportar apenas a instalação de uma UTE com condição técnica semelhante à da RioGen-Merchant.

A área investigada "D" poderia ser exposta a um alto risco e impacto ambiental, no entanto eles poderiam ser levados a níveis aceitáveis se fossem instalada apenas uma usina semelhante à RioGen.

Os custos relativos a cada área analisada devem ser estudados com maior rigor e confrontados. As intervenções que viriam acarretar acréscimos de custo devem ser avaliadas de forma mais direta, tal como os custos ambientais, que devem ser valorados e internalizados nos custos gerais já tradicionalmente considerados. Tal procedimento não foi devidamente realizado no processo de locação das usinas instaladas neste município. Só assim poderíamos chegar a um denominador mais fiel da viabilidade econômica da instalação de tal empreendimento e hierarquização das áreas analisadas.

Através das avaliações realizadas acredita-se ter contribuído para a definição de meios menos subjetivos na definição dos pesos e notas num processo de avaliação ambiental por Geoprocessamento e no estabelecimento da consistência dos dados adotados e validação das informações geradas através dos mesmos. Foi possível definir melhor as potencialidades e limitações do ambiente confrontando-se diferentes visões do fenômeno avaliado numa perspectiva dedutiva e indutiva. A eficiência de tal processo e dos critérios adotados pôde ser testada numa área relativamente pequena, o que permite credenciá-los ao desenvolvimento de diagnósticos que apoiem um planejamento energético regional se atendidas as necessárias adaptações.

10. Referências Bibliográficas

AGRAR — A Empreendimentos Areeiros de Itaguaí. Estudo de Impacto Ambiental — EIA, vol. 1, 1995. 209 p.

ARONOFF, S. Geographic Information Systems: a management perspective. 2ª ed. Ottawa: WDL Publications, 1991. 294 p.

ALENCAR et al. Utilização do Sistema de Informação Geográfica como Ferramenta de Planejamento. VII Congresso Brasileiro de Energia. II Seminário Latino Americano de Energia. Rio de Janeiro: UFRJ, 1996. p. 1.414-1.423.

BRASIL ENERGIA. *A usina redondinha.* nº 236, julho de 2000.

BRIASSOULIS, H. Environmental Criteria in Industrial Facility Siting Decisions: An Analysis. *Environmental Management.* Vol. 19, nº 4, Atenas, 1995, p. 297-311.

BONHAM-CARTER, G. F. *Geographic Information Systems for Geoscientists.* Ontário: Pergamon, 1996. 400 p.

CÂMARA, G. e MEDEIROS, J. S. *Geoprocessamento para Projetos Ambientais.* São José dos Campos: Instituto de Pesquisas Espaciais. 1996. 145 p.

——————. *GIS para Meio Ambiente.* São José dos Campos: Instituto de Pesquisas Espaciais. 1998. 185 p.

CAPUTO, H. P. *Mecânica dos solos e suas aplicações.* 6ª ed. Rio de Janeiro: LTC Fundamentos vols. I e II, 1988.

CARMO, Q.M.C. e ARRUDA, F.A. A. A cidade do Rio de Janeiro e seus recursos minerais. Rio de Janeiro: *Revista SEAERJ*, n. 21, jun. de 1987, p. 21-31.

CECCHI J. C. et al. O gás na América Latina, no Brasil e no Estado do Rio de Janeiro — Algumas Considerações. ENERGE — Centro de Estudos de Energia. Caderno de Energia, nº 8, junho de 1995. 117 p.

CECCHI J. C. e Schechtman R. Impactos Macroeconômicos Decorrentes da Expansão do Sistema Elétrico com Base em Termelétricas — efeitos da importação de tecnologia e de combustíveis. ENERGE — Centro de Estudos de Enérgia. Volume II. *Caderno de Energia,* nº 8, junho de 1996. 339 p.

CONSTANTINO, M. A. Impactos Ambientais da Expansão da Cogeração no Brasil. Trabalho de Pesquisa da Disciplina "Impactos Ambientais de Projetos Energéticos". Rio de Janeiro: Programa de Planejamento Energético, COPPE/UFRJ, 1998. 25 p.

GEOPROCESSAMENTO APLICADO À DEFINIÇÃO DE ÁREAS... 247

CHRISTOFOLETTI, A. *Modelagem de Sistemas Ambientais*. São Paulo: Edgard Blücher, 1999. 200 p.

DIAS, J.E. *Análise Ambiental por Geoprocessamento do Município de Volta Redonda (RJ)*. Tese de Mestrado, UFRRJ, Seropédica, 1999. 186 p.

DNPM. Mapa Geológico, do Estado do Rio de Janeiro, escala 1:400.000, 1998.

DRM, Mapa Geológico, escala 1:50.000, *Folha Itaguaí* (GEOSOL), 1998.

ELETROBRÁS. Usinas Térmicas a Derivados de Petróleo e Gás Natural. PROJETO 4 — A Oferta de Energia Elétrica — Tecnologias, Custos e Disponibilidades. PLANO 2015 — Plano Nacional de Energia Elétrica (1993-2015), 1993, p. 37.

IESA. Diagnóstico das Águas Subterrâneas e Estudo do Aproveitamento dos manaciais Subterrâneos. In: _____. *Plano Diretor dos Recursos Hídricos da Região Metropolitana do Rio de Janeiro*, Rio de Janeiro: ESA, 1996. Caps. 2 e 5, p. 2.1 — 2.17 e 5.1-5.20.

FEEMA/SEMAM/DECON: Parecer Técnico sobre o Estudo de Microlocalização do Polo Petroquímico do Estado do Rio de Janeiro. Rio de Janeiro, 1987. 40 p.

FADIGAS, E. A. F. A.; REIS, L.B.; VIEIRA, D. S. R.S. Estudo de Localização de Termoelétricas no Estado de São Paulo. In: *Anais do X Congresso de Energia*. Rio de Janeiro, Hotel Glória, 1999. p. 749-758.

GALVÃO, C. R. et al. Análise Comparativa da Geração Elétrica Hídrica *Versus* Gás Natural. *Revista Brasileira de Energia*. Vol. 7. N. 2, 1999. p. 23-34.

GEOSOL. Mapa Pedológico, escala 1:50.000, *Folha Itaguaí*.

GUERRA, A.T. *Novo dicionário geológico-geomorfológico*. Rio de Janeiro: Bertrand Brasil, 1997. 652 p.

GUERRA, A. J. T. et al. Subsídio para a Avaliação Econômica de Impactos Ambientais. In: *Avaliação e Perícia Ambiental*. Org. Cunha & Guerra. Rio de Janeiro, Bertrand Brasil, 1999. 266 p.

GOES, M.H.B. *Diagnóstico Ambiental por Geoprocessamento do Município de Itaguaí*. Tese de Doutorado, UNESP, Rio Claro, 1994. 529 p.

——————. et al. Uma Contribuição ao Geoprocessamento para Avaliação Ambiental da Reserva Biológica do Maciço do Tinguá e Arredores: A Base de Dados decodificada. In: *Anais da 1ª SEGEO*. Rio de Janeiro, 1996.

GOES, M.H.B. & XAVIER DA SILVA, J. Uma Contribuição Metodológica para Diagnósticos Ambientais por Geoprocessamento. In: *Anais I Seminário de Pesquisa sobre o Parque Estadual do Ibitipoca*. Juiz de Fora: Núcleo de Pesquisa em Zoneamento Ambiental da UFJF, 1997.

HSE — *Health & Safety Executive: Risk Criteria for land-use planning in the vicinity of major industrial hazards* — Technology Division, 1ª ed., Liverpool, 1989. 33 p.

JÚNIOR E MOREIRA. Impactos Ambientais de Usinas Termelétricas. Trabalho da Disciplina Impactos Ambientais de Projetos Energéticos. Rio de Janeiro: Programa de Planejamento Energético, COPPE/UFRJ, 1994. 117 p.

LAROVERE, E. L. Política Ambiental e Planejamento Energético. Apostila do Programa de Planejamento Energético. Rio de Janeiro: COPPE/UFRJ, 1995. 85 p.

LEPSCH, I. F. Manual para Levantamento Utilitário do Meio Físico e Classificação de Terras no Sistema de Capacidade de Uso. Campinas: Sociedade Brasileira de Ciência do Solo, 1983.

LIMA, M. A. Planejamento urbano: utilização de Sistema de Informação Geográfica — SIG — na avaliação socioeconômica e ecológica — um estudo de caso. In: *Economia do Meio Ambiente: teoria, política e a gestão de espaços regionais*. Campinas: UNICAMP.IE, 1996.

MACEDO, K. M. A *Importância da Avaliação Ambiental — Análise Ambiental: Uma visão multidisciplinar*. Org. Tauk, S. M. São Paulo: Editora da Universidade Estadual Paulista: FAPESP: SRT: FUNDUNESP, 1991.

—————. *Gestão Ambiental: os instrumentos básicos para a gestão ambiental de territórios e de unidades produtivas*. Rio de Janeiro: ABES e AIDIS, 1994. 284 p.

MAGRINI, A. et al. Diagnósticos do Zoneamento Industrial da Região Metropolitana do Rio de Janeiro sob uma Perspectiva Ambiental. In: *Anais do X Congresso de Energia*. Rio de Janeiro, Hotel Glória, 1999. p. 253-259.

MARGULIS, S. (ed.) *Meio Ambiente: aspectos técnicos e econômicos*. Rio de Janeiro: IPEA/Brasília: IPEA/PNUD, 1990. 246 p.

MINERAL e AGRAR. *Usina Termelétrica RioGen-Merchant — Estudo de Impacto Ambiental — EIA*. Rio de Janeiro. Outubro de 2000, 2 vols.

—————. *Usina Termelétrica RioGen-Merchant — Relatório de Impacto Ambiental —* RIMA. Rio de Janeiro. Outubro de 2000, 5 vols.

MOREIRA, I.C.; XAVIER-DA-SILVA, J. & VALENTE. Environmental risk evaluation within an urban area: the example of the Quitite Valley in Rio de Janeiro. S.C. — Regional Conference on Geomorphology in Rio de Janeiro — RJ, julho de 1999.

MOREIRA, I. C. *Análise Geoambiental por Geoprocessamento Dirigida à Instalação de Usinas Termelétricas e Estudos sobre seus Principais Riscos e Impactos Ambientais* (Dissertação de Mestrado em Geologia). Universidade

Federal do Rio de Janeiro — UFRJ. Centro de Ciências Matemáticas e da Natureza. Instituto de Geociências. Programa de Pós-Graduação em Geologia — Setor de Geologia de Engenharia e Ambiental. Rio de Janeiro, 2002. 381 p.

MULTISERVICE/PetroRio: *Polo Petroquímico do Rio de Janeiro. Obras de Infraestrutura Básica. Estudos de Impacto Ambiental (EIA) — Diagnóstico, Avaliação e Planejamento Ambiental.* Vol. V, Rio de Janeiro, 1990. 120 p.

NÓBREGA, J.C.C. et al. *Estudos Prospectivos de Recursos Energéticos no Estado da Paraíba — GIS Aplicado a Planejamento Energético.* II Congresso Brasileiro de Planejamento Energético. São Paulo, UNICAMP, 12 a 14 de dezembro de 1994. p. 569-573.

PALMIERI, F. *Levantamento Semidetalhado e Aptidão Agrícola dos Solos do Município do Rio de Janeiro.* Rio de Janeiro: EMBRAPA/SNLCS. *PetroRio Polo Petroquímico do Rio de Janeiro — Obras de Infra-Estrutura Básica. Estudos de Impacto Ambiental — EIA.* Vol. I — Informações Básicas: Multiservice, 1990.

PINTO, C.A.L. *A Aplicação do Sistema Geográfico de Informação na Análise de Localização Industrial Intramunicipal com Base em Fatores Socioeconômicos — Estudo de Caso: Os municípios de Resende e Itatiaia, RJ.* (Tese de Mestrado). USP, São Paulo, 1997. 157 p.

POLIVANOV, H. Pedologia — Notas de Aula. Rio de Janeiro, 2000. p 1-95.

KRAUSE, G. G. *Avaliação da Tecnologia de Sistemas Integrados de Gaseificação. Ciclo Combinado para Geração Termelétrica no Brasil.* Tese de Mestrado, COPPE/UFRJ, Rio de Janeiro, 1990. 414 p.

REIS, M.C. *Custos Ambientais Associados à Geração Elétrica: Hidrelétricas x Termelétricas à Gás Natural.* Dissertação de Mestrado em Planejamento Energético, 2001, COPPE/Universidade Federal do Rio de Janeiro, Rio de Janeiro, 2001. 200p.

ROSA, L.P. e SCHECHTMAN R. Avaliação de Custos Ambientais da Geração Termelétrica: inserção de variáveis ambientais no planejamento da expansão do setor elétrico. ENERGE — Centro de Estudos de Energia. Volume II, *Caderno de Energia,* nª 9, março de 1996. 256 p.

ROCHA, C.H.B. *Geoprocessamento: tecnologia transdisciplinar.* Juiz de Fora: Edição do Autor, 2000. 220 p.

ROSS, J.L.S. *Geomorfologia: ambiente e planejamento.* 5ª ed. São Paulo: Contexto, 2000. (Repensando a Geografia). 85 p.

SANTIAGO, F.L. *Modelagem Digital de Parte da Baixada de Sepetiba e dos Maciços Circunvizinhos e Algumas Análises de Risco e Potencial Através do SAGA/UFRJ*, 1996. 130 p. Dissertação Mestrado em Geografia. Instituto de Geociências/UFRJ, Rio de Janeiro.

SANTOS, M.A. A Legislação Ambiental no Controle da Poluição Aérea e a Geração Termelétrica no Brasil. In: *Anais do VII Congresso Brasileiro de Energia*, Rio de Janeiro, Clube de Engenharia, 1996. p. 866-875.

SANTOS, M. A.; RODRIGUES, M. G. O Papel do Gás Natural na Expansão da Geração de Eletricidade no Brasil. In: *Anais do X Congresso de Energia*. Rio de Janeiro, Hotel Glória, 1999. p. 505-514.

SANTOS, H.M.C.; POLIVANOV, H. Atahídes, F.R. Caracterização Pedoambiental e Geotécnica dos Sedimentos Quaternários das Planícies de Jacarepaguá, Guaratiba e Santa Cruz. In: VII SIMPÓSIO DE GEOLOGIA DO SUDESTE. *Boletim de Resumos...* Rio de Janeiro, SBG/UERJ, 2001. p. 133.

SEMA, 1998 — Metodologia. Programa de Zoneamento Econômico-Ecológico do Estado do Rio de Janeiro — ZEE-RJ. SEMA (1997) — Macroplano de Gestão e Saneamento Ambiental da Bacia da Baía de Sepetiba. Relatório 4. Relatório de Mapas Temáticos.

——————. Diagnóstico Ambiental da Bacia Hidrográfica da Baía de Sepetiba: Programa de Zoneamento Econômico-Ecológico de Estado do Rio de Janeiro — ZEE-RJ. 63 p. SEMA (1997) — Macroplano de Gestão e Saneamento Ambiental da Bacia da Baía de Sepetiba. Relatório 3. Caracterização e Diagnóstico do Solo Urbano e Análise do Zoneamento Industrial.

——————. Diagnóstico Ambiental da Bacia Hidrográfica da Baía de Sepetiba: Programa de Zoneamento Econômico-Ecológico do Estado do Rio de Janeiro — ZEE-RJ. 63 p. SEMA (1997) — Macroplano de Gestão e Saneamento Ambiental da Bacia da Baía de Sepetiba. Relatório 6. Diretrizes para o Desenvolvimento Agropecuário e Atividade de Mineração.

STROHAECKE, T.; SOUZA, C. A Localização Industrial Intraurbana: Evolução e Tendências. *Revista Brasileira de Geografia*. Vol. 52, n. 4, Rio de Janeiro, out./dez. 1990, p. 73-89.

TEXEIRA, MORETTI e CHRISTOFOLETTI. *Introdução aos Sistemas de Informação Geográfica*: Rio Claro: Edição do Autor, 1992. 80 p.

TEIXEIRA, I.J.L. *Critérios Ambientais Visando ao Estabelecimento de Medidas Compensatórias para o Setor de Mineração de Brita no Município do Rio de*

Janeiro. Dissertação de Mestrado em Ciências Ambientais e Florestais. Instituto de Floresta/UFRRJ, Rio de Janeiro, 2000. 82 p.

THEMAG/PETROBRÁS. Relatório de Impacto Ambiental da Base de Açilândia/MA, 1987. Vol. I, 121 p.

TERRA BYTE. Mineração Aguapeí S.A. Projeto Areia Seropédica — RIMA — Relatório de Impacto Ambiental. Rio de Janeiro, 2000. 228 p.

TRYCKERI, J. B. *Swedish Board of Housing, Building and Planning — Better Space for Work — short version of land-use planning guidelines with respect to environmental, health and safety aspects.* 1ª Edição, fevereiro de 1998.

XAVIER DA SILVA, J. A digital model of the environment, na effective approach to areal analysis. *Anais dos International Geographic Studies.* Rio de Janeiro: UGI/UFRJ, 1982. p. 17-22.

——————. As Estruturas Lógicas de Análise e Integração. Apostila do CEGEOP — Curso de Especialização em Geoprocessamento. Rio de Janeiro: UFRJ 1-14, 1999.

——————. A Perspectiva Sistêmica e o Geoprocessamento. Apostila de aula. Rio de Janeiro: UFRJ, 1-24, 2000.

——————. *Geoprocessamento & Análise Ambiental.* Rio de Janeiro: Editora Bertrand, 2001. 228 p.

XAVIER DA SILVA, J.; CARVALHO FILHO, L.M. Sistemas de Informação Geográfica: uma proposta metodológica. In: *Anais da IV Conferência Latino-Americana sobre Sistemas de Informação Geográfica e II Simpósio Brasileiro de Geoprocessamento.* São Paulo: USP, 1993. p. 609-628.

XAVIER DA SILVA, J.; GOES, M. H.; SOUZA, E. R.; BERGAMO, R.B.A.; CALVALCANTE, M. S. C.; SILVEIRA, R. S.; MACHADO, R. D.; COSTA, W. P. C. Proposta do LGA-UFRRJ de Traçado da Linha de Transmissão de 500kw de Furnas Centrais Elétricas: Um Diagnóstico Ambiental. Laboratório de Geoprocessamento Aplicado. Departamento de Geociências — IA. Rio de Janeiro: Universidade Federal Rural do Rio de Janeiro. Outubro de 1997. 114 p.

CAPÍTULO 7

GEOPROCESSAMENTO APLICADO À SEGURANÇA E À QUALIDADE DE VIDA NA REGIÃO DA TIJUCA (RIO DE JANEIRO, RJ)

José Américo de Mello Filho
Jorge Xavier da Silva

1. INTRODUÇÃO

1.1. AMBIÊNCIA E QUALIDADE DE VIDA

A região da Tijuca, por sua importância para a cidade do Rio de Janeiro, deve ser tratada tanto pelo Poder Público quanto por seus habitantes e pelas instituições da sociedade como uma unidade que apresenta excelentes características, e por elas é muito reconhecida, mas também está submetida a doenças ambientais, cujos sintomas se detectam na avaliação dos fatores que concorrem para a determinação dos níveis de qualidade de vida. Fazer essa identificação e alcançar conhecimento sobre o ser estudado é o primeiro passo do princípio do método científico. Este é um instrumento poderoso de apoio à decisão, para se equacionarem os problemas que hoje se constatam e tornar mais saudável o meio ambiente e aumentar generalizadamente a qualidade de vida na região da Tijuca.

O conceito de análise ambiental fundamenta-se no princípio do método, base científica da investigação, empregado pela humanidade para apreender a realidade. A busca de conhecimento, intrínseca ao ser humano, inicia-se pela observação e identificação de fato ou questionamento intrigante, elabora-se a estruturação argumentativa e o estabelecimento de proposição, evolui-se para o seu desenvolvimento e se conclui com a fase da síntese, nova estrutura, novo patamar, o que exprime o fundamento do processo dialético. A Geografia teorética quantitativa possibilita a sistematização de regiões, com propósitos especificados, cuja estratificação é aplicada pelas análises ambientais, zoneamentos e planos de manejo.

Constitui a base do procedimento científico a pesquisa de relacionamento das possíveis ou prováveis associações de causa e efeito entre as variáveis componentes de um estudo, pela qual, efetuando-se a identificação e classificação de elementos e fenômenos envolvidos, e passíveis de registro, orienta-se a busca de relações causais entre eles. E a geração do conhecimento humano, em processo dialético e constante, para tal, necessita ser axiomaticamente estruturada em proposições de irretorquível credibilidade.

A evolução dos métodos científicos torna disponível ao homem de hoje caminhos para se realizar a análise ambiental, assim como todas as atividades e observações, conforme dois princípios fundamentais: o analítico e o holístico. O *princípio analítico*, também denominado cartesiano ou reducionista, constitui a base de todo o conhecimento científico contemporâneo e fundamenta-se na análise das partes e dos elementos constituintes de uma unidade, como processo metodológico para melhor conhecê-la. O *princípio holístico*, ou fenomenológico, considera a unidade, ou o fenômeno, como o *todo*, o indivíduo a ser analisado. Segundo este preceito, determinadas características da unidade só poderão ser distinguidas a partir da análise da unidade como uma *totalidade*. Analisar constitui, então, um processo contínuo de fragmentação cartesiana e de posterior reestruturação, com fulcro na visão holística, como caminho e método pelos quais se obtém e se amplia o conhecimento.

Compreende-se como Ambiente o conjunto estruturado de elementos que oferecem espacialidade e podem ser apresentados abrangendo as diferentes áreas do conhecimento, e são de natureza física, biótica, social e política. A concepção de ambiente é alicerçada na integração e também simbiose entre seus componentes. Para a aquisição de conhecimento do que verdadeiramente ocorre no seu meio, ela pode ser fragmentada, e eles, estudados individualmente e, posteriormente, integrados em visão sintética do ambiente em que se está inserido ou que se estuda. Segundo XAVIER DA SILVA e SOUZA (1987), de um ponto de vista geográfico limitante e pragmático, ambiente é parcela da superfície terrestre em condições ainda dominantemente naturais ou transformadas, em diferentes níveis, pelo homem. Analisar um ambiente equivale a desagregá-lo em suas partes constituintes e apreender as suas funções internas e externas, com a consequente criação de conjunto integrado de informações, que constitui o conhecimento assim adquirido.

A questão ambiental manifestou-se ao final da década de 1960, como uma crise de civilização. Desde essa época desenvolvem-se estudos e se configura um pensamento epistemológico que tomou o ambiente como objeto de reflexão, que vai além do que se compreende como ecologia e abarca toda a complexidade do mundo atual. Segundo LEFF (2001), a crise ambiental questiona o conhecimento do mundo e se apresenta a nós como um limite no real para uma reorientação do curso da história do homem, revelados como os limites do crescimento populacional, econômico, dos desequilíbrios ecológicos, das capacidades de sustentação da vida, dos limites da pobreza e as desigualdades sociais.

A busca continuada e inexorável do desenvolvimento tem propiciado à humanidade passar por diversas e distintas etapas, localizadas tanto no tempo como no espaço geográfico. Desde a mais remota experiência de uso dos recursos naturais — a exploratória primária dos bens ofertados pela natureza, até os dias de hoje, com sofisticados processos de industrialização, mercantis, de modificações da paisagem e da contínua ampliação e aprimoramento no uso dos recursos naturais, o homem tem-se superado, fase a fase, no objetivo de obter recompensa e satisfação pelo seu trabalho, em permanente busca de maior conforto e melhor qualidade de vida.

Em cada etapa desse processo evolutivo, as realizações sempre se basearam no uso de conceitos e técnicas considerados os mais aprimorados para sua época. Perdas, mau uso e desperdícios dos recursos naturais, que ocorrem e ocorreram em todas as épocas, nas mais distintas regiões, e em todas as civilizações, não se mostraram significativos, até que as populações e os espaços ocupados começaram a gerar tensões, variadas formas de poluição e graves deteriorações do meio ambiente.

Os problemas de desordem ambiental, gerados e dispersos por todo o planeta, especialmente nas áreas ocupadas por complexos urbanos, porém grave também na exploração indiscriminada das áreas rurais, sempre foram temas de estudos acadêmicos, cujos resultados ficavam restritos quase exclusivamente ao meio científico, passaram a ser do interesse de toda a população, principalmente devido ao maior acesso e à maior eficiência dos processos de informação. Essa conscientização tem promovido o homem a compreender a necessidade de viver em condições ambientais saudáveis, como direito inalienável de todos os cidadãos do mundo.

Tanto se agravaram e generalizaram os problemas ambientais, que a humanidade percebeu o perigo a que se estava expondo, evidenciou a contestação ao sistema produtivo implementado e sentiu a necessidade de organizar-se para elaborar soluções. Para possibilitar o estabelecimento de condições ideais de qualidade de vida, segundo os fundamentos de ordem social e econômica, sem abrir mão do progresso científico e tecnológico, e com a compreensão de que o conhecimento é a base estrutural para o desenvolvimento, o homem tem formulado métodos e processos em conformidade com os princípios e conceitos geográficos fundamentais.

É equivocado pensar que o progresso científico se processe em condições absolutamente autônomas, independente das relações econômicas, sociais e políticas vigentes (MORAES e COSTA, 1999). Mesmo baseado em critérios de objetividade, o debate científico sempre manifestará as concepções de mundo divergentes que ocorram numa determinada sociedade, posto que "uma ciência repetitiva é uma ciência estagnada, e o desconhecido, o ainda a descobrir, é a meta de todo trabalho científico".

As questões ambientais envolvem indistintamente o homem e a natureza. Toda ação humana emprega algum tipo de recurso natural, e por estar baseada em processo cartesiano de desenvolvimento, tem a propriedade de alterar o ambiente, deixando-o desequilibrado. O homem está umbilicalmente imerso no ambiente, porém não se sente parte dele. Esta é a grande dicotomia, que somente agora, no estágio atual da humanidade, tem a possibilidade de começar a ser compreendida. Sua ação, portanto, não se restringe a consequências ao mundo físico e biótico, mas especialmente aos efeitos sociais e políticos.

Neste sentido, AJARA (1993) constata que a questão ambiental não deve ser considerada apenas uma relação homem/natureza, mas é, por definição, de natureza política, e mesmo geopolítica, tendo em vista que os diferentes graus de comprometimento das condições ambientais derivam da forma pela qual são estabelecidas as relações sociais. Ao analisar o tema, BRESSAN (1996) afirma que a deterioração ambiental não pode ser entendida como uma consequência inerente aos atos do homem ou da civilização, entes abstratos; é necessário que se pesquisem as causas concretas e que se identifiquem e se localizem os efeitos desta deterioração.

A capacidade e a autoridade que o homem se outorgou para alterar o ambiente, conforme as suas necessidades prementes e imediatistas, vêm desde os primórdios da humanidade, pela suposição filosófica de ser ele o centro do mundo, e mesmo o centro do Universo. Este posicionamento o colocou como um ser externo à natureza, dissociado do ambiente, com a possibilidade, e até mesmo a tarefa, de dominá-la, de conquistá-la, de exercer a autoridade para transformá-la.

É, pois, imprescindível que o homem busque instrumentalizar-se para providências imediatas quanto à questão ambiental. Assim, para MORAES (1994), a principal tarefa a ser engendrada no momento é de se romper o isolamento da área ambiental e estabelecer diálogos que permitam futuras parcerias entre instituições, para que se gerem soluções viáveis e ambientalmente adequadas, em vez de se valorizarem posições restritivas no campo do impedimento. Isto porque um detalhado zoneamento e um adequado planejamento ambiental envolvem muitos interesses e são, por si, potencializadores de conflitos.

A análise ambiental, como instrumento metodológico e técnico para os pesquisadores diretamente envolvidos, constitui eficiente intermediária entre as contribuições das diversas disciplinas específicas e o levantamento, planejamento e monitoramento ambientais. É, por excelência, fundamental ferramenta de apoio à decisão — um elo entre a produção científica e o real fornecimento das informações imprescindíveis às decisões político-administrativas concernentes aos recursos ambientais (XAVIER DA SILVA e SOUZA, 1987).

1.2. GEOPROCESSAMENTO

As possibilidades oferecidas pela tecnologia computacional, associada à demanda exponencial de dados ambientais, ao mesmo tempo que se proliferam e se agravam os problemas ambientais, assim como as consequências derivadas da necessidade de se conseguir melhor uso dos recursos naturais, têm impulsionado as atividades e a ciência do Geoprocessamento, e o crescente e sólido desenvolvimento de Sistemas Geográficos de Informação.

Para possibilitar novos caminhos que se vislumbram para as atividades de análises ambientais, zoneamento, planejamento e gestão dos recursos ambientais territoriais, do meio urbano ou do rural, e assim estabelecer metodologias para melhor efetuar o uso mais racional e eficiente dos espaços e regiões, é imperioso o incentivo à aplicação de instrumentos de Geoprocessamento. Esta técnica é capaz de fornecer informações completas, precisas (em função da base de dados disponível) e atualizadas, permitir a manipulação eficiente desses dados e conduzir à tomada de decisão para que se atinjam os objetivos definidos por programas de gerenciamento ambiental ou de administração pública.

O Geoprocessamento, ao propiciar análise consistente de grandes volumes de dados ambientais, impede o risco de não se analisarem adequadamente os dados obtidos, ou analisá-los fragmentariamente, sem a necessária integração. Pois constitui meio científico de se investigarem realidades ambientais complexas, de modo abrangente, consistente e com economia de tempo e esforços (XAVIER DA SILVA e SOUZA, 1987).

A região da Tijuca, conforme estudada neste trabalho, compreende a área definida pela Bacia Hidrográfica do Canal do Mangue, a qual faz parte da Bacia Hidrográfica da Baía de Guanabara e constitui porção essencial da cidade do Rio de Janeiro. Os seus rios principais e canais efetuam a drenagem de importantes e tradicionais bairros, que converge para o Canal do Mangue, seu curso d'água principal.

A enorme variabilidade na distribuição territorial e dos parâmetros que caracterizam a população humana, que reside, vive e depende das condições desta região, acompanhada de elevada heterogeneidade quanto aos níveis de qualidade de vida, ambas somadas à elevada e praticamente incontrolada taxa de urbanização, ou crescimento desordenado de áreas ocupadas, todos estes fatores tornam-se intensamente agravados em razão de haverem ocorrido, e estarem ainda em processo contínuo, em grande parte, em locais de riscos de enchentes, de deslizamentos e desmoronamentos, e de segurança policial insuficiente.

Devido à importância da região da Tijuca para o município do Rio de Janeiro, de suas características demográficas, fisiográficas, de ocupação humana e de cobertura vegetal, o presente trabalho tem por objetivo analisar a sua complexa distribuição de variados níveis de qualidade de vida, por meio de aplicação de conceitos e ferramentas do Geoprocessamento.

1.3. ÁREA DE ABRANGÊNCIA

A região da Tijuca compreende a área definida pela Bacia Hidrográfica do Canal do Mangue, cujos ambientes formados pelas populações, assim como seus componentes físicos naturais e os produzidos pelo homem, forjaram funções e significados fundamentais para a cidade do Rio de Janeiro.

A superfície da Bacia Hidrográfica do Canal do Mangue soma 4.272,07 hectares e tem seus divisores limitados ao sul e ao leste pela Serra da Carioca, a oeste pelo Maciço da Tijuca e ao norte pela Serra do Engenho Novo e Baía de Guanabara. Separando a Serra da Carioca das montanhas da Tijuca destacam-se o vale do Rio Maracanã e o passo do Alto da Boa Vista, os quais constituem organicamente quatro elementos de real significado na geografia da cidade do Rio de Janeiro.

A área de estudos, delimitada conforme expressa a **Figura 1**, está localizada entre as coordenadas geográficas 22°53'40" e 22°58'04,7"S e entre 43°11' 08,5" e 43°17' 34,6 a oeste de Greenwich, no Fuso 23 do Sistema de Projeção UTM, cujo Meridiano Central situa-se em 45° WG. E o polí-

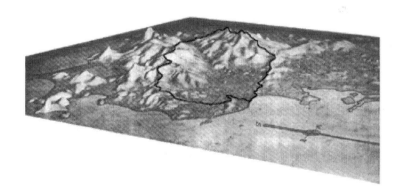

Figura 1 — Modelo do relevo do município do Rio de Janeiro (Fonte: Museu Nacional, por ABREU, 1957)

gono que circunscreve a região de estudos está posicionado segundo o sistema de projeção e definido pelas coordenadas métricas: 675.000 a 686.000 de longitude e 7.459.000 a 7.467.000 de latitude.

Os seus rios principais e canais efetuam a drenagem de importantes e tradicionais bairros, como Leopoldina, São Cristóvão, Vila Isabel, Tijuca, Grajaú, Alto da Boa Vista, Andaraí, Santa Teresa, Cidade Nova, Praça Onze, Rio Comprido, Catumbi e Santo Cristo. Toda a sua rede de captação converge para o Canal do Mangue, seu curso d'água principal, o qual corresponde a sistema artificial de drenagem, com cerca de 2.600 metros de extensão, cuja desembocadura se dá na região da faixa portuária, onde se localiza o marco inicial da Avenida Brasil.

A parte da Bacia Hidrográfica do Canal do Mangue constituída por montanhas e elevações é fortemente clivosa e mostra em muitos locais declividades médias superiores a 40%. As altitudes máximas estão em torno de 850 metros. Grande parte da área é coberta por matas densas e por vegetação arbustiva e herbácea. Entretanto, é nessa área de relevo acidentado, conjugada com características geológicas e geomorfológicas frágeis, que se encontram a maior porção das regiões favelizadas dessa bacia hidrográfica e partes urbanizadas de alguns bairros.

A área de baixadas da bacia é quase plana, com declividade média inferior a 2,5%, constituída por depósitos aluvionares, e encontra-se urbanizada e pavimentada praticamente em sua totalidade. Nessas baixadas encontram-se os principais afluentes do Canal do Mangue, como os rios Maracanã, Trapicheiro, Joana, Comprido e Catumbi (ou Rio Papa-Couve) (Figura 2).

Para atingir a investigação no nível planejado, criou-se amplo e variado banco de dados georreferenciado, para evidenciar as características fisiográficas, inclusive da rede de macrodrenagem e do relevo, uso da terra e os principais dados censitários que particularizam as situações socioeconômicas locais. E, assim, formar condições para avaliar a problemática ambiental da região da Tijuca, com fulcro na qualidade de vida humana.

Para o tratamento de dados foram utilizados vários aplicativos computacionais e sistemas geográficos de informação, tanto dos que privilegiam a estrutura matricial como a vetorial. Os processos de transformação e adequação dos dados foram distintos entre os dados da base física e os dados populacionais. A base de dados do Censo 2000 fornecida pelo

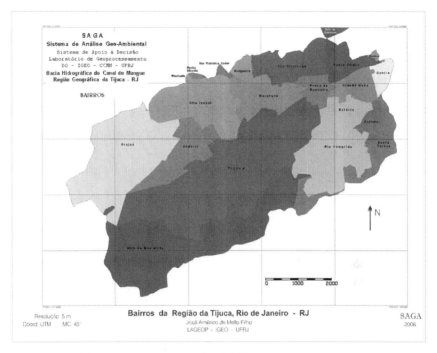

Figura 2 — Bairros que compõem a região da Tijuca
Fonte: MELLO FILHO, 2003.

IBGE, possibilitou o dimensionamento e a seleção dos 786 setores censitários que pertencem à região da Tijuca.

Tanto para a base física como para a base de dados demográfica, empregaram-se diversos programas para a preparação dos dados georreferenciados, tendo em vista a própria amplitude da base de dados, oriunda de fotointerpretação e arquivos digitais de variados tipos e formatos utilizados pelas instituições públicas responsáveis pelo mapeamento e a geração da base de dados digitais. As análises e avaliações foram desenvolvidas no ambiente do SAGA — Sistema de Avaliação Geo-Ambiental, criado pelo LAGEOP, no Departamento de Geografia da Universidade Federal do Rio de Janeiro, sistema de estrutura matricial. Seguindo os procedimentos metodológicos programados, com o emprego de variáveis estatísticas costumeiramente empregadas na determinação dos índices de desenvolvimento humano, foram realizadas avaliações de tipos simples e complexa, com o objetivo de se determinar a distribuição territorial da qualidade de vida na região da Tijuca. Ao final, realizou-se análise com aplicação da técnica Polígono de Voronoi, que busca retratar a realidade com base nas suas forças polarizadoras e suas massas, e determinar áreas de influência para integrar o item segurança quanto à criminalidade às análises ambientais realizadas.

2. Objetivos

2.1. Objetivo Geral

O objetivo fundamental da presente pesquisa constitui a análise da variação territorial da qualidade de vida na região da Tijuca, no Rio de Janeiro, compreendida pela área delimitada da Bacia Hidrográfica do Canal do Mangue, empregando-se as técnicas propostas pelo Geoprocessamento, com os recursos de sistemas geográficos de informação.

Conforme a compreensão geográfica, o conceito de ambiência abarca o conjunto estruturado de elementos que oferecem espacialidade e podem ser apresentados abrangendo as diferentes áreas do conhecimento, e são de natureza física, biótica, social, econômica e política.

A análise ambiental da região da Tijuca é plenamente justificada tendo-se em consideração a sua destacada importância para a cidade do Rio de Janeiro, nos seus aspectos fisiográfico, biótico e de ocupação humana, especialmente no que concerne à sua susceptibilidade a fenômenos resultantes de precipitações pluviométricas intensas.

Para tornar possível atingir-se o objetivo essencial da presente pesquisa foi necessário o desenvolvimento de duas etapas principais, a elaboração da base de dados georreferenciada e da taxonomia associada à análise ambiental e aos indicadores de qualidade de vida.

2.2. Base de Dados Georreferenciada

O primeiro passo para a materialização da análise por Geoprocessamento que se projetou foi a criação de base de dados digital e georreferenciada para a área da região da Tijuca, compreendida pela Bacia

Hidrográfica do Canal do Mangue. Em decorrência da atualidade dos elementos de informação obtidos, esta base de dados está perfeitamente atualizada. Por características inerentes ao banco de dados de sistema geográfico de informação, estes podem ser perfeitamente atualizáveis, ao longo do tempo, permitindo futuros estudos de monitoramento.

Uma das dificuldades na tarefa de estruturação de dados é a dependência da origem e qualidade das informações ambientais, tendo em vista que os dados preexistentes podem ser encontrados em diversas escalas e formatos (cartográficos, tabulares, textos etc.). Devido à comprovação destes fatos e variações para os dados existentes e disponíveis para a cidade do Rio de Janeiro e particularmente para a região de estudos, houve a necessidade de se definir e compatibilizar a escala, com a determinação de um valor de resolução apropriado, assim como transformar os elementos de informação, de tipos tabular e texto, em dados georreferenciados.

2.3. Taxonomias para Análise Ambiental

Para se efetivar a análise objeto deste estudo faz-se necessária a definição de taxonomias associáveis à qualidade ambiental, quais sejam:

2.3.1. Meio Físico

Para o levantamento das condições fisiográficas a possibilitar a análise ambiental, teve-se por necessidade fundamental a obtenção dos seguintes mapas básicos: *Geomorfologia, Altimetria, Declividade, Rede de Drenagem* e *Solos.*

2.3.2. Meio Biótico

Para o levantamento das condições bióticas, como elemento fundamental da análise ambiental da área em estudo, necessitou-se obter o seguinte mapa básico: *Cobertura Vegetal.*

2.3.3. Meio Socioeconômico

Para o levantamento das condições socioeconômicas da área da Bacia Hidrográfica do Canal do Mangue, a integrar a análise ambiental por Geoprocessamento, os seguintes dados básicos precisaram ser obtidos, a partir do Censo 2000 e de outras fontes e instituições públicas:

- *Carta de Uso da Terra*
- *Mapa Georreferenciado dos Setores Censitários*
- *Dados Demográficos (por Setores Censitários)*
- *Condições de saneamento por domicílio*
- *Condições de renda por domicílio*
- *Condições de escolaridade*
- *Condições de segurança*

Quanto aos dados ambientais, eles são considerados grandezas variáveis e territorializadas. São abundantes, diversificados, posicionáveis e de extensão determinável. A partir deles, e de sua transformação em informações espacializadas e georreferenciadas, foi possível obter conhecimento, em vários níveis e sob diversos prismas, sobre a realidade ambiental da área objeto de estudo.

A fase mais crítica do projeto de um Sistema Geográfico de Informação é a construção do banco de dados. Envolve em geral elevados custos e prazos para modelagem, levantamento de dados, conversão de dados, bem como a formação de uma equipe técnica experiente. Há também dificuldades técnicas em se construir um banco de dados geográficos, tendo em vista que a manipulação de dados a alimentar o sistema requer conhecimentos de disciplinas, como sensoriamento remoto, cartografia, fotogrametria, geodésia, ciência da computação, matemática, estatística e sistemas geográficos de informação, bem como outras disciplinas específicas da aplicação do SGI.

3. REGIÃO DA TIJUCA:
CARACTERÍSTICAS E COMPLEXIDADE

A região da Tijuca, aqui compreendida pela Bacia Hidrográfica do Canal do Mangue, faz parte da Bacia Hidrográfica da Baía de Guanabara, na área pertencente ao município do Rio de Janeiro. O seu curso d'água principal é um canal artificial de drenagem, cuja desembocadura se dá no quilômetro zero da Avenida Brasil, junto à área do Porto do Rio de Janeiro.

Esta bacia hidrográfica tem cerca de 42,72km² de superfície projetada e efetua a drenagem de bairros tradicionais e importantes da cidade do Rio de Janeiro, como Tijuca, Vila Isabel, São Cristóvão, Andaraí, Alto da Boa Vista, Praça da Bandeira, Rio Comprido, Catumbi, Santo Cristo e parte de Santa Teresa.

Sua população residente esteve composta por 643.592 habitantes, sendo 305.668 homens (47,49%) e 337.924 mulheres (52,51%), segundo o IBGE (2002).

A área de baixada é quase plana, com declives inferiores a 2,5%, e representa pouco menos da metade da área de toda a bacia hidrográfica. É composta principalmente de terraços e várzeas aluvionares, e está urbanizada em quase toda a sua totalidade. Suas várzeas baixas resultaram de obras de aterro e recuperação de terrenos de manguezais, brejos, lapas temporárias e alagadiços nas margens da Baía de Guanabara.

Esta bacia hidrográfica foi uma das mais afetadas por atuações antrópicas no município do Rio de Janeiro. As transformações dessas áreas na paisagem e na mecânica do fluxo hídrico foram executadas por meio de desmontes e aterros, há mais de 100 anos, para urbanizá-las e integrá-las ao desenvolvimento urbano da cidade.

Cerca de metade de sua área situa-se em regiões de encostas, em altitudes que variam de 50 a 800 metros. Essas áreas mais íngremes são ocupadas parcialmente por floresta de Mata Atlântica, extensão do Maciço da Floresta da Tijuca, por algumas áreas de regeneração por reflorestamentos com espécies nativas e por vegetação herbácea e arbustiva de pequeno porte, geralmente nos trechos inferiores das encostas. A partir dos sopés dos morros desenvolveram-se diversas comunidades, que ocupam essas encostas de forma desordenada, as quais alteraram de forma significativa o recobrimento florístico original, que favorecem ainda mais o escoamento superficial dos deflúvios de cheia e o transporte de sedimentos.

Com a então nova ordenação urbana do início do século XX, os escoamentos fluviais passaram a ser reunidos em dois canais artificiais principais (antigos braços de mar), que concentraram as vazões em calhas hidráulicas para poder escoar grandes enchentes: a calha do Canal do Mangue e a calha do Canal do Maracanã, o qual desemboca no primeiro, em seu trecho final para a Baía de Guanabara, próximo ao atual Cais do Porto. À época daquelas transformações não ocorriam enchentes catastróficas, e o objetivo era o de controlar alagamentos efêmeros de terrenos úmidos então existentes nos manguezais, brejos e lagoas. A reunião das bacias e sub-bacias dispersas, de pequeno e médio porte, em um único canal permitiu melhor recuperação dos terrenos ampliados e a expansão das atividades econômicas.

No entanto, por ocasião de intensas precipitações, a nova conformação potamográfica resultante das alterações urbanísticas ao início do século XX passaram a constituir sério problema ambiental, cada vez mais grave com a expansão urbana e ocupacional das áreas de contribuição da bacia hidrográfica. A favelização das áreas mais elevadas constitui cinturão periférico, que passou a agir como promotor de problemas ainda mais complexos, como o aumento de erosões, escoamentos e deposição nas planícies, presença de lixo disperso em grandes massas e a ocorrência de enxurradas mais graves e volumosas, com a consequente poluição hídrica concentrada nas calhas fluviais.

A intensidade de alteração e artificialização dos traçados e das características hidráulicas dos canais do Mangue e do Maracanã, associada à intensa impermeabilização do terreno, especialmente nos locais estratégicos para a circulação de pessoas e veículos, gerou nesses locais a concentração de fortes vazões de enchentes.

As consequências da ação e da influência do Poder Público sobre o ambiente, por meio de obras para modificá-lo, como na socioeconomia, pela linha política adotada, dão-se pelo que verdadeiramente executou e também pelo que deixou de realizar em benefício da qualidade de vida da população. Ao se analisar a cidade do Rio de Janeiro em seu processo histórico, constata-se que a estrutura urbana primou pela organização interna do tipo centro-periferia, em cujas áreas centrais predomina o segmento social de padrão econômico mais elevado, enquanto a população mais carente distribui-se pela periferia. A Reforma Passos foi considerada a verdadeira revolução de conceitos. Sob o governo do presidente Rodrigues Alves e do prefeito Pereira Passos, entre os anos de 1902 e 1906, deu-se a grande transfiguração urbanística da cidade do Rio de Janeiro, com a consolidação da área central, como ainda é hoje, e sua expansão para a região da Tijuca. A infraestrutura que se estabeleceu com aquela reforma paisagística e o crescimento econômico advindo fizeram crescer os subúrbios, de população e de significado, mas geraram também as favelas, agravaram as enchentes e trouxeram maior complexidade ao sistema viário.

À época, o que se buscava era o saneamento geral, visando combater a degradação dos logradouros e arruamentos por lamas e resíduos urbanos, além do assoreamento nos rios e lagoas. O ecossistema de planície em que se assentou a cidade, nestes cerca de 500 anos, passou de manguezal sadio de água salobra para um dos mais afetados por atuações antrópicas do país. Os morros e elevações que constituem o entorno da Bacia Hidrográfica do Canal do Mangue impõem até hoje o agravamento de fatores ambientais, devidos à aceleração do ciclo geológico (erosão-deslizamentos-deposição) e à atuação antrópica nas encostas, que produzem poluições variadas, desmatamentos, impermeabilizações do terreno e lixo disperso.

A ocupação e o uso da terra por populações crescentes, sem considerar parâmetros ambientais inadequadamente afetados, levaram e continuam a gerar reações inesperadas e desfavoráveis do ecossistema modificado e deteriorado pela ação humana, que vêm, gradativa e inexoravelmente, alterando os padrões de qualidade de vida da população.

A importância vital da área para a cidade do Rio de Janeiro, e dada a complexidade de seus problemas ambientais, que envolve os horizontes físico e humano, entusiasma os pesquisadores na busca de maiores e mais bem localizados conhecimentos neste trabalho com apoio no Geoprocessamento, para constituírem subsídios à tomada de decisão por parte dos administradores públicos, com vistas a se aprimorarem constantemente as soluções que conduzam à melhoria da qualidade de vida nesta região urbana.

4. ANÁLISES DO AMBIENTE FÍSICO

A partir da base de dados georreferenciado da área física da região da Tijuca e fundamentada na proposta estruturada nas árvores múltiplas de decisão, procedeu-se à investigação por análises ambientais em busca de maior conhecimento sobre o comportamento do ambiente da área em estudo quanto aos elementos físicos em interação com a população humana.

4.1. DETERMINAÇÃO DOS RISCOS DE ENCHENTES

4.1.1. COMPOSIÇÃO LÓGICA DO MAPA

A avaliação foi efetuada a partir de cinco mapas básicos: *Geomorfologia, Declividades, Proximidades de Rios, Permeabilidade do Terreno* e *Fatores Naturais e Históricos*. Fundamentou-se essencialmente nas três características físicas principais causadoras de riscos de enchentes: as condições geomorfológicas, as situações de declividades do terreno e a proximidade de rios e canais, que contribuíram com 70% de importância nas estimativas de ocorrência efetuadas. O mapa de permeabilidade do terreno, que registra a forma de cobertura do terreno no processo de urbanização da região da Tijuca, assim como se constata na maioria das grandes cidades brasileiras, contribuiu com 10%. O mapa que mostra as áreas com riscos de deterioração ambiental pelos fatores naturais e históricos, no qual foram identificadas manchas esparsas de altos riscos, contribuiu com os 20% restantes e permitiu o "recorte", ou seja, o detalhamento territorial executado pelo algoritmo de média ponderada da avaliação de riscos de enchentes, como se depreende da **Figura 3**:

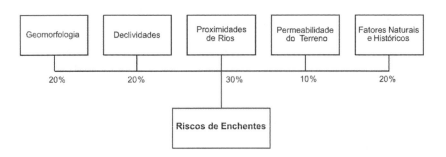

Figura 3 — Árvore de decisão para Riscos de Enchentes
Fonte: MELLO FILHO, 2003.

4.1.2. Características da Legenda

É grande a amplitude das classes registradas na análise estimativa dos riscos de enchentes, estendendo-se de 10 a 97, compreendendo 11 categorias. Destaca-se o desdobramento do intervalo entre 81 e 97 em quatro classes (81-85, 86-90, 91-94 e 95-97), o que possibilitou um recorte nas áreas baixas reconhecidamente inundáveis. O mapa aqui apresentado como **Figura 4** destaca cinco classes para expor, com mais eficiência e clareza, onde se situam as áreas que definem os níveis de importância dos riscos de enchentes na bacia hidrográfica. É de lembrar que os mapas com as avaliações detalhadas originais, ou seja, sem a simplificação gerada pela aplicação das classes, estão preservados.

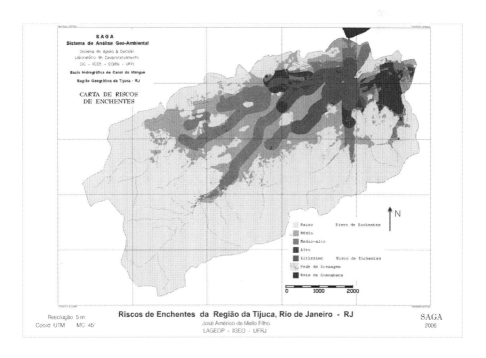

Figura 4 — Mapa de Riscos de Enchentes
Fonte: MELLO FILHO, 2003.

4.1.3. Distribuição Territorial

Em conformidade com os dados históricos e como seria de esperar, as grandes linhas deste mapa de riscos de enchentes seguem os alinhamentos básicos da rede de drenagem da Bacia Hidrográfica do Canal do Mangue. É digna de destaque a incidência das altas classes em locais sabidamente inundáveis, como a Praça da Bandeira, o trecho final do Rio Trapicheiro e as áreas próximas à Universidade do Estado do Rio de Janeiro, Estação Ferroviária da Leopoldina e Estádio do Maracanã.

Pelos dados mostrados pelo mapa da **Figura 4**, a orientação da distribuição territorial das classes é influenciada fortemente pela proximidade de rios e canais.

Para a maior expressão e destaque das situações de riscos, as categorias iniciais resultantes da análise foram agrupadas em cinco classes, a saber: Altíssimo Risco, Alto Risco, Médio-Alto Risco, Médio Risco e Baixo Risco de enchentes. A definição destas classes foi determinada a partir de busca e averiguação dos dados contidos no relatório resultante da análise, que segue como anexo, cujas frequências e áreas respectivas são mostradas na **Tabela 1**, a seguir:

Tabela 1 — Demarcação dos Riscos de Enchentes

Classes	Limites	Área (ha)
Altíssimo Risco	90 a 97	246,12
Alto Risco	81 a 89	172,47
Médio-Alto Risco	71 a 80	442,19
Médio Risco	61 a 70	654,47
Baixo Risco	10 a 60	2.726,66

Praticamente toda a área pavimentada está sujeita a algum risco, que poderá ser maior dependendo da proximidade de galerias subterrâneas ou de canais abertos e de seu estado de assoreamento. As áreas marcadas em cinza médio e escuro (vermelho e marrom-escuro no mapa original) definem os locais de maiores riscos de enchentes, inclusive em respeito a dados históricos empregados quando da aplicação de notas na etapa de avaliação.

4.2. DETERMINAÇÃO DOS RISCOS DE DESLIZAMENTOS E DESMORONAMENTOS

4.2.1. COMPOSIÇÃO LÓGICA DO MAPA

Esta avaliação da estimativa de Riscos de Deslizamentos e Desmoronamentos (mapa da **Figura 5**) foi elaborada principalmente com base nos mapas de Geomorfologia (com peso 30%) e Declividades (com peso 30%). O mapa de Proximidades de Favelas e o de Solos também integram esta análise, contribuindo cada um com 20%.

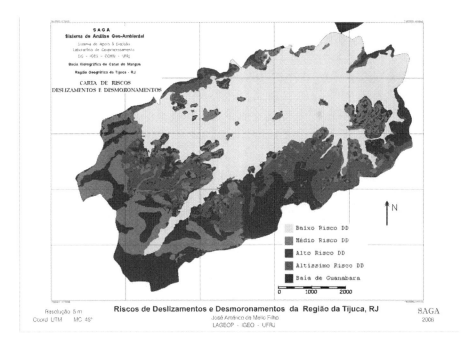

Figura 5 — Mapa dos Riscos de Deslizamentos e Desmoronamentos
Fonte: MELLO FILHO, 2003.

4.2.2. Características da Legenda

A legenda do mapa da **Figura 5** é composta por categorias que se estendem de 10 a 99 e apresentam, portanto, grande amplitude e detalhamento hierárquico. Inicialmente, foram determinadas 11 classes, sendo que se adotou o intervalo 10 até o valor 79. A partir da nota 80 utilizou-se o intervalo de classe de valor 5. Para apresentação, e seguindo as normas taxonômicas empregadas em casos semelhantes, aquelas categorias foram agrupadas em quatro classes, sendo Baixo Risco (notas 10-48), Médio Risco (notas 50-69), Alto Risco (70-89) e Altíssimo Risco (90-99).

4.2.3. Distribuição Territorial

Em conformidade com a sua riqueza taxonômica, este mapa apresenta peculiaridades na distribuição territorial das suas classes de avaliação para riscos de deslizamentos e desmoronamentos. Nas áreas planas, como esperado, os riscos baixos estão corretamente assinalados. Quando no ambiente das baixadas surgem pequenas elevações isoladas, o mapa corretamente as identifica e classifica suas encostas. Nas grandes encostas dos maciços da Carioca e da Tijuca, o rendilhado apresentado pelo mapa é plenamente coerente com a realidade observada naquelas encostas. Essa correspondência é creditada à alta resolução espacial adotada nos mapeamentos deste trabalho, a qual, sendo de cinco metros, tem acuidade para representar detalhes em qualquer dos mapas da base de dados.

Para a maior expressão e destaque das situações de risco, e conforme descrito acima, as categorias iniciais resultantes da análise foram criteriosamente agrupadas em quatro classes, a saber: Altíssimo Risco, Alto Risco, Médio Risco e Baixo Risco de deslizamentos e desmoronamentos. A definição destas classes foi determinada a partir de busca e averiguação nos dados contidos no relatório resultante da análise, cujas frequências e áreas respectivas são mostradas na **Tabela 2**, adiante.

Por meio de avaliações complexas, nas quais são conjugados os mapas dois a dois, o que permite extrair detalhadamente as riquezas de suas interações, foram elaborados vários outros mapas, cujas estimativas-síntese

Tabela 2 — Demarcação dos Riscos de Deslizamentos e Desmoronamentos

Classes	Limites	Área (ha)
Altíssimo Risco	90 a 99	701,73
Alto Risco	70 a 89	429,32
Médio Risco	50 a 69	1.340,11
Baixo Risco	10 a 48	1.770,74

expressam as situações de risco e da qualidade ambiental existentes e constatadas na região da Tijuca. Assim, foram elaborados os mapas que representam espacialmente os Riscos Ambientais por Intervenção Humana e a Qualidade Ambiental, que possuem um alto valor agregado por resultar da conjugação de julgamentos sucessivos, elaborados por seleção múltipla de combinações previamente definidas de classes, apenas possível pela avaliação complexa, e expressam detalhadamente o conjunto de riscos ambientais de origens naturais e antrópicas.

Considerada a forte resolução espacial adotada, os mapas permitem estabelecer pontos dispersos e alinhamentos de manchas com orientações definidas, o que os tornam altamente informativos e básicos para o apoio a decisões, no caso de programas de planejamento e gestão do ambiente da região da Tijuca.

5. ANÁLISES DO AMBIENTE HUMANO

As modificações nas paisagens naturais, por efeito de intemperismos e ações dos agentes da natureza sobre os ambientes físicos e bióticos, são consideradas, em regra, parte de processo espontâneo de evolução fisiográfica e sinecológica. Quando a essas paisagens estão associadas áreas urbanizadas, intensamente com elas relacionadas e interdependentes, então àquelas alterações é geralmente atribuído um significado de prejuízo ambiental. Por outro lado, às cidades pode estar vinculada uma complexa problemática ambiental, quando a estrutura urbana e seus mecanismos e formas de gestão crescem dissociados de planejamento orientado com o sentido holístico que hoje se confere ao meio ambiente.

A busca de conhecimentos sobre o ambiente, no início das pesquisas científicas, privilegiou os aspectos físicos e bióticos. Compreende-se hoje por ambiente, e vale reafirmar, o conjunto estruturado de elementos que oferecem espacialidade, os quais abrangem as diferentes áreas do conhecimento, alicerçam-se na integração e simbiose entre seus componentes e são também de natureza social e política. Segundo SMOLKA (1993), a cidade não representa apenas um palco privilegiado para a problemática ambiental. Mais do que oferecer um cenário favorável, ela é parte essencial do enredo, "quando não a própria trama". E não há como separar os problemas ambientais mais aflitivos dos processos de urbanização em geral e da estrutura intraurbana em particular. Essa associação estrutural é manifestada tanto pela pressão sobre o meio ambiente natural para a sustentação do modo de vida urbano quanto pela natureza dos ambientes criados, reconhecidos como "cidade". A cidade enseja a ideia de uma justaposição espacial de pessoas e suas atividades econômicas e culturais com o ambiente físico. É nela, apesar de toda a sua complexidade sistêmica, que se dará o desenvolvimento das sociedades. Portanto, para estudar a questão ambiental, deve-se buscar compreender o processo de estruturação da cidade, o qual tem desafiado as noções mais elementares de equilíbrio e autossuficiência.

Neste trabalho, pesquisou-se a integração da temática ambiental do meio físico com os dados populacionais obtidos do Censo 2000, pois ressaltam-se como questão fundamental no estudo do meio ambiente as implicações também das análises demográficas e socioeconômicas.

Os registros mostram que os estudos sobre a dinâmica da população humana foram realizados inicialmente com o intuito de se dimensionar o nível de desenvolvimento das comunidades. Segundo essa perspectiva primária, a noção de desenvolvimento esteve por muito tempo identificada unicamente ao progresso econômico. Apenas recentemente, em termos históricos, compreende-se o desenvolvimento com nova definição, abarcando agora novos conceitos que vão além das fronteiras da economia e que permitem a integração com as dimensões social, ambiental e também institucional.

Segundo o IBGE (2002), um dos principais desafios do desenvolvimento sustentável é o de criar instrumentos de mensuração, como os indicadores de desenvolvimento. Por esta via, *Indicadores* são ferramentas constituídas por uma ou mais variáveis que, associadas por diversas formas, revelam significados mais amplos sobre os fenômenos a que se referem. São instrumentos essenciais para guiar a ação e subsidiar o acompanhamento e a avaliação do progresso alcançado. Cumprem muitas funções e reportam-se a fenômenos de curto, médio e longo prazos. Viabilizam o acesso à informação já disponível sobre temas relevantes para o desenvolvimento, assim como apontam a necessidade de geração de novas informações. Servem para identificar variações, comportamentos, processos e tendências, comparar regiões, indicar necessidades e prioridades para a formulação, monitoramento e avaliação de políticas, e, por sua capacidade de síntese, são capazes de facilitar o entendimento do tema.

Partindo desse princípio, foram criados diversos índices para se estimarem os níveis de desenvolvimento e da qualidade de vida das populações, gerados pela ONU, por meio do PNUD, que publica desde 1990 o *Relatório do Desenvolvimento Humano — Internacional,* tomando como modelo-padrão o Índice de Desenvolvimento Humano (IDH), para todos os países, elaborado pelo grupo de Mahbub ul Haq (IPEA, 1998).

5.1. IDH E ÍNDICE DE QUALIDADE DE VIDA

O desenvolvimento humano, por definição, é compreendido como um abrangente processo de expansão de escolhas individuais em diversas áreas, como geográfica, econômica, social, cultural e política. Embora saiba-se que não é satisfeito o direito, como internacionalmente reconhecido nas cartas de cidadania e também na Constituição brasileira, algumas dessas escolhas são básicas para a vida humana. As opções por vida saudável, por adquirir conhecimento, por morar dignamente e por atingir e manter um padrão de vida decente são condições fundamentais para os seres humanos e, à medida que sejam alcançadas, abrem caminho para outras escolhas igualmente importantes, referentes à participação política, à diversidade cultural, aos direitos humanos e à liberdade individual e coletiva (IPEA, 1998). A ideia de desenvolvimento humano, ao integrar todos esses conceitos, que sintetizam a capacidade de bem-estar e da qualidade de vida, constitui noção abrangente de desenvolvimento, com sentido holístico.

Os censos demográficos efetuados e entregues pelo IBGE, por sua riqueza de dados e informações, permitem que sejam elaborados diversos tipos de índices de desenvolvimento, que podem abarcar os conceitos econômicos, sociais e ambientais. Segundo o IPEA (1998), a vantagem de se aproveitar a base de dados censitária, ainda relativamente pouco explorada em trabalhos científicos e técnicos, é que ela permite incorporar outras variáveis e dimensões à análise do desenvolvimento humano.

Neste trabalho, empregam-se as variáveis disponibilizadas pelo IBGE (2002) e, ao destacar uma área especial do município do Rio de Janeiro, a região da Tijuca, evitou-se a generalização padronizada pelos índices IDH e IQV, que agrupam os dados para comparar o comportamento de municípios ou países, e avançou-se quanto à questão da escala ao considerar como unidade básica o Setor Censitário.

Nas análises que ora apresentam-se, privilegiaram-se as seguintes dimensões e variáveis ambientais relativas à população, além das anteriormente detalhadas, referentes ao mundo físico da região da Tijuca:

5.1.1. INFRAESTRUTURA BÁSICA

Dentre os itens essenciais a serem tratados na quantificação do nível de desenvolvimento destacam-se a habitação, o abastecimento de água, as instalações de esgotamento sanitário e a coleta de lixo. As variáveis que contribuíram para se determinar a infraestrutura básica de responsabilidade do estado, associada à contribuição que se espera do indivíduo, foram: número de domicílios por setor censitário, domicílios com água canalizada da rede geral, domicílios com lixo coletado por serviço de limpeza, domicílios ligados à rede de esgotos e domicílios com banheiro e sanitário.

5.1.2. CONDIÇÕES SOCIAIS E HERANÇA CULTURAL

A escolaridade da população é um dos indicadores fundamentais, juntamente com a alfabetização de adultos e o analfabetismo funcional, para o conhecimento da situação ambiental e da qualidade de vida da população de uma comunidade. Segundo o IBGE (2002), a inserção em um mercado de trabalho competitivo e exigente de habilidades intelectuais depende de um ensino prolongado e de qualidade. Foram analisadas as seguintes variáveis: número de habitantes por domicílio, nível de escolaridade, analfabetos, analfabetos com cinco a nove anos de idade, número de habitantes com mais de 15 anos de idade, analfabetos com mais de 15 anos de idade, pessoas com no mínimo oito anos de estudo (1? grau) e analfabetismo funcional.

5.1.3. *Conjuntura Econômica*

A renda é frequentemente utilizada para se auferir o nível de bem-estar de uma comunidade. Segundo CORSEUIL e FOGUEL (2002), seu uso se justifica pela associação dessa variável com a capacidade de um indivíduo, ou sua família, consumir bens e serviços que lhe proporcionem satisfação, bem-estar. Foram estudadas as seguintes variáveis: renda média — número de salários mínimos, pessoas com renda inferior a 1 SM, com renda de 1 a 3 SM, com renda de 3 a 5 SM, com renda de 5 a 10 SM, renda superior a 20 SM ou mais.

5.2. *Unidade Territorial: Setor Censitário*

A unidade territorial adotada para as análises referentes à população é o setor censitário, conforme delimitado e identificado pelo IBGE (2002). A partir das planilhas originais, elaborou-se a base de dados georreferenciados em ambiente vetorial, com transposição para estrutura matricial, apropriada para as análises a serem realizadas no ambiente do sistema SAGA.

A região da Tijuca totaliza 786 setores censitários, os quais variam enormemente em superfície. O município do Rio de Janeiro foi dividido, especialmente para o Censo 2000, em 8.145 setores censitários. A base de dados cadastrais da população foi estruturada em quatro dimensões: Domicílios, Pessoas, Instrução e Responsáveis.

6. Distribuição Territorial da Qualidade de Vida

O processo investigativo proposto para a análise ambiental, com o foco na qualidade de vida e segurança, seguiu os postulados da pesquisa científica e considerou os critérios do método cartesiano ao detalhar individualmente cada componente do conjunto dinâmico de condições físicas, bióticas, sociais e econômicas da região da Tijuca.

Após a fragmentação do ambiente dessa região em suas instâncias componentes, importantes variáveis que possibilitam o conhecimento da situação ambiental, chega-se à etapa da integração final dos dados e das informações, a qual irá possibilitar a visão holística do ambiente.

A programação estruturada por árvore de decisão, na **Figura 6**, mostra como, de forma integrada e sintética, as expressões cartográficas da Qualidade Ambiental, da Infraestrutura Básica do Estado e do Indivíduo, das Condições Sociais e Herança Cultural e da Conjuntura Econômica deram origem à distribuição territorial das Condições Infraestruturais e Conjuntura Econômica na região da Tijuca.

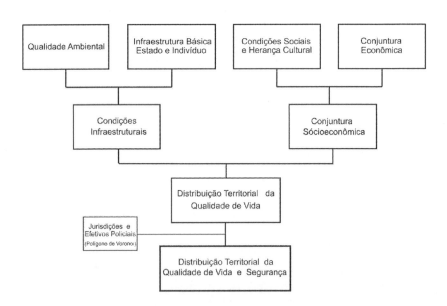

Figura 6 — Árvore de decisão para a Distribuição Territorial da Qualidade de Vida

Os passos seguintes possibilitaram, por meio do procedimento metodológico de avaliações sucessivas, a integração daquelas dimensões que definem as condições particulares dissecadas do ambiente da área em estudo. Dessa forma foram, delimitadas e conhecidas as Condições Infraestruturais e a Conjuntura Socioeconômica para, a partir dessas bases, determinar a Distribuição Territorial da Qualidade de Vida.

Por aplicação da metodologia do Polígono de Voronoi sobre os dados fornecidos pela Secretaria Estadual de Segurança Pública, a respeito da criminalidade na região da Tijuca, propôs-se dimensionar e espacializar a eficiência do efetivo policial no atendimento às áreas sob responsabilidade das jurisdições da Polícia Civil do Rio de Janeiro.

6.1. CONDIÇÕES INFRAESTRUTURAIS

Conforme exposto pelo organograma da **Figura 6**, a dimensão que expressa as condições de infraestrutura foi definida a partir do procedimento metodológico de avaliação complexa entre o mapa de Qualidade Ambiental e o mapa da Infraestrutura do Estado e do Indivíduo.

O mapa resultante, apresentado na **Figura 7**, foi gerado com seis classes, a partir do método de associação de mapas com combinação de classes, e expressa com riqueza taxonômica e hierárquica as condições de infraestrutura na área em estudo.

Parte significativa das áreas planas oferece altas e altíssimas condições de infraestrutura associadas aos baixos riscos físico-ambientais. E especialmente nas áreas de encostas, ocorre situação oposta, com baixa infraestrutura, construída e altos riscos.

Este mapa apresenta de forma sintética a distribuição espacializada das situações de infraestrutura disponível associada aos riscos físico-ambientais e, portanto, basilar para a tomada de decisões quanto à ocupação e uso da terra na região de estudo.

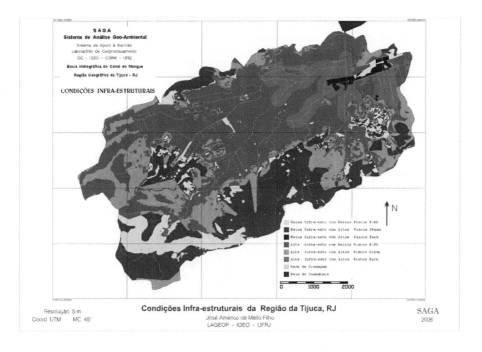

Figura 7 — Condições Infraestruturais da região da Tijuca, RJ
Fonte: MELLO FILHO, 2003.

6.2. Condições Socioeconômicas

Conforme também mostrado pelo organograma da **Figura 6**, projeção planimétrica que expressa a Conjuntura Socioeconômica foi definida por avaliação complexa entre o Mapa de Condições Sociais e Herança Cultural, e o de Conjuntura Econômica.

O mapa resultante pode ser observado na **Figura 8**, que foi gerado com seis classes e expressa como se distribui espacializadamente a conjuntura socioeconômica da região de estudo. Este mapa mostra condições socioeconômicas antagônicas entre áreas onde predominam as classes de baixos níveis de renda associadas a baixas condições sociais, localizadas predominantemente nos terrenos de encostas, áreas de favelas e aquelas em que se sobressaem as áreas de classes de médio a médio-alto níveis econômicos associadas aos locais com padrões sociais mais elevados. Nas áreas em que predominam baixas rendas, mas que tenham alta taxa de escolaridade de primeiro grau, é significativo o analfabetismo funcional. Essa conjunção ocorre principalmente nas áreas de morros do entorno da bacia hidrográfica.

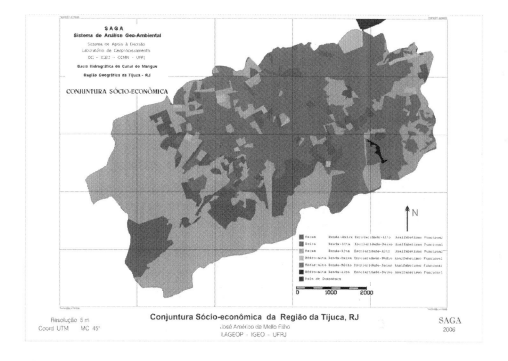

Figura 8 — Condições socioeconômicas da região da Tijuca, RJ
Fonte: MELLO FILHO, 2003.

6.3. Espacialização da Qualidade de Vida

Esta é a avaliação pré-culminante da análise ambiental programada para determinar a distribuição territorial da qualidade de vida na região da Tijuca por Geoprocessamento.

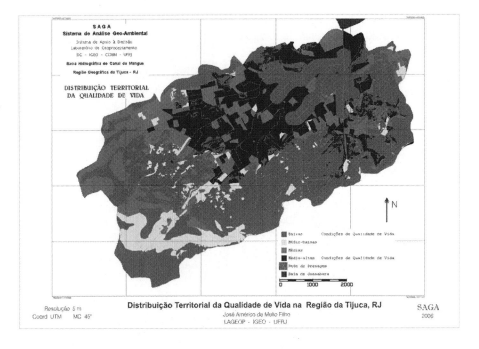

Figura 9 — Distribuição Territorial da Qualidade de Vida da região da Tijuca, RJ
Fonte: MELLO FILHO, 2003.

O mapa da **Figura 9** expressa o resultado da integração de todos os componentes ambientais que atuaram para a definição das condições físico-ambientais, da infraestrutura instalada pelo estado e pelo esforço de seus habitantes, das condições sociais e culturais e da conjuntura econômica.

Para a elaboração deste mapa integrador foram utilizados o mapa que define a síntese das condições infraestruturais e o que expressa a conjuntura socioeconômica na região de estudo. O mapa-síntese resultante foi gerado com quatro classes e expressa como, onde e quão intensamente variam e se distribuem na região da Tijuca os níveis da qualidade de vida.

O mapa integrador mostra que a maior região contínua de áreas em que ocorre melhor qualidade de vida está localizada no bairro da Tijuca e em partes de Vila Isabel, Grajaú e Andaraí. Há também significativas ocorrências nos bairros do Rio Comprido, Santa Teresa, Estácio, Santo Cristo e São Cristóvão.

As áreas que apresentam níveis mais baixos de qualidade de vida estão geralmente localizadas nas encostas que constituem o entorno da área plana da bacia hidrográfica e na região plana, nas proximidades dos principais rios e junto às suas desembocaduras para o Canal do Mangue. Este mapa resultante da avaliação final tem por principal propriedade integrar características regionais para definir as zonas e níveis de qualidade de vida. Essa integração não se compreende com a visão limitada de que é apenas resultante da composição de partes distintas. Por meio dele e também dos demais mapas integradores pertencentes à árvore de decisão definida *a priori*, adquirem-se conhecimentos a respeito da área de estudo muito maiores do que o simples somatório de suas partes. A visão holística tem por fundamento esta generosidade, por entender o conjunto como um todo. E as avaliações integradoras, que o Geoprocessamento possibilita, permitem ir bem além dos dados originais e, a partir deles, extrair muito mais informações quantitativas e qualificativas do ambiente estudado.

A região da Tijuca, por sua importância para a cidade do Rio de Janeiro, deve ser tratada tanto pelo Poder Público quanto por seus habitantes e pelas instituições da sociedade como uma unidade que apresenta características excelentes e por elas é muito reconhecida, mas está também submetida a doenças ambientais, cujos sintomas se detectam na avaliação da qualidade de vida. Fazer essa identificação e alcançar conhecer o ser estudado é o primeiro passo do princípio do método científico. Este é o instrumento poderoso de apoio à decisão para se equacionarem os problemas que hoje se constatam e tornar mais saudável o meio ambiente e aumentar generalizadamente a qualidade de vida na região da Tijuca.

6.4. QUALIDADE DE VIDA E SEGURANÇA POLICIAL

Após ser constatada e identificada a distribuição territorial da qualidade de vida na região da Tijuca, buscou-se inserir o item Segurança quanto à criminalidade, para associá-lo, tendo em vista sua importância fundamental, especialmente nos dias atuais.

Estando de posse dos dados com os números de crimes de agravos pessoais registrados pela Polícia Civil do Rio de Janeiro, segundo suas jurisdições de ocorrência, da espacialização dessas jurisdições na área em estudo e do efetivo policial sediado em cada jurisdição, pesquisaram-se a relação entre eles e a eficiência em suas atividades principais.

Empregou-se a técnica do Polígono de Voronoi, que constitui instrumento para se retratar a realidade ao se contemplarem as forças polarizadoras e suas respectivas massas em uma determinada região de estudo, gerando um zoneamento. Conforme XAVIER DA SILVA (2001), a geração do zoneamento ocorre pela força zoneadora exercida pelas massas respectivas de cada centro territorial de polarização. A característica fundamental dos Polígonos de Voronoi é a de ser constituído por pontos que estão mais próximos de seu ponto gerador do que de qualquer outro ponto gerador, tendo-se como instrumento de poder de atração as suas massas.

Os dados fornecidos pela Polícia Civil foram os seguintes (**Tabela 3**):

Tabela 3 — Dados de Ocorrência e de Efetivo Policial — Polícia Civil — RJ

Polícia Civil do Estado do Rio de Janeiro — SSP Assistência de Estatística/ASPLAN			
Quantidade de Registros Realizados e Quantitativo de Pessoal por Unidades Policiais — 2000 a 2002			
Unidades Policiais	Quantidade de Registros		Efetivo Policial
	2000	2001	2002	
4ª DP — Central do Brasil	4.918	4.052	4.874	44
6ª DP — Cidade Nova	4.818	5.049	5.410	53
7ª DP — Santa Teresa	1.359	1.149	1.478	28
17ª DP — São Cristóvão	5.451	6.189	6.955	50
18ª DP — Praça da Bandeira	3.435	4.002	4.336	42
19ª DP — Tijuca	6.252	10.213	8.367	59
20ª DP — Grajaú	5.360	369	5.437	49

(Informações: ASPLAN/PCERJ/SESP e SAS/PCERJ/SESP)

Fonte: MELLO FILHO, 2003.

Empregou-se o programa computacional Voronoi, desenvolvido pelo LAGEOP, da UFRJ, para o qual o valor de massa correspondeu à média de atendimentos por policial, membro do efetivo de cada jurisdição.

Os valores que atuaram como massa foram, respectivamente, da 4ª à 20ª DP, os seguintes: 1/111, 1/102, 1/53, 1/136, 1/103, 1/142 e 1/111. Aplicou-se a metodologia para o ano 2002. Os registros de ocorrência referem-se a crimes de agravos pessoais, em que figuram furtos, roubos, estupros e homicídios. Geraram-se os mapas de delimitação das jurisdições, de localização das delegacias da Polícia Civil e de suas áreas de influência.

Espacializar estas áreas de cobertura policial ineficiente foi a etapa seguinte. Foi efetuado o procedimento de avaliação, com o mapa de jurisdições e o de áreas de influência das delegacias policiais, este obtido com o programa Voronoi. Foi assim gerado o mapa do Balanço das Condições da Segurança Policial, inserido como **Figura 10**, com 21 classes, sendo sete referentes à eficiente cobertura das áreas sob responsabilidade das próprias

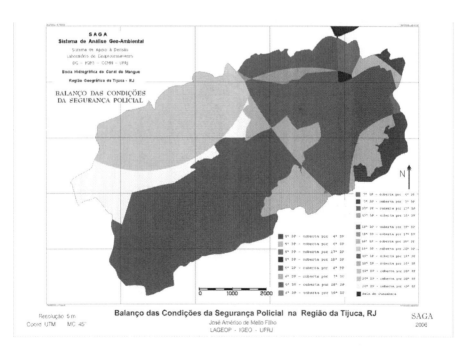

Figura 10 — Balanço das condições da segurança policial da região da Tijuca, RJ
Fonte: MELLO FILHO, 2003.

delegacias policiais, e as demais, correspondentes às áreas de cada jurisdição que ficam sob aparente proteção de outras delegacias, o que evidencia a falta de cobertura policial eficiente.

Esse mapa da **Figura 10**, que registra a distribuição territorial das áreas eficientemente cobertas pelo sistema de segurança policial, segundo o procedimento metodológico que se fundamenta no Polígono de Voronoi, foi analisado juntamente com o mapa da **Figura 9**, que mostra a espacialização da qualidade de vida na região da Tijuca, por meio de avaliação complexa.

O mapa resultante foi gerado com cinco classes, tendo as áreas distribuídas como se vê na **Tabela 4** e como apresentado na **Figura 11**.

O mapa-síntese, que expressa a distribuição territorial da qualidade de vida e segurança policial na região da Tijuca, expõe conclusivamente com ênfase o corredor da desassistência policial, ou seja, aquelas áreas em que se manifesta a insuficiente densidade de segurança, resultante de *déficit* de profissionais policiais nas delegacias da Polícia Civil, da má localização geográfica das delegacias policiais em relação à área da jurisdição e da excessiva área territorial para o número de jurisdições policiais existentes, tudo em função do número de ocorrências a serem atendidas e do efetivo policial disponível. Essa diminuição na eficiência da oferta de segurança ocorre em áreas extensas e contíguas, distribuídas nas direções norte a sul e leste a oeste da região da Tijuca.

Tabela 4 — Qualidade de Vida e Área de Desassistência Policial

Id.	Classes		Área (ha)
1	Baixa	Qualidade de Vida e Cobertura Eficiente da Polícia Civil	1.563,64
2	Média-baixa	Qualidade de Vida e Cobertura Eficiente da Polícia. Civil	304,35
3	Média	Qualidade de Vida e Cobertura Eficiente da Polícia Civil	591,60
4	Média-alta	Qualidade de Vida e Cobertura Eficiente da Polícia. Civil	656,64
5	Áreas sem Cobertura Policial Eficiente		1.125,68

Fonte: MELLO FILHO, 2003.

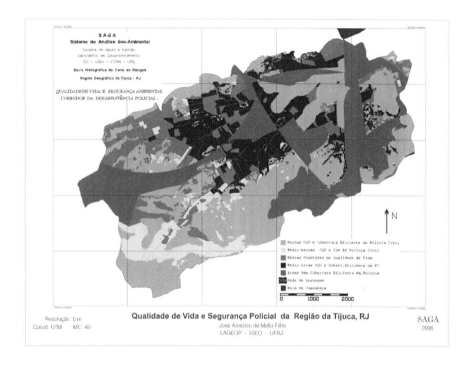

Figura 11 — Balanço das condições de segurança policial da região da Tijuca, RJ
Fonte: MELLO FILHO, 2003.

7. CONCLUSÕES

Consideram-se plenamente atingidos os objetivos principais de efetuar, com os recursos do Geoprocessamento, a análise da variação territorial da qualidade de vida, com ênfase para o aspecto Segurança, em tão importante e complexa área urbana como a região da Tijuca, na cidade do Rio de Janeiro, desde a preparação da ampla base de dados, com o detalhado aprofundamento quanto aos componentes do seu ambiente físico como a dissecação das variáveis populacionais, até a interação desses dois mundos que caracterizam e fundamentam os estudos da Geografia.

Sustentado pela robustez do sistema SAGA/UFRJ, que demonstra a potencialidade do Geoprocessamento e sua capacidade de integração temática, e proporciona o conhecimento dos eventos do mundo real, por

288 GEOPROCESSAMENTO & MEIO AMBIENTE

meio de identificação, localização no espaço e no tempo, e determinação da amplitude das ocorrências, oferecendo fundamental suporte à tomada de decisões, atingiu-se neste trabalho, por avaliações sucessivas, o objetivo principal, traçado ao início, que consistiu em determinar a distribuição territorial da qualidade de vida e da segurança na região da Tijuca.

Produziram-se mapas que destacam as áreas em que a densidade de segurança, proporcionada pelas delegacias e suas jurisdições, por ser quantitativamente insuficiente, gera áreas de cobertura sem policiamento eficiente. Aplicados esses dados espacializados sobre a distribuição territorial da qualidade de vida, expressa por fatores físicos e socioeconômicos, esta temática, de fundamental importância para que se realize com eficiência e eficácia o exercício da cidadania, mostra o balanço da segurança existente hoje nas jurisdições das delegacias e as dimensões do corredor de desassistência policial, incorporada à qualidade de vida na região da Tijuca.

8. *Referências Bibliográficas*

ABREU, Sylvio F. *O Distrito Federal e seus Recursos Naturais.* Rio de Janeiro: IBGE. Conselho Nacional de Geografia, 1957. 318 p.

AJARA, Cesar. A abordagem geográfica: suas possibilidades no tratamento da questão ambiental. In: *Geografia e Questão Ambiental.* Rio de Janeiro: IBGE, 1993, p. 9-11.

BONHAM-CARTER, Graeme F. *Geographic Information Systems for Geoscientists: modelling with GIS.* CMG (vol. 13). Ottawa: Pergamon, 1998. 398 p.

BRESSAN, Delmar. *Gestão racional da natureza.* São Paulo: Ed. Hucitec, 1996. 111 p.

CORSEUIL, Carlos H., FOGUEL, Miguel N. *Uma sugestão de deflatores para rendas obtidas a partir de algumas pesquisas domiciliares do IBGE.* Rio de Janeiro: IPEA, Texto para discussão n.º 897, 2002.

IBGE. *Base de informações por setor censitário — Censo demográfico 2000 — Resultados do universo — Rio de Janeiro 3304557.* Rio de Janeiro IBGE, 2002. 2 CD-ROMs.

—————. *Indicadores de desenvolvimento sustentável — Brasil 2002.* IBGE, Série Estudos e Pesquisas — Informação Geográfica (2). Rio de Janeiro, 2002. 191 p.

IPEA. *Desenvolvimento humano e condições de vida: indicadores brasileiros.* Brasília: IPEA/Fundação João Pinheiro/PNUD/IBGE, 1998. 140 p. (Livro e CD-ROM.)

LEFF, Enrique. *Saber Ambiental.* Petrópolis: Ed. Vozes, 2001. 343 p.

MELLO FILHO, J.A. de. *Qualidade de Vida na Região da Tijuca, por Geoprocessamento.* Rio de Janeiro: Universidade Federal do Rio de Janeiro, Instituto de Geociências — Programa de Pós-Graduação em Geografia, 2003. 288 p. (Tese de Doutorado.)

MORAES, Antonio C.R., COSTA Wanderley. *Meio ambiente & ciências humanas.* São Paulo: Ed. Hucitec, 1994. 100 p.

—————. *Geografia crítica: A valorização do espaço.* São Paulo: Ed. Hucitec. 4. ed. 1999. 196 p.

OTTONI NETTO, T.B. *Manejo hídrico em bacias hidrográficas.* Rio de Janeiro: Universidade Federal do Rio de Janeiro, Depto. de Hidráulica e Saneamento, 1983. 264 p. (Tese de Concurso para Professor Titular — UFRJ).

SANTOS, Milton A. dos. *A Natureza do Espaço: técnica e tempo, razão e emoção.* Família Santos. São Paulo: EDUSP, 2002. 384 p.

SMOLKA, Martim O. Meio ambiente e estrutura intraurbana. In: MARTINE, George (org.) *População, meio ambiente e desenvolvimento — verdades e contradições,* Cap. V. Campinas: Ed. da UNICAMP, 1993. p. 133-143.

XAVIER da SILVA, Jorge. *Geoprocessamento para Análise Ambiental.* Rio de Janeiro: Edição do Autor, 2001. 227 p.

XAVIER da SILVA, Jorge, SOUZA, Marcelo, J.L. *Análise Ambiental.* Rio de Janeiro: UFRJ, 1987. 199 p.

CAPÍTULO 8

Geoprocessamento Aplicado à Análise da Distribuição Espacial da Criminalidade no Município de Campinas (SP)

Lauro Luiz Francisco Filho
Jorge Xavier da Silva

1. Introdução

A cidade, como *habitat* humano por excelência, tem-se desenvolvido desde a aurora dos tempos como o ambiente formador das sociedades, representando em seu espaço a organização que determinada civilização apresenta.

Da aldeia às grandes metrópoles, a saga humana criou ambientes complexos em que as relações sociais, econômicas e culturais da sociedade se rebatem em espaços caracterizados por uma profunda segregação, geradora das formas que condicionam e são condicionadas pelos grupos humanos que as habitam.

Nesse espaço conhecido por "cidade" as pessoas vivem seus sonhos diários, lutam pela sobrevivência e buscam viver suas vidas da melhor forma possível. A qualidade de vida que o cidadão persegue, no entanto, depende de inúmeros fatores, que começam por um ambiente naturalmente sadio, passando pelo acesso à riqueza gerada pela sociedade e terminam na segurança em viver esse espaço. As cidades modernas têm falhado em suprir todos estes itens à totalidade de seus cidadãos, se apresentando como um ambiente degradado, com a riqueza concentrada nas mãos de poucos e com um alto grau de insegurança pela explosão da violência.

O tema "violência e criminalidade urbana" é amplo e permite, igualmente, uma ampla abordagem. Este capítulo, no entanto, pretende estudar a distribuição espacial da criminalidade no espaço urbano, fazendo uso do Geoprocessamento como ferramenta de análise.

Certamente cada região vai apresentar números diferentes, por possuir especificidades que a tornam única. Porém, o fenômeno da violência e da criminalidade urbana permeia todo o espaço e, em que pese se apresentar de forma diferente, acaba por gerar o mesmo tipo de reação, representado pelo medo, insegurança e, consequentemente, uma considerável perda da qualidade de vida para as populações urbanas.

A cidade é impessoal, opressiva, e nela as relações primárias entre os indivíduos são substituídas por relações secundárias, próprias de um aglomerado social cujos componentes, em elevado número, se associam em virtude de interesses comuns (FERRARI, 1986).

A cidade é, pois, o "lugar por excelência do homem". É nela que devemos começar a entender de que forma os processos que culminam na violência se formam, se desenvolvem e se reproduzem. "Onde está o homem está o perigo." Não é fácil entender o comportamento humano. Pior ainda quando se trata de *mau comportamento* (POSTERLI, 2000). Por tudo isso, a violência adquire característica própria quando se desenvolve na cidade, conhecida como violência urbana. Mas em que esta violência difere de outros tipos de violência? Existe realmente uma violência especificamente urbana?

Para SOUZA (2000), a pergunta mais apropriada seria se há, realmente, algo de especificamente "urbano" em certas manifestações de violência. Para que possamos responder a esta pergunta é imperativo que se proceda a um entendimento das várias faces que essa violência apresenta como comportamento humano. O mais intrigante, no entanto, parece ser o fato de que os processos que dão origem à violência urbana têm uma relação com alguns fatores, tais como alta densidade, baixa escolaridade, falta de infraestrutura e desemprego, aliados ao abandono pelo Estado das populações marginalizadas. Em outras palavras, quanto maiores e mais densas as cidades, maiores serão as ocorrências de atos criminosos que caracterizam esse estado próprio que definimos como violência urbana.

Talvez pela observação apenas de que a violência tem seu resultado medido pelos atos, e esses estão mais ligados — segundo as estatísticas colocadas diariamente pela mídia — às classes mais pobres da sociedade. Não há a menor dúvida de que violência e pobreza urbana têm uma certa correlação, mas até que ponto é possível imputar à pobreza a responsabilidade pela violência? Será a violência algo pertencente a uma classe própria do fenômeno urbano? Ou é a materialização de um estado que começa com a sociedade altamente segregada do espaço urbano, passa pela pobreza e termina na agressão ao indivíduo, num processo de *feedback*?

2. GEOGRAFIA DO CRIME

Compreender a dinâmica do crime não é apenas definir uma relação entre lugares e atos de violência com o objetivo de implementar ações repressivas. É importante que se tenha uma visão clara dos processos operacionais envolvidos para que se possa antecipar-se a ele e preveni-lo.

O espaço urbano se apresenta como algo complexo, campo em que as relações humanas se estabelecem e cristalizam nas suas formas e nas relações entre elas. É nesse espelhamento entre as ações e sua dinâmica no território que surge uma geografia do crime, em que cada ação de quebra da ordem e, consequentemente, cada ato de violação dos direitos do cidadão adquirem uma dinâmica e personalidade próprias, estabelecendo um conjunto de ações que se interligam a outros fenômenos urbanos, interferindo e moldando a percepção que cada indivíduo passa a ter do espaço em que vive, estabelecendo novas texturas e morfologias no crescimento do tecido urbano, como consequência final de todo o processo. Falar em violência, portanto, e estabelecer sua geografia significam entender como o crime adquire uma organização, uma estrutura própria que faz presente seu reflexo no espaço urbano. A cidade é o reflexo da sociedade. Sua estrutura espelha a forma com que a sociedade se organiza, e seus processos cultural, econômico e social estão bem claros na sua morfologia.

Dentro dessa estrutura, é comum haver conflitos que se espelham no espaço urbano de várias formas, desde a luta estruturada entre as classes que produzem as riquezas, até a "violência a varejo" causada por aqueles que se marginalizam e tentam sobreviver através da apropriação pura e simples de bens através da força ou subtração. Essa complexa relação a que a sociedade urbana está submetida permeia todos os níveis de sua estrutura, e onde há demanda de algo, sempre se estabelece uma dinâmica em que o produto que adquire valor de troca para um migra como elemento de uso para outro.

O crime também faz uso da mesma lógica que comanda a economia, em que valor de troca e uso estão estabelecidos pela grande procura de um bem, pressionado por uma enorme demanda. O exemplo mais clássico é o tráfico de drogas, que se tem revelado a base para a deflagração de inúmeros processos geradores da violência urbana. Na sua base está a existência de uma enorme demanda pelo produto, nas suas várias formas. As cidades, como grandes centros consumidores, criam um mercado que favorece a estruturação de uma rede de fornecimento altamente organizada, em que o fluxo do produto segue um caminho que vai do produtor ao consumidor, obedecendo aos mesmos princípios a que está submetido qualquer bem de consumo com grande demanda. A diferença, nesse caso, está na não participação do Estado como órgão regulador, uma vez que se trata de algo ilícito. O vácuo do Estado, porém, é preenchido por uma estrutura de dominação que visa ao comércio através de regras próprias, fazendo uso da força e da intimidação com o objetivo de garantir o território e, portanto, a perpetuação do processo produtivo em que o tráfico está inserido. Apesar de possuir um forte componente territorial, o tráfico de drogas não é o responsável único pela violência urbana, mas dele derivam outras formas de violência que corroboram o agravamento do estado de violência generalizado a que as grandes metrópoles estão expostas.

3. OBJETIVOS

O objetivo deste estudo é definir a relação da violência urbana com as variáveis socioeconômicas e sua distribuição espacial num ambiente urbano, fazendo uso do Geoprocessamento como ferramenta de análise.

Como área de estudo foi definida a cidade de Campinas, que apresenta todas as características urbanas de uma metrópole, com índices socioeconômicos e de criminalidade que sintetizam a dinâmica das grandes cidades brasileiras.

Para tanto, buscou-se o estabelecimento da relação entre vários aspectos da dinâmica urbana com as ocorrências de criminalidade, a saber:

1 — Relação e distribuição no espaço urbano entre os níveis de infraestrutura (abastecimento de água, captação e tratamento de esgoto e coleta de lixo) e criminalidade.

2 — Relação e distribuição no espaço urbano entre os níveis de educação e a criminalidade.

3 — Relação e distribuição no espaço urbano entre os níveis de renda e a criminalidade.

4 — Definição espacial da demanda entre os distritos policiais e sua atuação no processo inibidor da violência.

As análises foram feitas através do uso do Geoprocessamento como ferramenta de espacialização das ocorrências e sua relação com o espaço urbano. Ao tratar qualquer assunto de forma a considerá-lo espacialmente, é necessário saber, de antemão, como ele se projeta no espaço territorial. Nos estudos ambientais, raros são os fenômenos que não têm uma expressão territorial, ou que não possam ser rebatidos sobre uma base cartográfica, localizados no espaço e assim medidos. Quando tratamos do tema Violência e Criminalidade Urbana, estamos analisando um estado que se materializa numa série de atos, todos com sua expressão territorial. Qualquer ato criminoso, portanto, é passível de ser qualificado, localizado, quantificado e transportado para um sistema que estabeleça uma série de relacionamentos com outros fenômenos com os quais têm estreita relação, mesmo que esta não seja perceptível num primeiro momento.

Os estudos sobre violência e criminalidade urbana, independente de sua origem entre as diversas áreas do conhecimento humano, tratam o assunto de forma a relacionar a criminalidade com o seu meio ecológico. Isso só confirma o fato de que os fatores Agressividade e Violência, em que pese constituírem comportamentos humanos, têm um forte componente espacial, manifestando-se de várias formas passíveis de localização.

4. *Definições e Delimitações do Tema*

Por que as cidades se tornam ambientes propícios ao desenvolvimento da criminalidade? Em que condições ela se manifesta? Existe uma correlação entre a forma de ocupação dos espaços e a criminalidade? Os processos que geram a criminalidade estão apenas ligados a densidades elevadas? As cidades, depois que atingem um determinado número absoluto de habitantes, estão mais sujeitas à criminalidade?

Fato é que a criminalidade está presente na cidade e aparece como um atributo natural agregado ao desenvolvimento urbano, seja através de seu componente antropológico-social, seja por uma estrutura social, ideológica e econômica injusta. A falta de entendimento desse estado cria enormes dificuldades ao planejamento adequado e à gestão das áreas fortemente urbanizadas. O planejador e o gestor têm que dispor de ferramentas que permitam visualizar esses processos no território e que possam espacializá-los em componentes claramente discerníveis. Alguns são subjetivos, não possuem uma relação clara — num primeiro momento — com o fenômeno avaliado; outros, no entanto, possuem características que os tornam passíveis de ser qualificados, quantificados e localizados num determinado espaço geográfico. Podem, então, ser transportados para um sistema de representação virtual e, a partir daí, tratados de forma a extrair informações através de relações causais com outros planos de informações ambientais através de procedimentos de "assinaturas", num processo de aprendizagem da relação dos fenômenos com o espaço geográfico considerado (XAVIER DA SILVA, 1993).

5. *A Espacialização dos Atos Criminosos segundo sua Natureza*

Espacialização, segundo o *Dicionário Aurélio*, significa "Disposição no espaço de elementos sonoros, visuais, táteis, etc., com o fim de obter certos efeitos estéticos ou de percepção". Geograficamente é sintetizar e dispor no espaço um conjunto de elementos como objetos possuidores de grandeza e localização. Espacializar a criminalidade urbana, portanto, é localizar os atos criminosos, agrupados em classes, através de tratamentos que representam fisicamente sua ocorrência no território e proceder a análises de como os mesmos se comportam territorialmente, fazendo-se uso do Geoprocessamento. Para isso é necessária uma definição de quais delitos, segundo o Código Penal brasileiro, serão agregados ao sistema. Essa identificação é necessária por dois motivos básicos: para que se evite redundância na coleta dos dados e para que o trabalho de análise resultante esteja alinhado com o sistema jurídico-penal vigente.

Neste trabalho os crimes foram agrupados em duas categorias, sendo uma relativa a crimes contra o patrimônio e outra para crimes contra a pessoa. Esta distinção foi feita devido às características envolvidas na geração dos delitos, pois os crimes contra a pessoa possuem um forte componente emocional, enquanto os crimes contra o patrimônio têm, em princípio, um componente econômico.

Definida a estrutura com que os atos criminosos serão agrupados, há que haver uma sistematização no sentido de adequá-los à estrutura computacional com que se pretende elaborar os modelos. Esse processo é, na realidade, a transposição dos fenômenos sociais que representam criminalidade, agrupados segundo sua natureza, para um sistema em que possam ser feitas as correlações com outras variáveis que compõem a dinâmica da cidade.

A função do Geoprocessamento é estabelecer as relações entre as ocorrências criminosas através de uma visão geográfica em que as relações espaciais entre as ocorrências são estabelecidas através de seus atributos de localização, extensão e natureza. Em outras palavras, saber onde ocorre o fenômeno, qual sua extensão e de que forma o mesmo está relacionado com outros fenômenos.

5.1. Transformação dos Dados

A primeira questão é definir a estrutura de agregação, ou seja, de que forma os dados serão codificados e transpostos para a base. Existem, basicamente, duas estruturas nas quais os sistemas de informação se baseiam: a estrutura vetorial e a matricial.

A estrutura vetorial, como o próprio nome define, representa os dados através de primárias geométricas. Segundo XAVIER DA SILVA (2001), "o modo vetorial de representação de entidades ambientais pode ser entendido como aquele em que os limites das áreas de polígonos são representados por sequências de pontos, cada ponto sendo um par de coordenadas".

A estrutura matricial, também conhecida como *raster*, é formada pela discretização do espaço em células dispostas em uma matriz de n colunas por x linhas. A matriz constitui um plano de informação em que as células são arranjadas segundo uma relação Aij, em que "i" representa a posição da linha e "j", a posição da coluna (XAVIER DA SILVA, 2001).

As duas estruturas possuem vantagens e desvantagens dependendo do tipo de dado que se quer representar e o objetivo a ser alcançado. No presente trabalho, os dados socioeconômicos oriundos do IBGE, necessários para os procedimentos de análise, estão na estrutura vetorial, ao passo que a metodologia usada para a análise está baseada na estrutura matricial.

Devido a esse fator, todos os planos foram convertidos para a estrutura matricial quando da análise dos dados. Os planos de informação, por sua vez, são aqueles compostos por uma determinada variável, com suas categorias definidas a partir do banco de dados principal, ligados à base gráfica, representada pelos setores censitários do município de Campinas. Portanto, as unidades básicas de agregação dos dados referentes a todas as variáveis analisadas foi o setor censitário, que agrega os dados oriundos do censo de 2000 e estabelece um retrato da situação socioeconômica, demográfica e cultural do município, segundo pequenas unidades territoriais.

5.2. DEFINIÇÃO DA ESTRUTURA COMPUTACIONAL

A definição da estrutura computacional usada deverá permitir que dados oriundos de vários sistemas possam ser inseridos na base de análise sem perder seu conteúdo de informação. Em sistemas geográficos de informação é necessário que os dados possuam atributos de localização no espaço, e isso é possibilitado pela agregação de pares de coordenadas geográficas, que fornecem, assim, sua exata localização no espaço analisado.

A **Figura 1** mostra de forma sucinta essa estrutura, definindo o caminho lógico adotado para a entrada, tratamento e análise dos dados.

GEOPROCESSAMENTO APLICADO À ANÁLISE DA DISTRIBUIÇÃO... 299

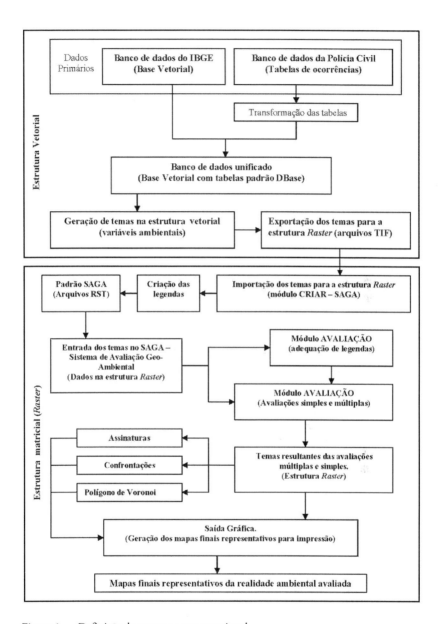

Figura 1 — Definição da estrutura computacional

5.3. Modelamento

O modelo parte da elaboração de bases gráficas que representem as variáveis envolvidas no processo de análise. Cada base representa um plano temático em que grandezas com expressão territorial estão perfeitamente qualificadas e localizadas no território. A inter-relação dessas grandezas com a ocorrência de crimes cometidos numa determinada área-alvo constitui aquilo que XAVIER DA SILVA e CARVALHO FILHO (1993) definem como sendo uma assinatura da ocorrência em análise.

Cada nível temático representa a espacialização de um conjunto de ocorrências resultante da consulta ao banco de dados. A consulta é elaborada com a definição de parâmetros de definem as características que cada nível temático deve apresentar, como, por exemplo, número de ocorrências de crimes contra a pessoa por setores censitários no ano de 2001. Os níveis temáticos resultantes representam a espacialização das ocorrências dos fenômenos ambientais em questão, ou seja, os crimes ocorridos e as características socioeconômicas da cidade de Campinas.

As avaliações são elaboradas através da confrontação das variáveis ambientais fazendo-se uso das técnicas do Geoprocessamento, que estabelecem as relações entre os componentes dos vários temas e a forma como estes se apresentam no espaço geográfico.

O modelo adotado no presente estudo define duas linhas de tratamento dos fenômenos referentes à ocorrência de crimes: um com relação aos crimes cometidos contra a pessoa, outro aos crimes cometidos contra o patrimônio. Esta abordagem estabelece relações entre variáveis vinculadas aos dois tipos de ocorrências, tendo como resultado a geração de duas avaliações que mostram o potencial de criminalidade contra a pessoa e o potencial de criminalidade contra o patrimônio. Esses temas, por sua vez, podem ser confrontados com quaisquer outros, podendo assim ser aferida sua validade e eficácia.

A **Figura 2** mostra a árvore de decisão que representa o encadeamento dos vários temas necessários à geração dos mapas básicos de potencial de criminalidade em Campinas.

Os mapas do potencial de criminalidade contra a pessoa e contra o patrimônio são o resultado das reações estabelecidas entre fenômenos sociais e ocorrências de criminalidade, conforme o banco de dados da polícia.

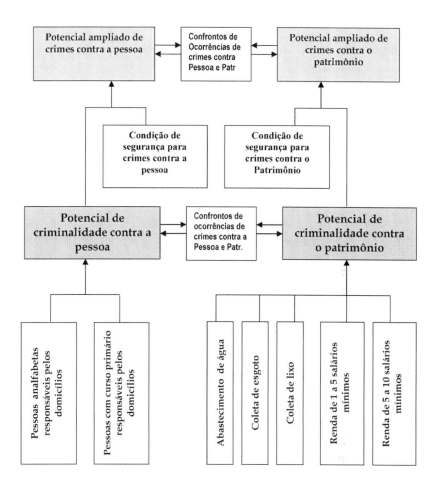

Figura 2 — Árvore de decisão

6. PROCEDIMENTOS DE ANÁLISE

Uma base de dados bem elaborada, ou ainda uma estrutura computacional lançada adequadamente, não é suficiente para a obtenção de resultados consistentes, caso não seja utilizada uma metodologia de análise que responda de forma objetiva e confiável às questões colocadas como pontos a serem atingidos.

Das metodologias para análise de dados em SGI, a que se apresenta de forma adequada para estabelecer as relações entre as variáveis que compõem o banco de dados sobre crime em Campinas é aquela proposta por XAVIER DA SILVA e CARVALHO FILHO (1993), em que as etapas de diagnóstico e prognóstico estão colocadas de tal forma, que os dados percorrem um caminho lógico desde sua entrada no sistema, não importando sua estrutura, até a geração de mapas de zoneamento como importante instrumento para o planejamento voltado para a gestão ambiental.

A **Figura 3** mostra essa estrutura para análise ambiental que será adotada como metodologia no presente estudo. Uma das vantagens de seu uso está no fato de ela, apesar de abrangente, permitir que cada etapa seja gerada de forma independente, servindo de base para a implementação de níveis mais refinados.

Os procedimentos diagnósticos, responsáveis pela identificação dos componentes físicos e ocorrências ambientais, formam a etapa inicial da análise, estando divididos em duas fases: levantamentos ambientais e prospecções ambientais.

Levantamentos ambientais são todos os procedimentos que resultam na codificação da realidade ambiental, seja dos seus componentes físicos ou das ocorrências, perfeitamente identificados e georreferenciados. No presente estudo são compostos pela base gráfica representada pelos setores censitários, nos quais estão agregados todos os dados, das ocorrências socioeconômicas e demográficas aos atos criminosos ocorridos em todo o município de Campinas.

Prospecções ambientais são os procedimentos de extrapolações baseados nas planimetrias elaboradas na fase de levantamentos. São construídas sobre as avaliações das áreas de ocorrências dos fenômenos ambientais, utilizando-se de estruturas lógicas que estabelecem relações entre variáveis ambientais no sentido de obter classificações dos fenômenos analisados e seu comportamento no espaço (XAVIER DA SILVA, 2001).

Os procedimentos de análise tiveram como ponto de partida a elaboração de níveis temáticos a partir da pesquisa à base de dados e a geração de temas primários, base para os processos de prospecção. Os temas primários, portanto, são aqueles que foram gerados diretamente da base de dados inventariada, tais como as condições de renda, de educação, de infra-

GEOPROCESSAMENTO APLICADO À ANÁLISE DA DISTRIBUIÇÃO... 303

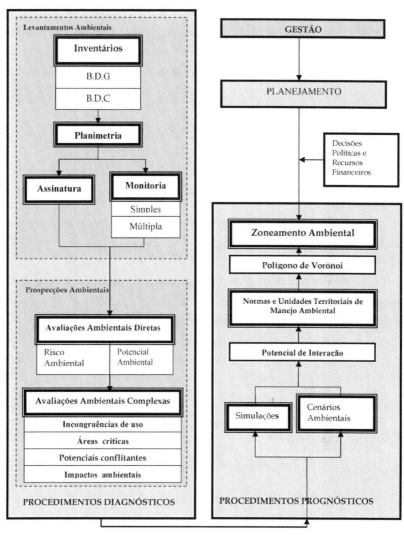

Análise Ambiental por Geoprocessamento
- Proposta Metodológica -
Autores: Jorge Xavier da Silva e Luiz Mendes de Carvalho Filho

Figura 3 — Proposta metodológica para análise por Geoprocessamento

estrutura e das ocorrências de crimes, compondo os níveis temáticos, que foram divididos, cada um deles, em cinco classes de frequência, suficientes para que o processo de avaliação apresente resultados consistentes. As classes foram assim definidas: baixa, média-baixa, média, média-alta e alta.

7. Análise da Criminalidade em Campinas

A realidade ambiental é a integração de várias faces da cidade, cada uma representando aspectos específicos da dinâmica que se desenrola no grande palco urbano. Questões como falta de infraestrutura, deficiência de acesso à educação e à renda são elementos definidores de um estado potencial de criminalidade?

A resposta para esta pergunta passa pela análise de como estas questões estão distribuídas no espaço geográfico de Campinas, estabelecendo os temas que, a princípio, são geradores de conflitos e indutores de um processo que acaba por desenvolver a violência urbana. Para a análise foi feita a divisão da realidade ambiental em três grandes temas, cada qual com suas especificidades e desdobramentos em temas pertinentes à sua realidade, definidos como:

a) Realidade socioeconômica e demográfica.

b) Ações relacionadas à criminalidade.

c) Aparelho policial, sua estrutura e disponibilidade.

A realidade socioeconômica e demográfica do município está relacionada basicamente aos níveis de renda, infraestrutura e educação, que formam os eixos de onde derivam os conflitos sociais, a falta de segurança e, consequentemente, a perda da qualidade de vida por falta de acesso aos serviços que estabelecem a relação de cidadania entre o indivíduo e sua cidade.

O primeiro tema a ser explorado é a questão da renda, pois é a partir do acesso ou não à riqueza que o uso do solo urbano tende a segregá-lo em espaços especializados que refletem as classes que o habitam. Os enclaves sociais, caracterizados pelas favelas, ocupações ilegais, loteamentos clandestinos e áreas de risco, nascem da falta de acesso aos solos urbanos mais valorizados, portanto com melhores condições.

8. Análise dos Crimes contra a Pessoa em Campinas

Usando o Geoprocessamento para estabelecer uma referência entre crimes e deficiências, é necessário fazer uma ligação entre estas ocorrências, ou seja, que os atos criminosos e as várias manifestações de deficiência socioeconômica tenham uma "coincidência territorial". Este fato pode ser verificado através do processo de assinatura ambiental, conforme definido por XAVIER DA SILVA (2001). Neste processo, uma vez definida a ocorrência de interesse, que pode ser um determinado crime ou uma classe de ocorrências de crimes, este se torna o equivalente a uma "verdade terrestre", e a base de dados pode ser consultada sobre todas as características constantes nos outros níveis que fazem parte da mesma porção territorial analisada, possibilitando, com isso, que se faça inferências entre ações criminosas (alvo) e a realidade ambiental analisada.

A assinatura se torna, assim, um poderoso instrumento de análise, posto que estabelece um amplo espaço em que variáveis ambientais, aparentemente sem nenhuma conexão entre si num primeiro momento, venham constituir elos de uma cadeia explicativa de um fenômeno ambiental.

As ações criminosas, portanto, se caracterizam como ocorrências de fenômenos com expressão territorial, dotadas de extensão e localização, passíveis de ser usadas como balizador para verificação dentro do hiperespaço heurístico (neste caso, referente à cidade de Campinas) de sua relação com ocorrências socioeconômicas.

A assinatura foi elaborada confrontando cada uma das classes de frequência dos crimes contra a pessoa com os temas que representam a ocorrência da faixa de renda dos responsáveis pelos domicílios, estabelecendo relação entre cada classe de frequência de crimes com as respectivas classes de frequência que representam os níveis temáticos de renda.

8.1. POTENCIAL PARA A CRIMINALIDADE CONTRA A PESSOA

Com base nas análises das assinaturas é possível a elaboração de um modelo que estabeleça um mapa de potencial para crimes contra a pessoa em Campinas observando os aspectos renda, educação e infraestrutura. Se forem isoladas determinadas situações de indiscutível correlação, é possível a elaboração de um modelo parcial em que determinadas características são usadas na definição de valores do potencial de ocorrência de crimes contra a pessoa.

As assinaturas mostram que a pobreza, isoladamente, não se caracteriza como um elemento indutor da violência e da criminalidade, mas os fatores que agem em conjunto com o estado de pobreza, sim. Destes, o nível temático que mais apresentou correlação com a ocorrência de crimes contra a pessoa foi a baixa escolaridade, notadamente nas áreas com presença elevada de pessoas analfabetas ou com curso primário responsáveis pelos domicílios.

Para a elaboração de um modelo parcial de potencialidade de ocorrência de crimes contra a pessoa, fundamentado na escolaridade, foram usados os dois níveis temáticos de educação mais baixos, compostos pela presença tanto de responsáveis pelos domicílios com curso primário como analfabetos (**Mapa 1**).

A característica mais importante relativa à baixa escolaridade como um possível elemento indutor da violência está ligado às condições de ocupação que essas classes enfrentam, pois não tendo acesso a uma renda melhor, habitam locais carentes, com uma estrutura física em que os espaços são exíguos, sem infraestrutura adequada e sem privacidade entre os indivíduos e os grupos familiares. Para FROMM (1979), "A redução física do espaço retira do animal funções vitais importantes de movimento, de deslocamentos importantes. Daí, com o espaço roubado, pode vir a sentir-se ameaçado por essa redução de suas funções vitais importantes e reagir por meio de agressão".

O Estado procura promover a segurança pública através de seu braço armado, constituído pelas polícias civil e militar. Para que se estabeleça uma condição de segurança é necessário, antes de tudo, definir qual instituição será usada como parâmetro de análise. A polícia civil forma o braço investigativo do Estado, fazendo uma ação preventiva da criminalidade

Mapa 1 — Potencial para a criminalidade contra a pessoa por deficiência de educação

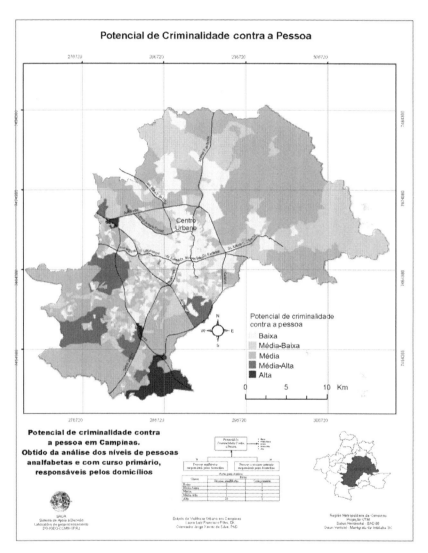

através de uma estrutura que engloba as ações de investigação, repressão e catalogação das ações da criminalidade. Está organizada em distritos que cobrem uma determinada porção do território, tendo conhecimento profundo de todas as ações que nela ocorrem. Por sugestão do Prof. Jorge

Xavier da Silva, foi definido um índice de segurança, dividindo o número de agentes de cada delegacia pelos crimes (contra a pessoa) cometidos em cada setor censitário. O índice resultante foi usado como parâmetro de confrontação com os fatores de indução, tanto para crimes contra a pessoa como contra o patrimônio.

Como todos os temas aqui analisados, os índices da condição de segurança foram agregados em cinco classes de frequência, definindo uma condição de baixa, média-baixa, média, média-alta e alta segurança (**Mapa 2**).

Mapa 2 — Condição de segurança em Campinas

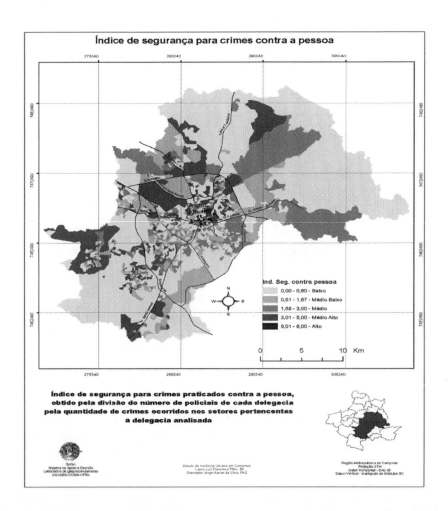

8.2. *Condição de Segurança para Crimes contra a Pessoa*

O índice revela a disponibilidade de policiais locados em cada delegacia e envolvidos diretamente na repressão. Um índice baixo significa muita sobrecarga para os policiais e, consequentemente, uma diminuição da segurança oferecida. Um número alto indica menor sobrecarga para os policiais e uma melhora na oferta de segurança.

A condição de segurança, portanto, representa a presença do Estado através da disponibilização de policiais para determinado setor. O índice serve também de parâmetro para a gestão dos recursos humanos, mostrando os setores mais sobrecarregados, em que se faz necessária a presença de mais agentes, seja pela contratação ou relocando de outros setores em que os altos índices de segurança indicam haver mais agentes do que o necessário.

A análise da distribuição do índice no espaço da cidade mostra que há uma distribuição equitativa, com altos índices tanto na zona urbana central como nas periferias. Os casos em que o índice aponta para números altos indicam pouca ocorrência de crimes naquele setor específico, o que pode não ser realidade em outro setor dentro dos limites da mesma delegacia.

O detalhe do **Mapa 3** mostra que na área central, relativamente densa, existem setores que apresentam uma condição de segurança alta, ao lado de locais em que essa condição é extremamente baixa.

Um mapa mais elaborado do potencial de criminalidade contra a pessoa representa uma condição em que a conjugação da potencialidade de crimes devido à baixa escolaridade, conforme estabelecido pelo modelo anterior, e à falta de disponibilidade de policiais, estabelece uma situação em que os crimes ocorrem com mais frequência e intensidade ou está altamente propícia a ocorrer, bastando que haja o aprofundamento de algum fator indutor. O **Mapa 4** mostra a síntese desta análise, apresentando as áreas potenciais de ocorrência de crimes contra a pessoa no município de Campinas, ampliado pelo uso do índice de segurança para crimes contra a pessoa.

As áreas periféricas são as que apresentam os maiores potenciais para a ocorrência de crimes contra a pessoa, estando os menores localizados na área urbana central e em algumas nucleações com serviços urbanos mais

Mapa 3 — Índice de segurança — Detalhe da área central

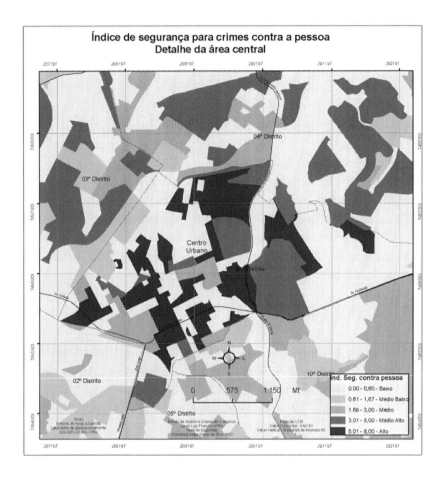

bem estruturados. As rodovias também formam eixos estruturadores, principalmente a Anhanguera e a Bandeirantes, que cortam áreas com intensa urbanização. No setor nordeste do município, o potencial médio se deve, basicamente, a áreas sem nenhuma infraestrutura, ligados à ocorrências de crimes justamente por questões de isolamento.

Os setores sul e noroeste, que apresentam os maiores potenciais, são compostos por áreas de intensa urbanização e pouca infraestrutura. Ao longo das rodovias Anhanguera e Bandeirantes encontram-se áreas com

Mapa 4 — Potencial de criminalidade em Campinas ampliado pelo índice de segurança

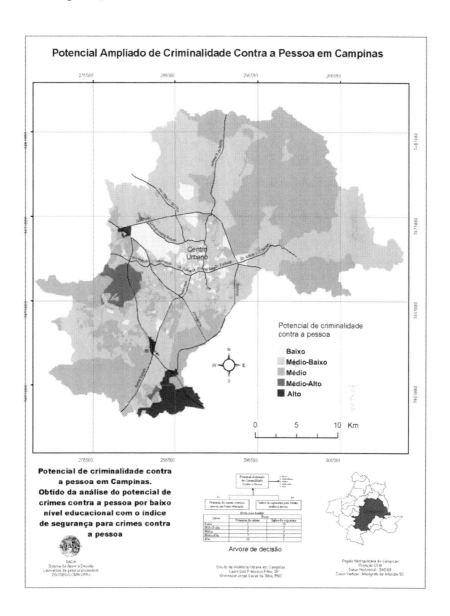

invasões, loteamentos clandestinos e conjuntos habitacionais projetados pelo Estado através de programas de habitação. Os conjuntos habitacionais mais significativos dessa área são os DICs — Distritos Industriais de Campinas —, oriundos de um planejamento da década de 1970, que tinha como objetivo abrir novas frentes urbanas no município para desafogar o Centro que já não comportava uma convivência amistosa entre a intensa ocupação habitacional e as indústrias que ficaram inseridas no espaço urbano devido à sua expansão a partir da área central.

Com base na infraestrutura colocada para a construção destes conjuntos, houve uma intensa ocupação deste setor da cidade, tanto pela nova indústria que lá se instalou como pelas pessoas que se deslocaram em busca de terrenos mais baratos e oportunidades de empregos.

9. ANÁLISE DE CRIMES CONTRA O PATRIMÔNIO EM CAMPINAS

A realidade contraditória apresentada pela cidade de Campinas quanto aos seus aspectos sociais, culturais e econômicos, usados até aqui para uma análise das ocorrências de crimes contra a pessoa, também é a mesma que gera outro tipo de violência que ataca as "coisas": aquela que é perpetrada contra o patrimônio. Os extremos de riqueza e pobreza colocam lado a lado populações com diferentes realidades, uma habitando áreas nobres, com toda a infraestrutura e serviços disponíveis, outra, áreas totalmente desprovidas dessas benesses, dando origem a conflitos que têm sua origem na grande diferença entre as classes. O acesso à renda, à educação e às melhores áreas urbanas passa, necessariamente, por uma condição de qualificação do indivíduo para sua inserção no mercado de trabalho, e conferindo a ele melhores condições de consumir. Sem esperança, uma significativa parcela da população luta diariamente para conseguir uma renda mínima que possibilite sua sobrevivência e da sua família. Dentro desta realidade, não é difícil a sedução pelo caminho do crime, principalmente dos jovens, recrutados para o serviço do tráfico nas suas várias esferas, atraídos pelo "dinheiro fácil". Portanto, o conhecimento de como está distribuída a renda no município e qual sua correlação com o crime é o primeiro passo para o entendimento de como os processos socioeconômicos estão relacionados com a violência contra o patrimônio.

As assinaturas das ocorrências de crimes contra o patrimônio e os níveis de renda fornecem uma imagem desta realidade, pois refletem o comportamento de como cada nível de renda está relacionado com a ocorrência de determinado crime. Para a análise desta violência, analogamente ao que foi feito para crimes contra a pessoa, todas aquelas ações que resultam em dano ao patrimônio foram agrupadas numa grande classe definida como crimes contra o patrimônio e confrontadas com as variáveis socioeconômicas.

Com base nas assinaturas apresentadas e nas análises feitas a partir destas, é possível a elaboração de um modelo do potencial para ocorrências de crimes contra o patrimônio em Campinas levando em conta os aspectos renda, educação e infraestrutura. Analogamente ao elaborado para os crimes contra a pessoa, o modelo poderá apresentar uma capacidade razoável de previsão se forem isoladas determinadas situações de indiscutível correlação para a definição de parâmetros que possam gerar os valores do potencial de ocorrência de crimes contra o patrimônio.

As assinaturas mostram que, isoladamente, nenhum tema se caracteriza como atrator da violência e da criminalidade contra o patrimônio, mas em conjunto, sim. Destes, o que mais apresentou correlação foi o de níveis de infraestrutura, seguido da condição de renda.

No nível infraestrutura, as curvas de correlação apresentaram uma tendência crescente à medida que as percentagens aumentavam, sendo que na condição alta de domicílios com serviços de água, coleta de esgoto e lixo, os índices de correlação foram quase totais. No tema condição de renda, a correlação mais significativa ocorreu entre alta ocorrência de crimes e a classe de frequência de média-alta percentagem dos níveis de pessoas responsáveis pelos domicílios que têm renda de 1 a 5 e de 5 a 10 salários mínimos.

Estes níveis, portanto, foram usados para a elaboração do mapa de potencial de criminalidade contra o patrimônio em Campinas (**Mapa 5**).

Mapa 5 — Potencial de crimes contra o patrimônio em Campinas

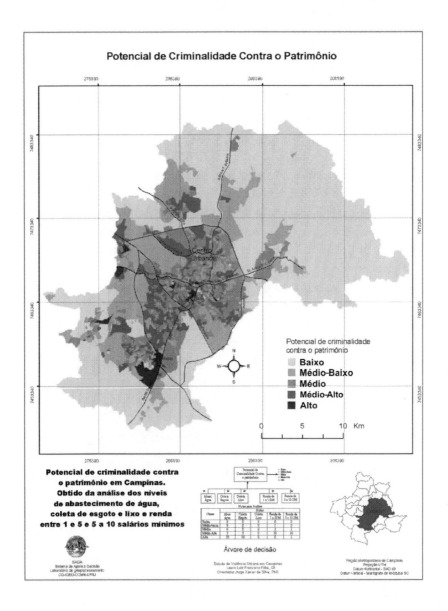

9.1. *Condição de Segurança para Crimes contra o Patrimônio*

A condição de segurança é medida pela presença da polícia como elemento intimidador das ações criminosas. Analogamente ao usado para crimes contra a pessoa, foi feita a divisão do número de crimes ocorridos contra o patrimônio pelo número de policiais de cada setor censitário, dando origem ao nível temático que representa a condição de segurança para crimes contra o patrimônio, apresentado no **Mapa 6**.

O centro urbano, que possui maior atrativo para os crimes contra o patrimônio, apresenta índices baixos da condição de segurança, demonstrando que há grande incidência de crimes dessa natureza e pouca disponibilidade de policiais. Alguns setores da periferia, com problemas de crimes contra a pessoa, apresentam altos índices de segurança para crimes contra o patrimônio.

A tendência verificada da diminuição do índice em relação à centralidade urbana está perfeitamente alinhada dentro daquilo que foi colocado como premissa para a condição da análise das ações criminosas contra o patrimônio, demonstrando a ocorrência de alguns fatores que levam a estes valores. O primeiro é a possibilidade de um número alto de ocorrências; o segundo é o baixo número de policiais, uma vez que o índice reflete a relação policial/crime.

Outro aspecto que chama a atenção é o fato de haver uma homogeneidade dentro do polígono central, demonstrando que as ações contra o patrimônio estão disseminadas por toda a área central, com pouca variação.

Portanto, como o índice representa o número de crimes (variável) dividido pelo número de agentes responsável pela área em questão (constante), o elemento definidor da condição de segurança é a ocorrência de crimes, sendo que a alteração do índice de uma condição segura para uma mais segura passa, necessariamente, pelo aumento no número de agentes por delegacias.

A análise entre o nível temático que representa a condição de segurança e o mapa do potencial de crimes contra o patrimônio, elaborado pelo SAGA/UFRJ, deu origem ao mapa do potencial de criminalidade contra o patrimônio, ampliado pela condição de segurança do município de Campinas, análogo ao que foi feito para os crimes contra a pessoa (**Mapa 7**).

Mapa 6 — Condição de segurança para crimes contra o patrimônio

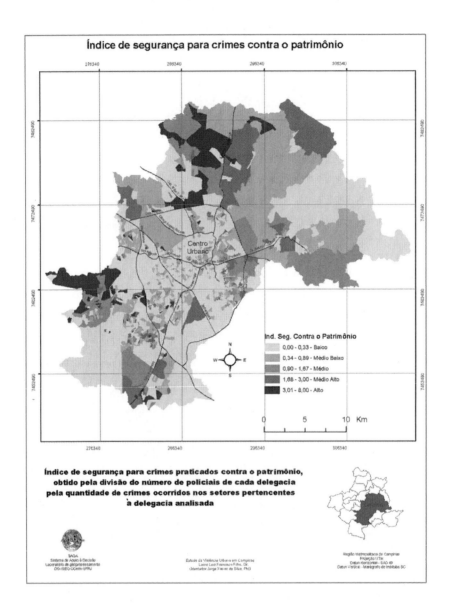

GEOPROCESSAMENTO APLICADO À ANÁLISE DA DISTRIBUIÇÃO... 317

Mapa 7 — Potencial ampliado de criminalidade contra o patrimônio

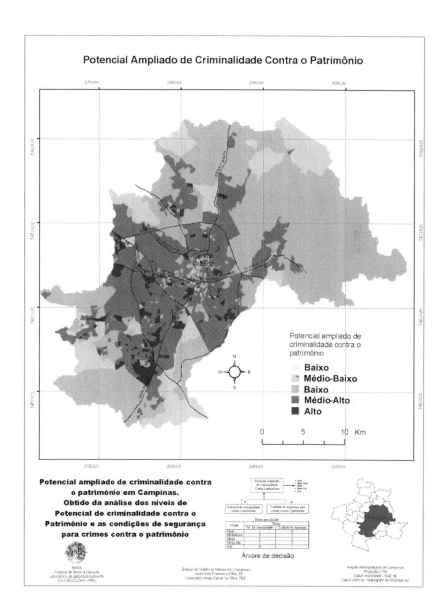

A área urbana, neste caso, é a que apresenta os maiores potenciais de ocorrência de crimes, diminuindo à medida que há o afastamento do Centro. Inversamente ao que ocorre no caso dos crimes contra a pessoa, as periferias não apresentam áreas com grande potencial para crimes contra o patrimônio, pois não possuem uma condição econômica que gere grandes atrativos. Novamente pode ser verificado que a estrutura viária forma eixos ordenadores da infraestrutura local dos solos mais valorizados.

10. CONCLUSÕES

A violência urbana constitui, hoje, um dos parâmetros mais significativos para o sentido de "qualidade de vida" nas cidades. Afeta todos e possui inúmeras características que a tornam complexa para aqueles que procuram entender os intrincados mecanismos responsáveis pelo seu surgimento e evolução e pela transformação de áreas inteiras urbanas em guetos que acabam por aprisionar todos, incluindo aqueles que se consideram seguros.

Segundo MIRANDA (2001), "As causas e vínculos entre cidade, favela e violência, em sua imensa complexidade, ainda estão muito longe de ser compreendidos". Isto foi o que o estudo revelou, pois quando buscamos uma "verdade", com base apenas na nossa racionalidade e na certeza de que vamos encontrá-la de forma clara e direta, a realidade mostrada pelos sistemas geográficos de informação, usados para análise do espaço urbano, é totalmente diferente. Alguns mitos, como o que relaciona pobreza e crime, não se sustentaram com a solidez que se esperava; outros que isentam as populações de baixa condição educacional, colocando-as como vítimas de todo esse processo, não se revelaram tão sólidos, pois foi justamente no aglomerado destas populações que os índices de violência contra a pessoa mais se fizeram sentir.

O uso do Geoprocessamento foi de extrema importância, uma vez que transformou uma enorme massa de dados desconexos, oriundos de várias fontes, em um sistema estruturado de análise do comportamento da violência, sob o aspecto espacial, na cidade de Campinas.

O destaque principal fica por conta do SAGA/UFRJ, Sistema de Análise Geoambiental, que permitiu a integração dos vários níveis da rea-

GEOPROCESSAMENTO APLICADO À ANÁLISE DA DISTRIBUIÇÃO... 319

lidade abstraída num espaço "heurístico", conforme define XAVIER DA SILVA (2001), em que ilações sobre os vários aspectos da violência puderam ser verificadas, testadas e colocadas em planos de informações que se transformaram em importante ferramenta de auxílio à gestão do espaço urbano.

O objetivo deste estudo foi definir a relação da violência urbana com as variáveis socioeconômicas e sua distribuição espacial num ambiente urbano, fazendo uso do Geoprocessamento como ferramenta de análise. Certamente muito ainda há por fazer, uma vez que o assunto é extenso e complexo, não se mostrando totalmente numa primeira análise. A pedra fundamental, no entanto, foi a definição de uma metodologia que mostrou ser eficaz na abordagem dos aspectos territoriais sob os quais a violência se apresenta. Os modelos resultantes, derivados de extensas assinaturas ambientais, mostraram sua viabilidade como balizadores para a ação dos gestores urbanos no que concerne à aplicação dos recursos destinados ao combate da violência, pois os mesmos mostram que existem várias formas de alcançar o mesmo objetivo, além da simples e pura repressão.

Os crimes contra a pessoa, talvez por estarem revestidos de todo um componente emocional, têm um comportamento territorial bem diverso, concentrando-se em áreas periféricas em que não há a presença do Estado, em que grassam o analfabetismo e os baixos níveis de educação, num sinal claro aos gestores das nossas cidades de que é preciso voltar o olhar para a formação do cidadão como o modo mais eficaz de combate à violência urbana.

A conclusão mais importante, no entanto, foi a constatação de que há uma linha ligando estas duas faces da violência, o crime contra a pessoa, ocorrendo nas áreas onde existe grande percentagem de pessoas com baixo nível educacional, e o crime contra o patrimônio, ocorrendo em locais privilegiados, em que existe uma alta percentagem de pessoas com bom nível de educação e acesso à renda. Não é possível agir num lado da linha sem que haja um desequilíbrio do outro. Se nas áreas em que há grande incidência de crimes contra a pessoa a ocorrência contra o patrimônio é pequena, significa que em algum lugar dessa linha as duas realidades estão lado a lado. Infelizmente este trabalho não pode sondar a procedência de quem pratica as várias modalidades de crimes, o que certamente identificaria essa fronteira.

11. REFERÊNCIAS BIBLIOGRÁFICAS

FERRARI, C. *Curso de planejamento municipal integrado: urbanismo.* São Paulo: Ed. Livraria Pioneira, 5ª Edição, 1986. 631 p.

POSTERLI, R. *Violência Urbana: abordagem multifatorial da criminogênese.* Belo Horizonte: Ed. Inédita, 2000, 106 p.

SOUZA, M. L. DE. *O desafio metropolitano: um estudo sobre a problemática socio-espacial nas metrópoles brasileiras.* Rio de Janeiro: Ed. Bertrand Brasil, 2000, 368 p.

XAVER DA SILVA, JORGE. Semântica Ambiental: uma contribuição geográfica. *Anais do II Congresso Brasileiro de Defesa do Meio Ambiente.* UFRJ. Rio de Janeiro. 1987. p. 18-25.

——————. Metodologia de Geoprocessamento. *Revista de Pós-Graduação em Geografia,* Rio de Janeiro, v. 1, 1997, p. 25-34.

——————. Geoprocessamento para Análise Ambiental. Rio de Janeiro: Ed. do autor, 2001, 227 p.

XAVER DA SILVA, JORGE e CARVALHO FILHO, L.M. Sistemas de Informação Geográfica: uma proposta metodológica. *Anais da IV Conferência Latino-Americana sobre Sistemas de Informação Geográfica. II Simpósio Brasileiro de Geoprocessamento,* 7 a 9 de julho de 1993. São Paulo, 1993: 608-629.

XAVER DA SILVA, JORGE SOUZA, MARCELO J.L. *Análise Ambiental.* Rio de Janeiro: UFRJ. 1987, 199p.

FROMM, E. *Anatomia da destrutividade humana.* Rio de Janeiro: Ed. Zahar, 1979.

MIRANDA, M. O nó cego da violência carioca. Disponível na Internet em http://www.ibase.org.br/paginas/moema.htm. Arquivo consultado em 2001.

RESUMO DAS ATIVIDADES PROFISSIONAIS DOS AUTORES

Jorge Xavier da Silva é graduado em Geografia pela Universidade Federal do Rio de Janeiro (UFRJ), com especialização pelo Laboratório de Técnicas Digitais LTDA., mestre em Geografia pela Louisiana State University (LSU), doutor em Geografia pela Louisiana State University (LSU) e pós-doutor pela University of California, Los Angeles Atualmente é professor adjunto da Universidade Federal Rural do Rio de Janeiro (UFRRJ) e Professor Emérito da Universidade Federal do Rio de Janeiro UFRJ. (xavier@lageop.ufrj.br)

Ricardo Tavares Zaidan é bacharel e licenciado em Geografia pela UFJF, especialista em Gestão Ambiental em Municípios (GAM) pela UFJF, mestre em Ciências Ambientais e Florestais (MCAF) pela UFRRJ e doutor em Geografia pela UFRJ. Atualmente é professor adjunto e coordenador do Laboratório de Geoprocessamento Aplicado (LGA) do Departamento de Geociências da Universidade Federal de Juiz de Fora (UFJF). (ricardo.zaidan@ufjf.edu.br)

José W. Tabacow é arquiteto e paisagista, especialista em Ecologia e Recursos Naturais pela UFES e doutor em Geografia pela UFRJ. Atualmente é professor do Curso de Arquitetura e Urbanismo da Universidade do Sul de Santa Catarina (UNISUL) e presta consultoria nas áreas ambiental e de projetos de paisagismo para empresas privadas e órgãos dos governos municipal, estadual e federal. (jtabacow@unisul.br)

Maria Lucia Lorini é graduada em Ciências Biológicas pela Universidade Federal do Paraná (UFD) e mestre e doutora em Geografia pela Universidade Federal do Rio de Janeiro (UFRJ). Atualmente é colaboradora da International Association for Landscape Ecology — Brazilian Chapter. (marialucia.lorini@gmail.com)

Vanessa Guerra Persson possui licenciatura em Ciências Biológicas pela Universidade Federal do Paraná (UFP) e mestrado e doutorado em Geografia pela UFRJ. (vgpersson@gmail.com)

Lisia Vanacôr Barroso é engenheira-agrônoma, especialista em Planejamento Ambiental pela UFF e em Manejo Florestal pela UFLA, mestre em Geoquímica Ambiental pela UFF e doutora em Geografia pela UFRJ. (lisia.barroso@ibama.gov.br)

Oswaldo Elias Abdo é graduado em Geografia e Química pela UFRJ. Atualmente é técnico do Instituto de Geociências. (abdo@acd.ufrj.br)

Fábio Silva de Souza possui graduação em Medicina Veterinária é mestre e doutor em Ciências Veterinárias pela UFRRJ. (souzamedvet@ig.com.br)

Adevair Henrique da Fonseca é médico-veterinário pela UFRRJ, mestre em Medicina Veterinária (Parasitologia Veterinária) pela UFRRJ, doutor em Ciência Animal (Medicina Veterinária Preventiva e Epidemiologia) pela UFMG. Atualmente é professor no Departamento de Parasitologia Animal da UFRRJ. (fonseca@ufrrj.br)

Maria Julia Salim Pereira é mestre em Medicina Veterinária pela Universidade Federal Rural do Rio de Janeiro (UFRRJ) e doutora em Ciência Animal pela UFMG. Atualmente é professora no Curso de Graduação em Medicina Veterinária e no Curso de Pós-Graduação em Ciências Veterinárias. (m.salim@ufrrj.br)

Maria Hilde de Barros Goes é geógrafa, com bacharelado e licenciatura pela Universidade Federal de Alagoas (UFA) (1971), mestre em Geografia pela Universidade Federal do Rio de Janeiro e doutora em Geociências e

Meio Ambiente pela Universidade Estadual Paulista Júlio de Mesquita Filho. Atualmente é professora-associada e coordenadora do Laboratório de Geoprocessamento Aplicado da UFRRJ, do Departamento de Geociências do Instituto de Agronomia da UFRRJ. (mhgoes@ufrrj.br)

Ivanilson de Carvalho Moreira possui graduação em Geologia pela Universidade Federal Rural do Rio de Janeiro (UFRRJ) e mestrado e doutorado em Geologia pela Universidade Federal do Rio de Janeiro (UFRRJ). (moreiraic@ yahoo.com.br)

Helena Polivanov possui graduação, mestrado e doutorado em Geologia pelo Departamento de Geologia da UFRJ. Atualmente é professora adjunta da Universidade Federal do Rio de Janeiro.

José Américo de Mello Filho possui graduação em Engenharia Florestal pela Universidade Federal Rural do Rio de Janeiro (UFRRJ), mestrado em Engenharia Agrícola pela Universidade Federal de Santa Maria (UFSM) e doutorado em Geografia pela Universidade Federal do Rio de Janeiro (UFRJ). Atualmente é professor titular da Universidade Federal de Santa Maria. (americo@ ccr.ufsm.br)

Lauro Luiz Francisco Filho é arquiteto e especialista em Planejamento Urbano pela UFSC. É mestre em Geografia pela UFRRJ e doutor em Geografia Física pela UFRJ. Atualmente é professor do Curso de Engenharia Civil e Arquitetura e Urbanismo da Universidade Estadual de Campinas (Unicamp). (llfilho@fec.unicamp.br)

Tiago Badre Marino é graduado em Ciência da Computação pela Universidade Federal do Rio de Janeiro (UFRJ). É mestre em Engenharia de Transportes pela Universidade de São Paulo (USP). Atualmente é professor do Departamento de Geociências da Universidade Federal Rural do Rio de Janeiro (UFRRJ). (tiagomarino@hotmail.com)

ÍNDICE REMISSIVO

administração pública, 258
agressividade, 295
água, 205
água subterrânea, 222
algoritmo, 214
ambiente degradado, 291
ambiente, 41
amostragem, 120
análise ambiental, 29, 78, 245, 253, 278
Análise Ambiental por Geoprocessamento, 170
apoio à decisão, 20, 22, 23, 24, 48, 76
arcos, 53
Áreas de Proteção Ambiental, 77
Árvore de decisão, 151, 278, 300
assinatura, 78, 150, 183, 184, 210, 213, 226, 296
assinatura ambiental, 59, 305
aterros, 236
atributos, 20
AutoCad r12, 117
autoestradas, 226
avaliação, 63, 78, 214, 222, 224, 226
avaliação ambiental, 40, 150
bacia visual, 49
bacias hidrográficas, 117, 258
Baía de Guanabara, 258
baixios, 53
banco de dados, 20, 261, 263, 298
banco de dados geocodificados, 78, 260
base cartográfica digital, 67, 117

bases de dados, 18, 20, 25
base de dados ambientais, 41
base de dados demográfica, 261
base de dados geocodificada, 116
base de dados georreferenciados, 20, 27, 39, 67, 150
beleza cênica, 115
biodiversidade, 71, 74
bioecologia, 151
Bioestatística, 149
Biogeografia, 86
Biologia de Conservação, 75, 86, 107
biosfera, 71
buffers, 96, 209
Campinas, 294, 298
Canal do Mangue, 258
Cananeia, 76
capacidade de carga, 219
capoeiras, 60
cartografia temática, 169
cartogramas digitais temáticos, 116
categorias, 270
categorias geomorfológicas, 183
cenários futuros, 40
Censo 2000, 260
Censos demográficos, 276
cidade, 44, 291
cobertura vegetal, 219
Código Penal Brasileiro, 296
condições socioeconômicas, 264
conservação, 40

continuum espacial, 86
cordões de restinga, 56
cortina tecnológica, 23
costões, 53
costões rochosos, 43, 56
crimes, 315
criminalidade, 292, 295
dado, 18
dados ambientais, 257
dados básicos, 117
degradação, 53, 74
Dermatobia, 148
desenvolvimento sustentável, 114, 142
deslizamentos, 258
desmoronamentos, 258
diagnoses, 48
DICs, 312
dinâmica urbana, 294
dunas,
Ecologia, 86, 255
Ecologia da Paisagem, 38, 107
ecossistema, 77, 267
ecoturismo, 169
educação, 295
efluentes, 234
efluentes líquidos, 205
EIA/RIMAs, 35, 206, 234, 235
EMBRAPA, 240
enchentes, 258
energia elétrica, 202
entidades ambientais, 25
entidades, 20, 25, 148
escala, 80, 172
escala de análise, 48
escala geográfica, 81
esgoto, 313
espacialização, 296
espaço, 37, 291
espaço "heurístico", 319
espaço geográfico, 132, 142, 203, 255, 296, 300, 304
espaço urbano, 292, 295
espaço vital, 81
estágio sucessional, 58
estrutura integradora, 214
estrutura matricial, 214, 297
estrutura vetorial, 297
estuarino, 77

eventos geológicos, 168
eventos, 20, 25, 148
expansão urbana, 169
extensão de ocorrência, 94
fatores climáticos, 80
fatores geoambientais, 150
feições geomorfológicas, 168, 170, 171, 176
feições morfoestruturais, 178
floresta de dossel, 60
Floresta Ombrófila, 60, 62, 84, 124
Fotos aéreas, 178
fragmentação, 45
fragmentos de paisagem, 57
freeware, 78
Fundação CIDE, 117
FURNAS, 209, 234, 240
ganhos de conhecimento, 23
Gap Analysis, 104
gás, 202
gasoduto, 205, 224, 226, 234, 235
geodinâmica, 172, 186
geodinâmica ambiental, 168
Geografia teorética quantitativa, 254
geoindicadores, 168, 174
Geomorfologia Urbana, 168
geoparâmetros, 169, 170, 172, 185
geoparâmetros morfológicos, 168
geopolítica, 114
Geoprocessamento, 17, 20, 21, 24, 66, 73, 113, 118, 142, 149, 202, 213, 245, 258, 283, 287, 292, 294, 296, 300, 318
geosfera, 80
geotecnologias, 72
Geotopologia, 20, 24, 32
gerenciamento, 115, 141
gestão, 40
gestão ambiental, 113, 273, 302
gestão da biodiversidade, 101
gestão de espaço, 319
gestão dos recursos, 258
gestão territorial, 167
globalização, 24
Grau de Proteção, 105
Grau de Proteção das Áreas, 81
Guandu, 208, 222, 234
Guaraqueçaba, 76
heterogeneidade espacial, 86
IBGE, 209, 261

ÍNDICE REMISSIVO

IDH, 276
Idiográficos, 25
Ikonos, 172, 178
Ilha de Santa Catarina, 42, 44
impacto estético, 206
impactos ambientais, 35, 202, 204, 232, 236
inclusão, 18
inclusão digital, 17, 19, 21, 30, 33
inclusão geográfica, 18, 24, 29, 32
inclusão social, 20
incongruências de uso, 169
Índice de Desenvolvimento Humano, 275
índices de violência, 318
informação, 18, 20
informação ambiental, 24
infraestrutura, 234, 295
Integração Locacional, 27
Interflúvios, 181
Internet, 31
interpolação, 121
inventário ambiental, 116, 130, 170
IPG, 25
IQV, 276
Juiz de Fora, 168
Köeppen, 77
LAGEOP, 78, 261
LandSat, 172, 178
legenda, 272
LIGHT, 208, 234
Linhas de transmissão, 236
lixo, 276, 313
maciços, 124
macrocompartimentos, 181
manejo, 72
mangues, 43
manguezais, 53, 265
Mapa Temático, 183
Mapas Básicos, 52, 268
mapas geomorfológicos, 169
mapeamento geomorfológico, 169, 170, 172, 185
mapeamento litoestrutural, 174
Maricá, 115
marismas, 54
Mata Atlântica, 77, 265
matriz de objetivos conflitantes, 116, 118, 122

MDA, 28
meio ambiente, 255
meio urbano, 258
metapopulação, 95
mico-leão-da-cara-preta, 79
modelagem, 264
Modelo de Conectividade/Fragmentação, 95
Modelo de Favorabilidade do Ambiente, 81, 84, 86
modelo digital do ambiente, 23, 28, 41
módulo de análise ambiental, 150
monitoria ambiental, 116, 117, 122, 128
monitoria, 62, 78, 213
MONTAGEM, 78
morfoestrutural, 182
morfologia, 168, 173
morfometria, 168, 174
morros costeiros,
mosca do berne, 147
naturalidade, 37
nível de base, 191
notas, 214
Nova Iguaçu, 244
núcleos urbanos, 61
ONU, 275
paisagem, 35, 36, 38, 41, 46, 72
paisagem morfoestrutural, 168
paradigma, 23
Paraibuna, 172, 178
parâmetro Geomorfologia, 219
parâmetro Topoclimático, 228
parâmetros morfométricos, 174
pastagens, 124
patrimônio ambiental, 133
percepção, 293, 296
percepção ambiental, 132
perigo, 292
pesos, 151, 214
pesquisas ambientais, 23, 24
PIs, 81
planejamento, 258, 273
planejamento energético, 202
planejamento urbano, 35
planície litorânea, 77
planícies costeiras,
planícies de marés, 54
planícies de progradação, 54
planimetria, 78, 213, 226

planimetria ambiental, 117, 126
plano de ação de emergência, 235
plano de informação, 81, 113, 167, 298
planos de manejo, 254
PNUD, 275
Polígono de Voronoi, 262, 284
política de conservação ambiental, 142
potenciais, 39, 232
potenciais conflitantes, 169
praias, 53
princípio analítico, 254
princípio holístico, 254
procedimentos de inventários, 78
procedimentos diagnósticos, 78
procedimentos metodológicos, 79
processo dialético, 254
processos, 21
prognoses, 48
prognósticos, 62
prospecções ambientais, 302
proteção ambiental, 137, 141
proximidade, 228
Qualidade Ambiental, 278
qualidade de vida, 22, 256, 259, 262, 288, 318
Quaternário, 54, 168
questão ambiental, 255
raster, 210, 297
recursos ambientais, 257
recursos naturais, 114, 255
rede de transmissão, 201
região, 37
região lagunar, 114
registros de ocorrências, 20
relacionamentos, 20
relações geotopológicas, 23
relações topológicas, 29, 40
renda, 295
representação matricial, 80
Reserva da Biosfera, 77
resolução, 80
restingas, 43
RioGen, 206, 244, 245
riscos, 39
riscos ambientais, 29, 169, 204, 236
riscos de enchentes, 269
SAD, 214
SAGA/SAD, 49, 116, 117, 209, 261

SAGA/UFRJ, 78, 150, 169, 287, 315, 318
Saquarema, 115
segurança, 288, 315
Segurança Pública, 279
sensibilidade, 48
sensibilidade ambiental, 219
Sensibilidade Hídrica, 219
séries temporais, 100
Seropédica, 159, 202
serras litorâneas, 54
Setor Censitário, 276
SGI, 39, 67, 73, 95, 113, 117, 264
Sistema de Apoio à Decisão, 78
sistema de resfriamento, 205
Sistema Geográfico de Informação, 40, 41, 258, 264, 298
sistema jurídico-penal, 297
sistemas lagunares, 114, 117
Superfície de Atrito, 96
Superfície de Erosão, 182
Surfer, 117, 121
sustentabilidade, 22, 35, 41, 114
taxonomia, 24, 262
televisão, 31
termelétricas, 201, 203, 235
terraços,
territorialidade, 24
tif, 67
Tijuca, 253, 258
tomada de decisões, 258
TRAÇADOR VETORIAL, 78
Traçavet, 94
tráfico de drogas, 294
Unidades de Conservação, 81, 115
Unidades Geomorfológicas, 167, 181
VAIL, 25, 26, 28
Valão dos Bois, 241
Vales Estruturais, 189
várzeas, 122, 124, 126
vegetação, 58
vegetação pioneira, 59
vegetação priminitiva, 59
verdade terrestre, 305
violência, 291
violência urbana, 292, 294, 295
VistaSAGA, 78
zoneamento industrial, 207
zoneamentos, 254, 302

Este livro foi composto na tipografia
Adobe Garamond, em corpo 11/15, e impresso em
papel off-set no Sistema Digital Instant Duplex
da Divisão Gráfica da Distribuidora Record.